Formeln und Tabellen

für die Sekundarstufe II

Mathematik · Informatik

PAETEC

Verlag für Bildungsmedien Berlin · Frankfurt a. M.

Autoren
Dr. Hubert Bossek (Mathematik)
Robby Buttke (Informatik)
Dr. Lutz Engelmann (Mathematik, Informatik)
Dr. habil. Günter Fanghänel (Mathematik)
Dr. Astrid Kalenberg (Informatik)
Rudi Lenertat (Mathematik)
Dr. Günter Liesenberg (Mathematik)
Rainer Löffler (Mathematik)
Dr. habil. Reinhard Stamm (Mathematik)
Prof. Dr. habil. Karlheinz Weber (Mathematik)

Die Deutsche Bibliothek – CIP-Einheitsaufnahme
Ein Titeldatensatz für diese Publikation ist bei
Der Deutschen Bibliothek erhältlich.

4. bearbeitete und erweiterte Auflage, 2003

Internet: www.paetec.de

Redaktion: Dr. Lutz Engelmann, Dr. habil. Reinhard Stamm
Gesamtgestaltung: Britta Scharffenberg
Layout: Birgit Kintzel, Erika Netzmann
Zeichnungen: Birgit Kintzel, Erika Netzmann
Druck: Druckerei zu Altenburg GmbH

ISBN 3-89517-254-5 (1. und 2. Auflage)
ISBN 3-89818-200-2 (3. Auflage)
ISBN 3-89818-606-7

Zeichen	Sprechweise / Bedeutung	Zeichen	Sprechweise / Bedeutung
$\mathbb{N}$	Menge der natürlichen Zahlen	$]a; b[$	offenes Intervall von a bis b
$\mathbb{N}^*$	Menge der natürlichen Zahlen ohne Null	$[a; b]$	abgeschlossenes Intervall von a bis b
$\mathbb{Z}$	Menge der ganzen Zahlen	$]a; b]$	linksoffenes Intervall von a bis b (ohne a, mit b)
$\mathbb{Q}_+$	Menge der gebrochenen Zahlen	$[a; b[$	rechtsoffenes Intervall von a bis b (mit a, ohne b)
$\mathbb{Q}$	Menge der rationalen Zahlen	$(a; b)$	geordnetes Paar a, b
$\mathbb{R}$	Menge der reellen Zahlen	lim	Limes (Grenzwert)
$\mathbb{C}$	Menge der komplexen Zahlen	$\rightarrow$	gegen, konvergiert nach, nähert sich
		∞	unendlich
$\Rightarrow$	wenn ..., dann ... (Implikation)		
$\Leftrightarrow$	genau dann, wenn (Äquivalenz)	$\sum_{k=1}^{n} a_k$	Summe aller a_k für k gleich 1 bis n
$\wedge$	und (Konjunktion)	$\prod_{k=1}^{n} a_k$	Produkt aller a_k für k gleich 1 bis n
$\vee$	oder (Disjunktion)	(a_k)	(Zahlen-) Folge a_k
$\dot{\vee}$	entweder ... oder ... (Alternative)		
$\neg$	nicht (Negation)	f, g	Funktionen
$\rightarrow$	abgebildet in	D_f	Definitionsbereich von f
$\bullet, \circ$	verknüpft mit	W_f	Wertebereich von f
		$f(x)$	f von x (Funktionswert an der Stelle x, Funktionsgleichung)
A, **B**	Matrizen	Δx,	Delta x (Differenz zweier Argumente von f)
$\mathbf{A}^{-1}$	inverse Matrix	Δy	Delta y (Differenz zweier Funktionswerte von f)
$\mathbf{A}^{\mathrm{T}}$	transponierte Matrix	$f'(x)$	f Strich von x (1. Ableitung von f)
det **A**, $\lvert \mathbf{A} \rvert$	Determinante A	$f''(x)$	f zwei Strich von x (2. Ableitung von f)
$\vec{a}$, $\overrightarrow{AB}$	Vektoren	$\frac{\mathrm{d}y}{\mathrm{d}x}$	d y nach d x (Differenzialquotient der Funktion f mit $y = f(x)$)
$\lvert \vec{a} \rvert$	Betrag von $\vec{a}$	$\frac{\mathrm{d}^2y}{\mathrm{d}x^2}$	d zwei y nach d x Quadrat (2. Differenzialquotient der Funktion f mit $y = f(x)$)
$\vec{i}, \vec{j}, \vec{k}$	Einheitsvektoren in Richtung der Koordinatenachsen	$\int_a^b f(x)\,\mathrm{d}x$	(bestimmtes) Integral (über) $f(x)\,\mathrm{d}x$ von a bis b
$\sphericalangle(\vec{a}; \vec{b})$	Winkel zwischen $\vec{a}$ und $\vec{b}$	$F(x)\Big\rvert_a^b$	Stammfunktion $F(x)$ (in den Grenzen) von a bis b
$\vec{a} \cdot \vec{b}$	$\vec{a}$ punkt $\vec{b}$ (Skalarprodukt)	e	e (eulersche Zahl)
$\vec{a} \times \vec{b}$	$\vec{a}$ kreuz $\vec{b}$ (Vektorprodukt)	π	pi (Kreiszahl, ludolfsche Zahl)

Inhaltsverzeichnis

Allgemeines

Zahlen; Zeichen; Größen

Griechisches Alphabet

Buchstabe	Name	Buchstabe	Name	Buchstabe	Name	Buchstabe	Name
Α, α	Alpha	Η, η	Eta	Ν, ν	Ny	Τ, τ	Tau
Β, β	Beta	Θ, θ, ϑ	Theta	Ξ, ξ	Xi	Υ, υ	Ypsilon
Γ, γ	Gamma	Ι, ι	Jota	Ο, ο	Omikron	Φ, φ	Phi
Δ, δ	Delta	Κ, κ	Kappa	Π, π	Pi	Χ, χ	Chi
Ε, ε	Epsilon	Λ, λ	Lambda	Ρ, ρ	Rho	Ψ, ψ	Psi
Ζ, ζ	Zeta	Μ, μ	My	Σ, σ, ς	Sigma	Ω, ω	Omega

Mathematische Konstanten

Konstante	Bezeichnung	Zahlenwert	Bedeutung
Kreiszahl (ludolfsche Zahl)	π	3,141 592 653 589… (Näherungswert: $\frac{22}{7}$)	Umfang eines Kreises mit dem Durchmesser 1; Flächeninhalt eines Kreises mit dem Radius 1
eulersche Zahl	e	2,718 281 828 459…	Basis der Exponentialfunktion (des stetigen Wachstums) und des natürlichen Logarithmus

Primzahlen und Primfaktorzerlegung

Eine natürliche Zahl $p > 1$ heißt **Primzahl,** wenn sie außer den (trivialen) Teilern 1 und p (sich selbst) keine weiteren Teiler hat.

2	43	103	173	241	317	401	479	571	647	739	827	919
3	47	107	179	251	331	409	487	577	653	743	829	929
5	53	109	181	257	337	419	491	587	659	751	839	937
7	59	113	191	263	347	421	499	593	661	757	853	941
11	61	127	193	269	349	431	503	599	673	761	857	947
13	67	131	197	271	353	433	509	601	677	769	859	953
17	71	137	199	277	359	439	521	607	683	773	863	967
19	73	139	211	281	367	443	523	613	691	787	877	971
23	79	149	223	283	373	449	541	617	701	797	881	977
29	83	151	227	293	379	457	547	619	709	809	883	983
31	89	157	229	307	383	461	557	631	719	811	887	991
37	97	163	233	311	389	463	563	641	727	821	907	997
41	101	167	239	313	397	467	569	643	733	823	911	…

Primfaktorzerlegung:

Jede natürliche Zahl $n > 1$ lässt sich eindeutig in ein Produkt von Primzahlen zerlegen, d.h. in folgender Form darstellen:

$n = p_1^{\alpha_1} \cdot p_2^{\alpha_2} \cdot p_3^{\alpha_3} \cdot \ldots$ mit $p_1 = 2$; $p_2 = 3$; $p_3 = 5$; … und $\alpha_1, \alpha_2, \alpha_3, \ldots \in \mathbb{N}$

Zerlegung der natürlichen Zahlen bis 1 000 in Primfaktoren

$9 = 3^2$	$205 = 5 \cdot 41$	$371 = 7 \cdot 53$	$535 = 5 \cdot 107$	$699 = 3 \cdot 233$	$855 = 5 \cdot 3^2 \cdot 19$
$15 = 3 \cdot 5$	$207 = 3^2 \cdot 23$	$375 = 3 \cdot 5^3$	$537 = 3 \cdot 179$	$703 = 19 \cdot 37$	$861 = 3 \cdot 7 \cdot 41$
$21 = 3 \cdot 7$	$209 = 11 \cdot 19$	$377 = 13 \cdot 29$	$539 = 7^2 \cdot 11$	$705 = 3 \cdot 5 \cdot 47$	$865 = 5 \cdot 173$
$25 = 5^2$	$213 = 3 \cdot 71$	$381 = 3 \cdot 127$	$543 = 3 \cdot 181$	$707 = 7 \cdot 101$	$867 = 3 \cdot 17^2$
$27 = 3^3$	$215 = 5 \cdot 43$	$385 = 5 \cdot 7 \cdot 11$	$545 = 5 \cdot 109$	$711 = 3^2 \cdot 79$	$869 = 11 \cdot 79$
$33 = 3 \cdot 11$	$217 = 7 \cdot 31$	$387 = 3^2 \cdot 43$	$549 = 3^2 \cdot 61$	$713 = 23 \cdot 31$	$871 = 13 \cdot 67$
$35 = 5 \cdot 7$	$219 = 3 \cdot 73$	$391 = 17 \cdot 23$	$551 = 19 \cdot 29$	$715 = 5 \cdot 11 \cdot 13$	$873 = 3^2 \cdot 97$
$39 = 3 \cdot 13$	$221 = 13 \cdot 17$	$393 = 3 \cdot 131$	$553 = 7 \cdot 79$	$717 = 3 \cdot 239$	$875 = 5^3 \cdot 7$
$45 = 3^2 \cdot 5$	$225 = 3^2 \cdot 5^2$	$395 = 5 \cdot 79$	$555 = 3 \cdot 5 \cdot 37$	$721 = 7 \cdot 103$	$879 = 3 \cdot 293$
$49 = 7^2$	$231 = 3 \cdot 7 \cdot 11$	$399 = 3 \cdot 7 \cdot 19$	$559 = 13 \cdot 43$	$723 = 3 \cdot 241$	$885 = 3 \cdot 5 \cdot 59$
$51 = 3 \cdot 17$	$235 = 5 \cdot 47$	$403 = 13 \cdot 31$	$561 = 3 \cdot 11 \cdot 17$	$725 = 5^2 \cdot 29$	$889 = 7 \cdot 127$
$55 = 5 \cdot 11$	$237 = 3 \cdot 79$	$405 = 3^4 \cdot 5$	$565 = 5 \cdot 113$	$729 = 3^6$	$891 = 3^4 \cdot 11$
$57 = 3 \cdot 19$	$243 = 3^5$	$407 = 11 \cdot 37$	$567 = 3^4 \cdot 7$	$731 = 17 \cdot 43$	$893 = 19 \cdot 47$
$63 = 3^2 \cdot 7$	$245 = 5 \cdot 7^2$	$411 = 3 \cdot 137$	$573 = 3 \cdot 191$	$735 = 3 \cdot 5 \cdot 7^2$	$895 = 5 \cdot 179$
$65 = 5 \cdot 13$	$247 = 13 \cdot 19$	$413 = 7 \cdot 59$	$575 = 5^2 \cdot 23$	$737 = 11 \cdot 67$	$897 = 3 \cdot 13 \cdot 23$
$69 = 3 \cdot 23$	$249 = 3 \cdot 83$	$415 = 5 \cdot 83$	$579 = 3 \cdot 193$	$741 = 3 \cdot 13 \cdot 19$	$899 = 29 \cdot 31$
$75 = 3 \cdot 5^2$	$253 = 11 \cdot 23$	$417 = 3 \cdot 139$	$581 = 7 \cdot 83$	$745 = 5 \cdot 149$	$901 = 17 \cdot 53$
$77 = 7 \cdot 11$	$255 = 3 \cdot 5 \cdot 17$	$423 = 3^2 \cdot 47$	$583 = 11 \cdot 53$	$747 = 3^2 \cdot 83$	$903 = 3 \cdot 7 \cdot 43$
$81 = 3^4$	$259 = 7 \cdot 37$	$425 = 5^2 \cdot 17$	$585 = 3^2 \cdot 5 \cdot 13$	$749 = 7 \cdot 107$	$905 = 5 \cdot 181$
$85 = 5 \cdot 17$	$261 = 3^2 \cdot 29$	$427 = 7 \cdot 61$	$589 = 19 \cdot 31$	$753 = 3 \cdot 251$	$909 = 3^2 \cdot 101$
$87 = 3 \cdot 29$	$265 = 5 \cdot 53$	$429 = 3 \cdot 11 \cdot 13$	$591 = 3 \cdot 197$	$755 = 5 \cdot 151$	$913 = 11 \cdot 83$
$91 = 7 \cdot 13$	$267 = 3 \cdot 89$	$435 = 3 \cdot 5 \cdot 29$	$595 = 5 \cdot 7 \cdot 17$	$759 = 3 \cdot 11 \cdot 23$	$915 = 3 \cdot 5 \cdot 61$
$93 = 3 \cdot 31$	$273 = 3 \cdot 7 \cdot 13$	$437 = 19 \cdot 23$	$597 = 3 \cdot 199$	$763 = 7 \cdot 109$	$917 = 7 \cdot 131$
$95 = 5 \cdot 19$	$275 = 5^2 \cdot 11$	$441 = 3^2 \cdot 7^2$	$603 = 3^2 \cdot 67$	$765 = 3^2 \cdot 5 \cdot 17$	$921 = 3 \cdot 307$
$99 = 3^2 \cdot 11$	$279 = 3^2 \cdot 31$	$445 = 5 \cdot 89$	$605 = 5 \cdot 11^2$	$767 = 13 \cdot 59$	$923 = 13 \cdot 71$
$105 = 3 \cdot 5 \cdot 7$	$285 = 3 \cdot 5 \cdot 19$	$447 = 3 \cdot 149$	$609 = 3 \cdot 7 \cdot 29$	$771 = 3 \cdot 257$	$925 = 5^2 \cdot 37$
$111 = 3 \cdot 37$	$287 = 7 \cdot 41$	$451 = 11 \cdot 41$	$611 = 13 \cdot 47$	$775 = 5^2 \cdot 31$	$927 = 3^2 \cdot 103$
$115 = 5 \cdot 23$	$289 = 17^2$	$453 = 3 \cdot 151$	$615 = 3 \cdot 5 \cdot 41$	$777 = 3 \cdot 7 \cdot 37$	$931 = 7^2 \cdot 19$
$117 = 3^2 \cdot 13$	$291 = 3 \cdot 97$	$455 = 5 \cdot 7 \cdot 13$	$621 = 3^3 \cdot 23$	$779 = 19 \cdot 41$	$933 = 3 \cdot 311$
$119 = 7 \cdot 17$	$295 = 5 \cdot 59$	$459 = 3^3 \cdot 17$	$623 = 7 \cdot 89$	$781 = 11 \cdot 71$	$935 = 5 \cdot 11 \cdot 17$
$121 = 11^2$	$297 = 3^3 \cdot 11$	$465 = 3 \cdot 5 \cdot 31$	$625 = 5^4$	$783 = 3^3 \cdot 29$	$939 = 3 \cdot 313$
$123 = 3 \cdot 41$	$299 = 13 \cdot 23$	$469 = 7 \cdot 67$	$627 = 3 \cdot 11 \cdot 19$	$785 = 5 \cdot 157$	$943 = 23 \cdot 41$
$125 = 5^3$	$301 = 7 \cdot 43$	$471 = 3 \cdot 157$	$629 = 17 \cdot 37$	$789 = 3 \cdot 263$	$945 = 3^3 \cdot 5 \cdot 7$
$129 = 3 \cdot 43$	$303 = 3 \cdot 101$	$473 = 11 \cdot 43$	$633 = 3 \cdot 211$	$791 = 7 \cdot 113$	$949 = 13 \cdot 73$
$133 = 7 \cdot 19$	$305 = 5 \cdot 61$	$475 = 5^2 \cdot 19$	$635 = 5 \cdot 127$	$793 = 13 \cdot 61$	$951 = 3 \cdot 317$
$135 = 3^3 \cdot 5$	$309 = 3 \cdot 103$	$477 = 3^2 \cdot 53$	$637 = 7^2 \cdot 13$	$795 = 3 \cdot 5 \cdot 53$	$955 = 5 \cdot 191$
$141 = 3 \cdot 47$	$315 = 3^2 \cdot 5 \cdot 7$	$481 = 13 \cdot 37$	$639 = 3^2 \cdot 71$	$799 = 17 \cdot 47$	$957 = 3 \cdot 11 \cdot 29$
$143 = 11 \cdot 13$	$319 = 11 \cdot 29$	$483 = 3 \cdot 7 \cdot 23$	$645 = 3 \cdot 5 \cdot 43$	$801 = 3^2 \cdot 89$	$959 = 7 \cdot 137$
$145 = 5 \cdot 29$	$321 = 3 \cdot 107$	$485 = 5 \cdot 97$	$649 = 11 \cdot 59$	$803 = 11 \cdot 73$	$961 = 31^2$
$147 = 3 \cdot 7^2$	$323 = 17 \cdot 19$	$489 = 3 \cdot 163$	$651 = 3 \cdot 7 \cdot 31$	$805 = 5 \cdot 7 \cdot 23$	$963 = 3^2 \cdot 107$
$153 = 3^2 \cdot 17$	$325 = 5^2 \cdot 13$	$493 = 17 \cdot 29$	$655 = 5 \cdot 131$	$807 = 3 \cdot 269$	$965 = 5 \cdot 193$
$155 = 5 \cdot 31$	$327 = 3 \cdot 109$	$495 = 3^2 \cdot 5 \cdot 11$	$657 = 3^2 \cdot 73$	$813 = 3 \cdot 271$	$969 = 3 \cdot 17 \cdot 19$
$159 = 3 \cdot 53$	$329 = 7 \cdot 47$	$497 = 7 \cdot 71$	$663 = 3 \cdot 13 \cdot 17$	$815 = 5 \cdot 163$	$973 = 7 \cdot 139$
$161 = 7 \cdot 23$	$333 = 3^2 \cdot 37$	$501 = 3 \cdot 167$	$665 = 5 \cdot 7 \cdot 19$	$817 = 19 \cdot 43$	$975 = 3 \cdot 5^2 \cdot 13$
$165 = 3 \cdot 5 \cdot 11$	$335 = 5 \cdot 67$	$505 = 5 \cdot 101$	$667 = 23 \cdot 29$	$819 = 3^2 \cdot 7 \cdot 13$	$979 = 11 \cdot 89$
$169 = 13^2$	$339 = 3 \cdot 113$	$507 = 3 \cdot 13^2$	$669 = 3 \cdot 223$	$825 = 3 \cdot 5^2 \cdot 11$	$981 = 3^2 \cdot 109$
$171 = 3^2 \cdot 19$	$341 = 11 \cdot 31$	$511 = 7 \cdot 73$	$671 = 11 \cdot 61$	$831 = 3 \cdot 277$	$985 = 5 \cdot 197$
$175 = 5^2 \cdot 7$	$343 = 7^3$	$513 = 3^3 \cdot 19$	$675 = 3^3 \cdot 5^2$	$833 = 7^2 \cdot 17$	$987 = 3 \cdot 7 \cdot 47$
$177 = 3 \cdot 59$	$345 = 3 \cdot 5 \cdot 23$	$515 = 5 \cdot 103$	$679 = 7 \cdot 97$	$835 = 5 \cdot 167$	$989 = 23 \cdot 43$
$183 = 3 \cdot 61$	$351 = 3^3 \cdot 13$	$517 = 11 \cdot 47$	$681 = 3 \cdot 227$	$837 = 3^3 \cdot 31$	$993 = 3 \cdot 331$
$185 = 5 \cdot 37$	$355 = 5 \cdot 71$	$519 = 3 \cdot 173$	$685 = 5 \cdot 137$	$841 = 29^2$	$995 = 5 \cdot 199$
$187 = 11 \cdot 17$	$357 = 3 \cdot 7 \cdot 17$	$525 = 3 \cdot 5^2 \cdot 7$	$687 = 3 \cdot 229$	$843 = 3 \cdot 281$	$999 = 3^3 \cdot 37$
$189 = 3^3 \cdot 7$	$361 = 19^2$	$527 = 17 \cdot 31$	$689 = 13 \cdot 53$	$845 = 5 \cdot 13^2$	
$195 = 3 \cdot 5 \cdot 13$	$363 = 3 \cdot 11^2$	$529 = 23^2$	$693 = 3^2 \cdot 7 \cdot 11$	$847 = 7 \cdot 11^2$	
$201 = 3 \cdot 67$	$365 = 5 \cdot 73$	$531 = 3^2 \cdot 59$	$695 = 5 \cdot 139$	$849 = 3 \cdot 283$	
$203 = 7 \cdot 29$	$369 = 3^2 \cdot 41$	$533 = 13 \cdot 41$	$697 = 17 \cdot 41$	$851 = 23 \cdot 37$	

Anmerkung: Primzahlen und gerade Zahlen sind nicht aufgeführt.

All

Römische Zahlzeichen

	Grundzeichen				Hilfszeichen		
Symbole	I	X	C	M	V	L	D
Zahl	1	10	100	1000	5	50	500

Schreibweisen (Regeln für die Anordnung):
1. Die Zeichen werden hintereinander geschrieben (wobei im Allgemeinen links mit dem Symbol der größten Zahl begonnen wird) und ihre Werte werden addiert (**Additionssystem**).
2. Die Grundzeichen werden höchstens dreimal, die Hilfszeichen nur einmal hintereinander geschrieben.
3. Steht das Symbol einer kleineren Zahl vor dem einer größeren, so wird der kleinere Wert vom größeren subtrahiert (wobei höchstens ein Symbol der nächstkleineren Zahl vorangestellt werden darf).

XVII = 10 + 5 + 1 + 1 = 17 MMIII = 1000 + 1000 + 1 + 1 + 1 = 2003 IX = 10 − 1 = 9

Stellenwertsysteme (Positionssysteme)

Begriff	In einem **Stellenwertsystem (Positionssystem)** der Basis b lässt sich jede natürliche Zahl folgendermaßen darstellen: $(a_n a_{n-1} \dots a_2 a_1 a_0)_b = a_n \cdot b^n + a_{n-1} \cdot b^{n-1} + \dots + a_2 \cdot b^2 + a_1 \cdot b^1 + a_0 \cdot b^0$ Für die Ziffern $a_0, a_1, a_2, \dots, a_n$ gilt $a_0, a_1, a_2, \dots, a_n \in \{0; 1; 2; \dots; b-1\}$.
Dezimalsystem	Wird als Basis eines Stellenwertsystems die Zahl 10 gewählt, so spricht man von einem **dekadischen Positionssystem** bzw. vom **Dezimalsystem,** und es gilt: $a_n a_{n-1} \dots a_2 a_1 a_0 = a_n \cdot 10^n + a_{n-1} \cdot 10^{n-1} + \dots + a_2 \cdot 10^2 + a_1 \cdot 10 + a_0$
Dualsystem	Wählt man die Zahl 2 als Basis, so erhält man das **Dualsystem** mit den beiden Ziffern O und I (↗ S. 86).

Darstellung von Dezimalzahlen mithilfe abgetrennter Zehnerpotenzen	$a \in \mathbb{Q}_+$
$a > 1$	$a < 1$
$3\,440\,000 = 3{,}44 \cdot 1\,000\,000 = 3{,}44 \cdot 10^6$ Beim Übergang von $3{,}44 \cdot 10^6$ zur normalen Schreibweise rückt das Komma um 6 Stellen nach rechts und man erhält 3 440 000.	$0{,}000\,000\,023 = 2{,}3 \cdot 0{,}000\,000\,01 = 2{,}3 \cdot 10^{-8}$ Beim Übergang von $2{,}3 \cdot 10^{-8}$ zur normalen Schreibweise rückt das Komma um 8 Stellen nach links und man erhält 0,000 000 023.

Vorsätze bei Einheiten

Vorsatz		Bedeutung	Faktor	Vorsatz		Bedeutung	Faktor
Exa	E	Trillion	10^{18}	Dezi	d	Zehntel	$0{,}1 = 10^{-1}$
Peta	P	Billiarde	10^{15}	Zenti	c	Hundertstel	$0{,}01 = 10^{-2}$
Tera	T	Billion	$10^{12} = 1\,000\,000\,000\,000$	Milli	m	Tausendstel	$0{,}001 = 10^{-3}$
Giga	G	Milliarde	$10^9 = 1\,000\,000\,000$	Mikro	µ	Millionstel	$0{,}000\,001 = 10^{-6}$
Mega	M	Million	$10^6 = 1\,000\,000$	Nano	n	Milliardstel	$0{,}000\,000\,001 = 10^{-9}$
Kilo	k	Tausend	$10^3 = 1\,000$	Pico	p	Billionstel	$0{,}000\,000\,000\,001 = 10^{-12}$
Hekto	h	Hundert	$10^2 = 100$	Femto	f	Billiardstel	10^{-15}
Deka	da	Zehn	$10^1 = 10$	Atto	a	Trillionstel	10^{-18}

Einheiten ausgewählter Größen

Größe	Einheit		Beziehungen zwischen den Einheiten
	Name	Zeichen	
Länge	Meter	m	Basiseinheit
Flächeninhalt (Fläche)	Quadratmeter Ar Hektar	m^2 a ha	$1\ m^2 = 1\ m \cdot 1\ m$ $1\ a = 10^2\ m^2 = 100\ m^2$ $1\ ha = 10^2\ a = 10^4\ m^2 = 10\,000\ m^2$
Rauminhalt (Volumen)	Kubikmeter Liter	m^3 l	$1\ m^3 = 1\ m \cdot 1\ m \cdot 1\ m$ $1\ l = 1\ dm^3 = 10^{-3}\ m^3 = 0{,}001\ m^3$

Näherungswerte

Begriff des Näherungswertes	Ein **Näherungswert** ist eine Zahl, die etwa so groß ist wie der entsprechende exakte Wert. Näherungswerte erhält man z. B. – durch Runden; – beim Ersetzen von gemeinen Brüchen, die auf periodische Dezimalbrüche führen, durch endliche Dezimalbrüche; – beim Ersetzen von irrationalen Zahlen durch rationale Zahlen; – beim Arbeiten mit Tafeln, Taschenrechnern und Computern; – beim Messen.
zuverlässige Ziffern	Bei einem Näherungswert heißen alle Ziffern, die mit denen des genauen Wertes übereinstimmen, **zuverlässige Ziffern.** *Anmerkung:* Eine letzte Ziffer gilt auch dann als zuverlässig, wenn sie durch Runden des genauen Wertes auf diese Stelle bestätigt würde.
Runden	Unter **Runden** versteht man das Ersetzen eines bestimmten Zahlenwertes durch einen Näherungswert. Ist der Näherungswert größer als der zu rundende Wert, so spricht man vom **Aufrunden;** ist er kleiner, vom **Abrunden.**
Rundungsregeln	Beim Runden auf n Stellen wird folgendermaßen verfahren: – Die Ziffer an der n-ten Stelle wird um 1 erhöht, wenn ihr beim zu rundenden Wert eine 5, 6, 7, 8 oder 9 folgt (es wird **aufgerundet**). Die nachfolgenden Ziffern werden durch Nullen ersetzt. – Die Ziffer an der n-ten Stelle wird beibehalten, wenn ihr beim zu rundenden Wert eine 0, 1, 2, 3 oder 4 folgt (es wird **abgerundet**). Die nachfolgenden Ziffern werden durch Nullen ersetzt.
absoluter Fehler	Die Abweichung eines Näherungswertes x vom genauen Wert x_w wird als **(absoluter) Fehler** Δx bezeichnet.
relativer Fehler	Der **relative** (bzw. **prozentuale**) **Fehler** δx ist das Verhältnis von absolutem Fehler Δx zum genauen Wert x_w: $\delta x = \frac{\Delta x}{x_w} \approx \frac{\Delta x}{x}$

Rechnen mit Näherungswerten

Addition / Subtraktion	Beim **Addieren** und **Subtrahieren** sucht man denjenigen Näherungswert heraus, bei dem die letzte zuverlässige Ziffer am weitesten links steht, und rundet das Ergebnis auf diese Stelle.	19,123 + 33,1 ← + 6,24 58,463 ≈ 58,5 ←
Multiplikation / Division	Beim **Multiplizieren** und **Dividieren** sucht man denjenigen Näherungswert heraus, der die geringste Anzahl zuverlässiger Ziffern besitzt, und rundet das Ergebnis auf diese Stellenanzahl.	$2{,}345 \cdot \overbrace{2{,}3}$ 4690 7035 $5{,}3935 \approx \overbrace{5{,}4}$

Nichtdezimale Maße (Auswahl)

Einheit	Land	Kürzel	Umrechnungen
Zählmaße			
Dutzend	Deutschland		1 Dutzend = 12 Stück
Schock	Deutschland		1 Schock = 5 Dutzend = 60 Stück
Gros	Deutschland		1 Gros = 12 Dutzend = 144 Stück
Mandel	Deutschland		1 Mandel = 15 Stück
Bauernmandel	Deutschland		1 Bauernmandel = 16 Stück
Längenmaße			
inch (Zoll)	Großbritannien, USA	in (auch ")	1 in = 1" = 25,4 mm
foot (Pl.: *feet*)	Großbritannien, USA	ft (auch ')	1 ft = 1' = 12 in = 30,48 cm
yard (Elle)	Großbritannien, USA	yd	1 yd = 3 ft = 91,44 cm
statute mile	Großbritannien, USA	st mi	1 st mi = 1 609,3 m
fathom (Tiefenmaß)	Großbritannien		1 fathom = 1,829 m
geographische Meile	Deutschland		1 geogr. Meile = 7 421,5 m ($\widehat{=} \frac{1}{15}$ Äquatorgrad)
Seemeile	Deutschland	sm	1 sm = 1 852 m ($\widehat{=} \frac{1}{60}$ Meridiangrad)
Sashen	Russland		1 Sashen = 2,13 m
Werst	Russland		1 Werst = 500 Sashen = 1,067 km
Flächenmaße			
acre	Großbritannien		1 acre = 40,47 a
Morgen	Deutschland (preuß.)		1 Morgen = 25,5 a = 0,255 ha
Morgen	Deutschland (sächs.)		1 Morgen = 27,67 a = 0,2767 ha
Acker	Deutschland (sächs.)		1 Acker = 2 Morgen = 55,34 a = 0,556 34 ha
Desjatine	Russland		1 Desjatine = 1,0925 ha
Raummaße			
Registertonne	Deutschland, Großbritannien, USA	RT (reg tn)	1 RT = 100 ft^3 = 2,832 m^3
barrel (Petroleum)	Großbritannien, USA		1 barrel = 158,758 l
Imperial gallon	Großbritannien	gal	1 gal = 4,546 l
Petrol gallon	USA	gal	1 gal = 3,785 l
bushel	Großbritannien	bu	1 bu = 8 gal = 36,368 l
bushel	USA	bu	1 bu = 35,239 l
Botschka	Russland		1 Botschka = 4,9195 hl
Massemaße			
ounce (Unze)	Großbritannien, USA	oz	1 oz = 28,35 g
pound (Gewichtspfund)	Großbritannien, USA	lb (lat.: *libra*)	1 lb = 16 oz = 453,59 g = 0,453 59 kg
quarter (Viertel)	Großbritannien	qr	1 qr = 28 lb = 12,7 kg
	USA	qr	1 qr = 25 lb = 11,34 kg
centweight	Großbritannien	cwt	1 cwt = 4 qr = 112 lb = 50,802 kg
(Zentner)	USA	cwt	1 cwt = 4 qr = 100 lb = 45,359 kg
long ton (Tonne)	Großbritannien	lton	1 lton = 20 cwt = 2 240 lb = 1 016,05 kg
short ton (Tonne)	USA	ston	1 ston = 20 cwt = 2000 lb = 907,185 kg
Pfund	Deutschland	Pfd.	1 Pfd. = 500 g
Zentner	Deutschland	Ztr.	1 Ztr. = 100 Pfd. = 50 kg
Funt	Russland		1 Funt = 409,5 g
Pud	Russland		1 Pud = 40 Funt = 16,385 kg
Berkowetz	Russland		1 Berkowetz = 10 Pud = 163,85 kg
Geschwindigkeitsmaß			
Knoten	Deutschland, USA	kn	1 kn = 1 sm h^{-1} = 1,852 km h^{-1}

Mathematik

Mengenlehre und Logik

Mengenbeziehungen

Mengengleichheit	Eine Menge A ist **gleich** einer Menge B (in Zeichen: $A = B$), wenn jedes Element von A auch Element von B und jedes Element von B auch Element von A ist. Es gilt: $A = A$ $\quad A = B \wedge B = C \Rightarrow A = C$ $A = B \Rightarrow B = A$	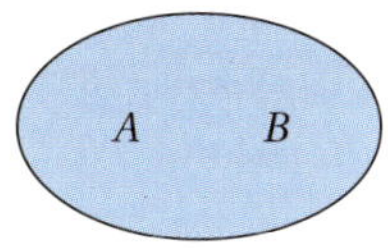
Teilmenge **echte Teilmenge**	Eine Menge A ist **Teilmenge** von B (in Zeichen: $A \subseteq B$), wenn jedes Element von A auch Element von B ist. Gibt es mindestens ein Element in B, das nicht zu A gehört, so ist A **echte Teilmenge** von B (in Zeichen: $A \subset B$). Es gilt: $A \subseteq A$ $\quad A \subseteq B \wedge B \subseteq A \Rightarrow A = B$ $A \not\subset A$ $\quad A \subseteq B \wedge B \subseteq C \Rightarrow A \subseteq C$	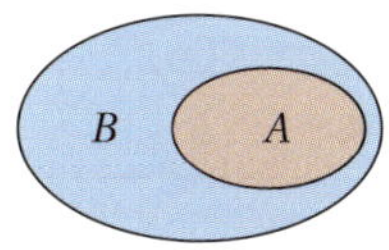
äquivalente Mengen	Eine Menge A ist **äquivalent (gleichmächtig)** zu einer Menge B (in Zeichen: $A \sim B$), wenn eine eineindeutige Abbildung der einen auf die andere Menge existiert. Es gilt: $A \sim B \wedge B \sim C \Rightarrow A \sim C$	$\mathbb{N} \sim \mathbb{Z}$ $\mathbb{N} \sim \mathbb{Q}$ $\mathbb{N} \nsim \mathbb{R}$
Komplementärmenge	Ist A Teilmenge von B, so ist die **Komplementärmenge** von A bezüglich B (in Zeichen: $\bar{A}$) diejenige Teilmenge von B, die alle Elemente enthält, die nicht zu A gehören. Es gilt: $\overline{A \cup B} = \bar{A} \cap \bar{B}$ $\overline{A \cap B} = \bar{A} \cup \bar{B}$ (morgansche Gesetze)	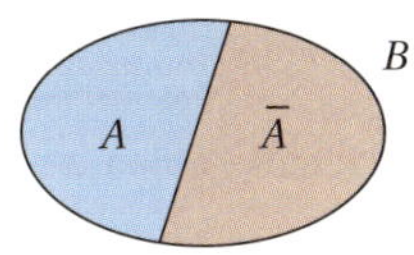
Potenzmenge	Die **Potenzmenge** einer Menge A (in Zeichen: $P(A)$) ist die Menge aller Teilmengen von A.	$A = \{a; b\}$ $\Rightarrow P(A) = \{\emptyset; \{a\}; \{b\}; \{a; b\}\}$

Mengenverknüpfungen (Mengenoperationen)

Vereinigungsmenge	Die **Vereinigungsmenge** $\boldsymbol{A \cup B}$ ist die Menge aller Elemente, die zu A oder zu B oder zu beiden Mengen gehören. $A \cup B = \{x \mid x \in A \vee x \in B\}$ (*Sprechweise:* A vereinigt B)	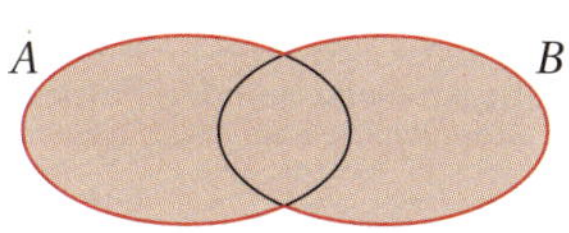
Schnittmenge (Durchschnitt)	Die **Schnittmenge** (bzw. der **Durchschnitt**) $\boldsymbol{A \cap B}$ ist die Menge aller Elemente, die zu A und gleichzeitig zu B gehören. $A \cap B = \{x \mid x \in A \wedge x \in B\}$ (*Sprechweise:* A geschnitten B)	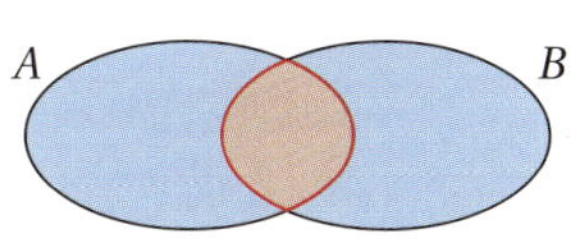

Differenzmenge	Die **Differenzmenge** $A \setminus B$ ist die Menge aller Elemente von A, die nicht zu B gehören. $A \setminus B = \{x \mid x \in A \wedge x \notin B\}$ (*Sprechweise:* A ohne B)	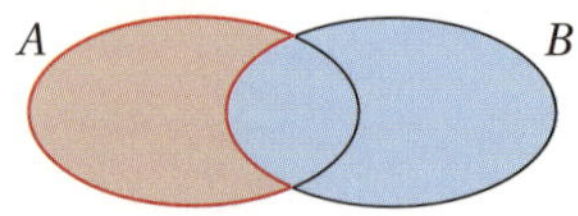
Produktmenge	Die **Produktmenge** $A \times B$ ist die Menge aller (geordneten) Paare, deren erstes Glied zu A und deren zweites Glied zu B gehört. $A \times B = \{(x; y) \mid x \in A \wedge y \in B\}$ (*Sprechweise:* A kreuz B)	$A = \{a; b; c\}$ $\quad B = \{u; v\}$ $\Rightarrow A \times B = \{(a; u); (a; v); (b; u); (b; v); (c; u); (c; v)\}$

Regeln (Gesetze) für das Rechnen mit Mengen		
$A \cup A = A$	$A \cap A = A$	(Idempotenzgesetze)
$A \cup B = B \cup A$	$A \cap B = B \cap A$	(Kommutativgesetze)
$(A \cup B) \cup C = A \cup (B \cup C)$	$(A \cap B) \cap C = A \cap (B \cap C)$	(Assoziativgesetze)
$A \cup (B \cap C) = (A \cup B) \cap (A \cup C)$	$A \cap (B \cup C) = (A \cap B) \cup (A \cap C)$	(Distributivgesetze)
$A \cup (A \cap B) = A$	$A \cap (A \cup B) = A$	(Absorptionsgesetze)
$A \cup \emptyset = A$ $\quad A \setminus A = \emptyset$	$A \cap \emptyset = \emptyset$ $\quad (A \setminus B) \cap B = \emptyset$	(Rechnen mit der leeren Menge)
$A \setminus B = A \setminus (A \cap B) = (A \cup B) \setminus B$ $A \setminus (B \cup C) = (A \setminus B) \cap (A \setminus C)$	$A \setminus (B \cap C) = (A \setminus B) \cup (A \setminus C)$ $A \cup B = (A \setminus B) \cup (B \setminus A) \cup (A \cap B)$	(Rechnen mit Differenzmengen)
$A \cup B = \overline{\overline{A} \cap \overline{B}}$	$A \cap B = \overline{\overline{A} \cup \overline{B}}$	(morgansche Gesetze)
Wenn eine der Beziehungen $A \subseteq B$, $A \cup B = B$ bzw. $A \cap B = A$ gilt, folgt daraus die Gültigkeit der anderen beiden.		

Zahlenmengen

Zahlenmenge	Beschreibung	uneingeschränkt ausführbare Grundrechenoperationen
natürliche Zahlen	$\mathbb{N} = \{0; 1; 2; 3; \ldots\}$ $\qquad \mathbb{N}^* = \mathbb{N} \setminus \{0\}$	Addition, Multiplikation
ganze Zahlen	$\mathbb{Z} = \{\ldots; -3; -2; -1; 0; 1; 2; 3; \ldots\}$	Addition, Multiplikation, Subtraktion
gebrochene Zahlen	$\mathbb{Q}_+ = \{\frac{p}{q} \mid p, q \in \mathbb{N} \wedge q \neq 0\}$	Addition, Multiplikation, Division (ausgenommen durch 0)
rationale Zahlen	$\mathbb{Q} = \{\frac{p}{q} \mid p, q \in \mathbb{Z} \wedge q \neq 0\}$	Addition, Subtraktion, Multiplikation, Division (ausgenommen durch 0)
reelle Zahlen	$\mathbb{R} = \mathbb{Q} \cup \mathbb{I}$ $\mathbb{I}$ irrationale Zahlen (unendliche nichtperiodische Dezimalbrüche)	Addition, Subtraktion, Multiplikation, Division (ausgenommen durch 0)
komplexe Zahlen	$\mathbb{C} = \{a + bi \mid a, b \in \mathbb{R} \wedge i^2 = -1\}$ (↗ S. 17)	Addition, Subtraktion, Multiplikation, Division (ausgenommen durch 0)

Beziehungen zwischen den Zahlenmengen (Zahlenbereichen)

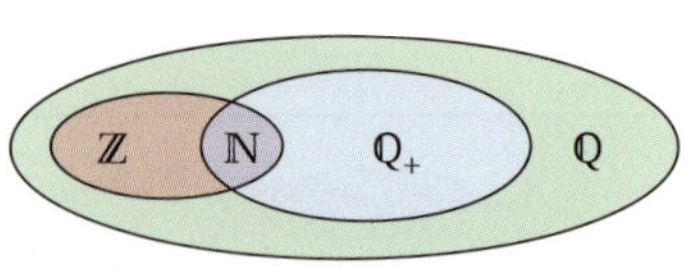

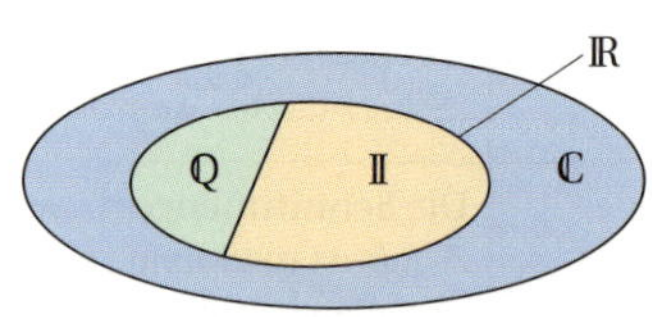

$\mathbb{N} \subset \mathbb{Z}$ $\mathbb{Q}_+ \subset \mathbb{Q}$	$\mathbb{N} \subset \mathbb{Q}_+$ $\mathbb{Z} \subset \mathbb{Q}$	$\mathbb{N} = \mathbb{Z} \cap \mathbb{Q}_+$	$\mathbb{Q} \subset \mathbb{R}$ $\mathbb{Q} \cap \mathbb{I} = \emptyset$	$\mathbb{I} \subset \mathbb{R}$	$\mathbb{R} \subset \mathbb{C}$

Intervalle (spezielle Teilmengen von $\mathbb{R}$)

abgeschlossenes Intervall von *a* bis *b*	$[a; b] = \{x \in \mathbb{R} \mid a \le x \le b\}$	
offenes Intervall von *a* bis *b*	$]a; b[= \{x \in \mathbb{R} \mid a < x < b\}$	
rechtsoffenes Intervall von *a* bis *b*	$[a; b[= \{x \in \mathbb{R} \mid a \le x < b\}$	
linksoffenes Intervall von *a* bis *b*	$]a; b] = \{x \in \mathbb{R} \mid a < x \le b\}$	
linksoffenes Intervall von $-\infty$ bis *a*	$]-\infty; a] = \{x \in \mathbb{R} \mid x \le a\}$	
offenes Intervall von *a* bis $+\infty$	$]a; +\infty[= \{x \in \mathbb{R} \mid a < x\}$	

Aussagenlogik

Es seien p, q, r Variable für Aussagen, die (nur) die Werte *wahr* (W) und *falsch* (F) annehmen können.

Verknüpfung von Aussagen

Verknüpfung	Symbol	Bedeutung
Negation	$\neg p$	nicht p
Konjunktion	$p \wedge q$	p und q; sowohl p als auch q
Disjunktion	$p \vee q$	p oder q (einschließendes ODER)
Alternative	$p \dot{\vee} q$	entweder p oder q (ausschließendes ODER)
Implikation	$p \Rightarrow q$	wenn p, dann (so) q
Äquivalenz	$p \Leftrightarrow q$	p äquivalent zu q; p genau dann, wenn q

Zusammenhänge

$p \Rightarrow q \equiv \neg p \vee q$

$p \Leftrightarrow q \equiv (\neg p \vee q) \wedge (p \vee \neg q)$ $\qquad$ $p \Leftrightarrow q \equiv (p \wedge q) \vee (\neg p \wedge \neg q)$

$p \dot{\vee} q \equiv (p \vee q) \wedge (\neg p \vee \neg q)$ $\qquad$ $p \dot{\vee} q \equiv (p \wedge \neg q) \vee (\neg p \wedge q)$

Wahrheitswertetafeln

p	q	$\neg p$	$\neg q$	$p \wedge q$	$p \vee q$	$p \dot{\vee} q$	$p \Rightarrow q$	$p \Leftrightarrow q$
W	W	F	F	W	W	F	W	W
W	F	F	W	F	W	W	F	F
F	W	W	F	F	W	W	W	F
F	F	W	W	F	F	F	W	W

Tautologien

Eine Aussagenverbindung heißt **Tautologie,** wenn jede Einsetzung eine wahre Aussage liefert.

$p \vee \neg p$	(Gesetz vom ausgeschlossenen Dritten)	$p \wedge (p \Rightarrow q) \Rightarrow q$	(Abtrennungsregel)
$\neg(\neg p) \Leftrightarrow p$	(Gesetz von der doppelten Verneinung)	$p \wedge (\neg q \Rightarrow \neg p) \Rightarrow q$	(indirekter Schluss)
$(p \Rightarrow q) \wedge (q \Rightarrow r) \Rightarrow (p \Rightarrow r)$	(Kettenschluss)	$(p \Rightarrow q) \Leftrightarrow (\neg q \Rightarrow \neg p)$	(Kontraposition)

Methode (Beweisverfahren) der vollständigen Induktion

$n, n_0, k \in \mathbb{N}^*$

Die Aussage „Für alle natürlichen Zahlen n ($n \ge n_0$) gilt $A(n)$" ist wahr, wenn die folgenden Voraussetzungen erfüllt sind:

(1) $A(n)$ ist wahr für $n = n_0$. *(Induktionsanfang, Induktionsverankerung)*

(2) Für ein beliebiges k ($k \in \mathbb{N}$, $k \ge n_0$) gilt: *(Induktionsschritt, Induktionsschluss)*
Aus der Gültigkeit von $A(k)$ folgt die Gültigkeit von $A(k+1)$.

Relationen und Abbildungen

Relationen (Beziehungen)

Definition	Eine **(zweistellige) Relation** R zwischen zwei Mengen A und B ist eine Teilmenge der Produktmenge dieser beiden Mengen, d.h., es gilt: $R \subseteq A \times B$ Statt $(a; b) \in R$ schreibt man auch $a\,R\,b$ (und liest: „a steht in der Relation R zu b“).
Eigenschaften	R heißt eine Relation auf M, wenn $A = B = M$ ist. Insbesondere ist R • **reflexiv,** wenn für alle $a \in M$ gilt: $a\,R\,a$ • **symmetrisch,** wenn für alle $a, b \in M$ gilt: Aus $a\,R\,b$ folgt $b\,R\,a$. • **transitiv,** wenn für alle $a, b, c \in M$ gilt: Aus $a\,R\,b$ und $b\,R\,c$ folgt $a\,R\,c$. • **irreflexiv,** wenn für kein $a \in M$ gilt: $a\,R\,a$ • **asymmetrisch,** wenn für kein $a, b \in M$ gilt: Aus $a\,R\,b$ folgt $b\,R\,a$. • **identitiv,** wenn für alle $a, b \in M$ gilt: Aus $a\,R\,b$ und $b\,R\,a$ folgt $a = b$. • **linear,** wenn für alle $a, b \in M$ gilt: Es existiert mindestens eine der Beziehungen $a\,R\,b$, $b\,R\,a$ bzw. $a = b$.
Äquivalenzrelation	Eine Relation heißt **Äquivalenzrelation,** wenn sie *reflexiv, symmetrisch* und *transitiv* ist. Die Menge M wird durch jede Äquivalenzrelation in **Äquivalenzklassen,** d.h. in paarweise elementfremde (disjunkte) Untermengen zerlegt. Dabei gehören zu jeder Teilmenge nur zueinander äquivalente Elemente. *Beispiel:* Die Relation „Parallelität“ zerlegt die Menge aller Geraden einer Ebene in Scharen zueinander paralleler Geraden.
Ordnungsrelationen	Eine Relation heißt **reflexive Ordnungsrelation,** wenn sie zugleich *reflexiv, transitiv, identitiv* und *linear* ist. *Beispiel:* Relation „ist kleiner oder gleich“ in der Menge der natürlichen Zahlen
	Eine Relation heißt **irreflexive Ordnungsrelation,** wenn sie zugleich *irreflexiv, transitiv* und *linear* ist. *Beispiel:* Relation „ist kleiner als“ in der Menge der natürlichen Zahlen

Abbildungen; Funktionen

Definition	Eine **Abbildung** der Menge D auf die Menge B ordnet jedem Element x von D Elemente y von B zu: $f: D \to B$ D heißt **Definitionsmenge** (Definitionsbereich, Urbildmenge, Argumentbereich); B heißt **Bildmenge** (Zielmenge, Wertebereich). x heißt **Argument** (Urbild, Original); y heißt **Bild** von x (Wert von x).
eindeutige Abbildung, Funktion	Abbildung f, die jedem $x \in D$ eindeutig ein Element $y \in B$ zuordnet: $f: D \to B$ mit der Elementezuordnung $x \mapsto f(x)$ (↗ S. 39 ff.)
eineindeutige Abbildung	Abbildung, die jedem $x \in D$ eindeutig ein Element $y \in B$ zuordnet und jedem $y \in B$ wieder eindeutig das Ausgangselement $x \in D$ (↗ S. 39 ff.) Man spricht auch von einer **umkehrbar eindeutigen** bzw. **bijektiven** Abbildung.
Gleichheit von Abbildungen	Zwei Abbildungen $f: A \to B$ und $g: C \to D$ heißen dann und nur dann **gleich** ($f = g$), wenn $A = C$ und $B = D$ und $f(x) = g(x)$ für alle $x \in A$ gilt.
Verketten von Abbildungen	Gilt $f: A \to B$ und $g: B \to C$, so existiert die **Verkettung** $g \circ f$ von f und g („g nach f“): $g \circ f: A \to C$ mit $x \mapsto (g \circ f)(x) = g[f(x)]$ Es gilt das Assoziativgesetz: $h \circ (g \circ f) = (h \circ g) \circ f$

Algebraische Strukturen

Verknüpfung auf einer Menge ***M***	Abbildung der Produktmenge $M \times M$ in die (nichtleere) Menge M Wird $(a; b) \in M \times M$ bei der Verknüpfung $\circ$ dem Element c zugeordnet, so schreibt man $c = \circ\,((a; b))$ oder $c = a \circ b$.
algebraische Struktur	Verknüpfungsgebilde $(M, f_1, f_2, \ldots, f_n)$ mit der Trägermenge M (wenn die Verknüpfungen $f_1, f_2, \ldots, f_n$ auf M definiert sind)
Spezielle algebraische Strukturen	
Halbgruppe	$(H, \circ)$ heißt **Halbgruppe,** wenn für alle $a, b, c \in H$ folgende Bedingungen erfüllt sind: 1. H ist bezüglich $\circ$ abgeschlossen, d.h., die Verknüpfung zweier Elemente aus H führt wieder auf ein Element von H: $(a \circ b) \in H$ für alle $a, b \in H$ 2. Die Verknüpfung ist *assoziativ:* $(a \circ b) \circ c = a \circ (b \circ c)$ *Beispiel:* Menge der natürlichen Zahlen mit Addition als Verknüpfung $(\mathbb{N}, +)$
Gruppe	$(G, \circ)$ heißt **Gruppe,** wenn für alle $a, b, c \in G$ folgende Gesetze (*Gruppenaxiome*) erfüllt sind: 1. G ist bezüglich $\circ$ *abgeschlossen:* $(a \circ b) \in G$ für alle $a, b \in G$ 2. Die Verknüpfung ist *assoziativ:* $(a \circ b) \circ c = a \circ (b \circ c)$ 3. Es existiert ein *neutrales Element e,* sodass $a \circ e = e \circ a = a$ gilt. 4. Zu jedem Element a existiert ein *Inverses* $\bar{a}$, sodass $a \circ \bar{a} = \bar{a} \circ a = e$ gilt.
	$(G, \circ)$ heißt **kommutativ (abelsch),** wenn die Verknüpfung vertauschbar ist: $a \circ b = b \circ a$ *Beispiel:* Menge der ganzen Zahlen mit Addition als Verknüpfung $(\mathbb{Z}, +)$
kommutativer Ring	$(R, \circ, \bullet)$ heißt **kommutativer Ring,** wenn folgende Bedingungen erfüllt sind: 1. $(R, \circ)$ ist eine *kommutative Gruppe.* 2. $(R, \bullet)$ ist eine *kommutative Halbgruppe.* 3. Für alle $a, b, c \in R$ gilt das *Distributivgesetz:* $a \bullet (b \circ c) = (a \bullet b) \circ (a \bullet c)$ *Beispiel:* Menge der ganzen Zahlen mit Addition und Multiplikation $(\mathbb{Z}, +, \cdot)$
Körper	$(K, \circ, \bullet)$ heißt **(kommutativer) Körper,** wenn folgende Bedingungen erfüllt sind: 1. $(K, \circ)$ ist eine *kommutative Gruppe* mit dem neutralen Element 0 (Null). 2. $(K \setminus \{0\}, \bullet)$ ist eine *kommutative Gruppe* mit dem neutralen Element 1 (Eins). 3. Für alle $a, b, c \in K$ gilt das *Distributivgesetz:* $a \bullet (b \circ c) = (a \bullet b) \circ (a \bullet c)$ *Eigenschaften:* 1. Aus $a \bullet b = 0$ folgt stets $a = 0$ oder $b = 0$. („Nullteilerfreiheit“) 2. Zu beliebigen a und b mit $a \neq 0$ aus K gibt es stets genau ein $x \in K$ mit $a \bullet x = b$. Man schreibt $x = b : a$. (Existenz und Eindeutigkeit der Division durch $a \neq 0$) *Beispiel:* Menge der reellen Zahlen mit Addition und Multiplikation $(\mathbb{R}, +, \cdot)$
boolesche Algebra	$(B, \sqcup, \sqcap, ^-)$ mit zwei zweistelligen Verknüpfungen $\sqcup$ und $\sqcap$ und einer einstelligen Verknüpfung $^-$ (Abbildung von B in B) heißt **boolesche Algebra,** wenn für alle $a, b, c \in B$ folgende Gesetze gelten: 1. $a \sqcup b = b \sqcup a$ $\quad$ $a \sqcap b = b \sqcap a$ $\quad$ (*Kommutativgesetze*) 2. $a \sqcup (b \sqcap c) = (a \sqcup b) \sqcap (a \sqcup c)$ $\quad$ $a \sqcap (b \sqcup c) = (a \sqcap b) \sqcup (a \sqcap c)$ $\quad$ (*Distributivgesetze*) 3. Es gibt mindestens ein Element 0 aus B, sodass gilt: $a \sqcup 0 = a$ und $a \sqcap \bar{a} = 0$ 4. Es gibt mindestens ein Element 1 aus B, sodass gilt: $a \sqcap 1 = a$ und $a \sqcup \bar{a} = 1$ *Beispiel:* Wahrheitswertealgebra $(\{W; F\}, \vee, \wedge, \neg)$ (↗ S. 11)

Rechenregeln und Rechenverfahren

Teiler und Vielfache natürlicher Zahlen

$a, b, n \in \mathbb{N}^*$

Teiler	Vielfache
a heißt **Teiler** von b, wenn es ein $n \in \mathbb{N}^*$ gibt, sodass $a \cdot n = b$ gilt. (*Schreibweise:* $a \mid b$)	b heißt **Vielfaches** von a, wenn a ein Teiler von b ist.
Eine natürliche Zahl heißt **gemeinsamer Teiler** von a und b, wenn sie sowohl a als auch b teilt. Der **größte gemeinsame Teiler** zweier Zahlen a und b wird mit **ggT(a, b)** bezeichnet.	Eine natürliche Zahl heißt **gemeinsames Vielfaches** von a und b, wenn sowohl a als auch b Teiler dieser Zahl sind. Das **kleinste gemeinsame Vielfache** zweier Zahlen a und b wird mit **kgV(a, b)** bezeichnet.
Bestimmung des ggT(a, b) mittels **Primfaktorzerlegung:** $a = 18 = 2 \cdot 3 \cdot 3$ $b = 60 = 2 \cdot 2 \cdot 3 \cdot 5 \quad \Rightarrow \quad \text{ggT}(18, 60) = 2 \cdot 3 = 6$	Bestimmung des kgV(a, b) mittels **Primfaktorzerlegung:** $a = 18 = 2 \cdot 3 \cdot 3$ $b = 60 = 2 \cdot 2 \cdot 3 \cdot 5 \quad \Rightarrow \quad \text{kgV}(18, 60) = 2^2 \cdot 3^2 \cdot 5 = 180$
Bestimmung des ggT(a, b) mithilfe des **euklidischen Algorithmus:** $a : b = c_1$, Rest b_1 $\quad b_1 \neq 0$ $b : b_1 = c_2$, Rest b_2 $\quad b_2 \neq 0$ $b_1 : b_2 = c_3$, Rest b_3 $\quad b_3 \neq 0$ $\vdots$ $b_{n-2} : \boldsymbol{b_{n-1}} = c_n$, Rest **0** $\Rightarrow$ $\text{ggT}(a, b) = b_{n-1}$	Bestimmung des kgV(a, b) mithilfe der folgenden Beziehung (und des euklidischen Algorithmus): $\text{kgV}(a, b) = \frac{a \cdot b}{\text{ggT}(a, b)}$

Teilbarkeitseigenschaften und Teilbarkeitsregeln

$a, b, c, d \in \mathbb{Z}$

$a \mid b \Rightarrow a \mid (b \cdot c)$

$a \mid b \wedge a \mid c \Rightarrow a \mid (b + c)$

$a \mid b \Rightarrow (a \cdot c) \mid (b \cdot c)$

$a \mid b \wedge b \mid c \Rightarrow a \mid c$ (Transitivität der Teilbarkeitsrelation)

$a \mid b \wedge c \mid d \Rightarrow (a \cdot c) \mid (b \cdot d)$

$a \mid b \wedge a \mid c \Rightarrow a \mid (b - c)$

$a \mid c \wedge b \mid c \wedge \text{ggT}(a, b) = 1 \Rightarrow (a \cdot b) \mid c$

Teiler	Regel $\quad n \in \mathbb{N}^*$
$n \mid 0$	Null ist durch jede Zahl n teilbar, jedoch nicht durch sich selbst.
$n \mid n$	Jede Zahl n ist durch sich selbst teilbar.
$1 \mid n$	Jede Zahl n (auch 0) ist durch 1 teilbar.
$2 \mid n$	Eine Zahl ist durch 2 teilbar, wenn ihre letzte Ziffer durch 2 teilbar ist, d.h. 0, 2, 4, 6 oder 8 ist.
$3 \mid n$	Eine Zahl ist durch 3 teilbar, wenn ihre Quersumme (Summe ihrer Ziffern) durch 3 teilbar ist.
$4 \mid n$	Eine Zahl ist durch 4 teilbar, wenn ihre letzten zwei Ziffern eine durch 4 teilbare Zahl darstellen.
$5 \mid n$	Eine Zahl ist durch 5 teilbar, wenn ihre letzte Ziffer durch 5 teilbar ist, d.h. 0 oder 5 ist.
$6 \mid n$	Eine Zahl ist durch 6 teilbar, wenn sie durch 2 und durch 3 teilbar ist.
$8 \mid n$	Eine Zahl ist durch 8 teilbar, wenn ihre letzten drei Ziffern eine durch 8 teilbare Zahl darstellen.
$9 \mid n$	Eine Zahl ist durch 9 teilbar, wenn ihre Quersumme (Summe ihrer Ziffern) durch 9 teilbar ist.
$10 \mid n$	Eine Zahl ist durch 10 teilbar, wenn ihre letzte Ziffer eine 0 ist.
$11 \mid n$	Eine Zahl ist durch 11 teilbar, wenn ihre alternierende Quersumme durch 11 teilbar ist. Die alternierende Quersumme wird gebildet, indem man die Summe aus der ersten, dritten, fünften, … Ziffer bildet und hiervon die Summe aus der zweiten, vierten, sechsten, … Ziffer subtrahiert.

Rechenoperationen

Operationen	Ordnung	Verknüpfung	*a*	*b*	*c*
Addition	1.	$a+b=c$	Summand	Summand	Summe
Subtraktion	1.	$a-b=c$	Minuend	Subtrahend	Differenz
Multiplikation	2.	$a\cdot b=c$	Faktor	Faktor	Produkt
Division	2.	$a:b=c \quad (b\neq 0)$	Dividend	Divisor	Quotient
Potenzieren	3.	$a^b=c$	Basis	Exponent	Potenz
Radizieren	3.	$\sqrt[b]{a}=c$	Radikand	Wurzelexponent	Wurzel
Logarithmieren	3.	$\log_b a=c$	Numerus	Basis	Logarithmus

Anmerkung: Hinsichtlich der Ausführbarkeit des Potenzierens, Radizierens und Logarithmierens sind die entsprechenden Einschränkungen für *a, b* bzw. *c* zu beachten (↗ S. 16).

Rechnen mit Brüchen (Bruchrechnung)

$a, b, c, d \in \mathbb{Z}$; Nenner $\neq 0$

Bruch	$\frac{a}{b}$ heißt **Bruch**, *a* heißt **Zähler** und *b* **Nenner** des Bruches.
Kehrwert	Der Bruch $\frac{b}{a}$ heißt **Kehrwert (Reziprokes)** von $\frac{a}{b}$. Es gilt: $\frac{a}{b}\cdot\frac{b}{a}=1$
Erweitern und Kürzen	*Erweitern:* $\frac{a}{b}=\frac{a\cdot c}{b\cdot c} \quad (c\neq 0)$ *Kürzen:* $\frac{a}{b}=\frac{a:c}{b:c} \quad (c\neq 0 \wedge c\mid a \wedge c\mid b)$
Addition und Subtraktion	$\frac{a}{b}\pm\frac{c}{b}=\frac{a\pm c}{b}$ (gleichnamige Brüche) $\frac{a}{b}\pm\frac{c}{d}=\frac{a\cdot d\pm b\cdot c}{b\cdot d}$ (ungleichnamige Brüche)
Multiplikation und Division	$\frac{a}{b}\cdot\frac{c}{d}=\frac{a\cdot c}{b\cdot d}$ $\frac{a}{b}:\frac{c}{d}=\frac{a}{b}\cdot\frac{d}{c}=\frac{a\cdot d}{b\cdot c}$

Rechnen mit positiven und negativen (reellen) Zahlen

$a, b \in \mathbb{R}$; Nenner $\neq 0$

Betrag einer Zahl	$\lvert a\rvert=\begin{cases} a, & \text{wenn } a\geq 0\\ -a, & \text{wenn } a<0\end{cases}$ Der (absolute) **Betrag** einer Zahl entspricht dem Abstand dieser Zahl vom Nullpunkt *O* auf der Zahlengeraden.
Rechnen mit Beträgen	$\lvert a\rvert=\lvert -a\rvert$ $\lvert a\rvert\geq 0$ $\pm a\leq\lvert a\rvert$ $\lvert a\cdot b\rvert=\lvert a\rvert\cdot\lvert b\rvert$ $\left\lvert\frac{a}{b}\right\rvert=\frac{\lvert a\rvert}{\lvert b\rvert}$ $\lvert a\rvert-\lvert b\rvert\leq\lvert a+b\rvert\leq\lvert a\rvert+\lvert b\rvert$ **(Dreiecksungleichung)** $\lvert a\rvert-\lvert b\rvert\leq\lvert a-b\rvert\leq\lvert a\rvert+\lvert b\rvert$ $\lvert a_1+a_2+\ldots+a_n\rvert\leq\lvert a_1\rvert+\lvert a_2\rvert+\ldots+\lvert a_n\rvert$
Rechenregeln	$a-(-b)=a+b$ $-a-b=-(a+b)$ $(-a)-(-b)=-a+b$ $a\cdot(-b)=-ab$ $(-a)\cdot b=-ab$ $(-a)\cdot(-b)=+ab$ $a:(-b)=-\frac{a}{b}$ $(-a):b=-\frac{a}{b}$ $(-a):(-b)=+\frac{a}{b}$

Termumformungen

a, b, c, d in $\mathbb{R}$ erklärte Terme

Rechengesetze	$a+b=b+a$ $a\cdot b=b\cdot a$ (Kommutativgesetze) $a+(b+c)=(a+b)+c$ $a\cdot(b\cdot c)=(a\cdot b)\cdot c$ (Assoziativgesetze) $a\cdot(b+c)=a\cdot b+a\cdot c$ (Distributivgesetz) $(a+b)\cdot(c+d)=a\cdot c+b\cdot c+a\cdot d+b\cdot d$ (Ausmultiplizieren)
binomische Formeln	$(a+b)^2=a^2+2ab+b^2$ $(a-b)^2=a^2-2ab+b^2$ $(a+b)(a-b)=a^2-b^2$

Potenzen, Wurzeln und Logarithmen

Nenner $\neq 0$

Potenzen	
Definition	$a^n = \underbrace{a \cdot a \cdot \ldots \cdot a}_{n \text{ Faktoren } a}$ $(a \in \mathbb{R}\setminus\{0\};\ n \in \mathbb{N})$ *a* heißt **Basis** und *n* **Exponent.** *Spezialfälle:* $a^0 = 1$ $a^1 = a$
	Erweiterung des Potenzbegriffs: $a^{-n} = \frac{1}{a^n}$ $(a \in \mathbb{R}\setminus\{0\};\ n \in \mathbb{N})$ $a^{\frac{m}{n}} = \sqrt[n]{a^m}$ $(a \in \mathbb{R};\ a > 0;\ n \in \mathbb{N};\ n \geq 2;\ m \in \mathbb{Z})$
Potenzgesetze	Für alle $m, n \in \mathbb{Z}$ und $a, b \in \mathbb{R}\setminus\{0\}$ gilt: • $a^m \cdot a^n = a^{m+n}$ • $a^n \cdot b^n = (a \cdot b)^n$ • $(a^m)^n = a^{mn} = (a^n)^m$ • $\frac{a^m}{a^n} = a^{m-n}$ • $\frac{a^n}{b^n} = \left(\frac{a}{b}\right)^n$ Weiter gilt: • $\frac{1}{a^{-n}} = a^n$ • $\left(\frac{a}{b}\right)^{-n} = \left(\frac{b}{a}\right)^n$
Wurzeln	
Definition	$\sqrt[n]{a} = b \Leftrightarrow b^n = a \wedge b > 0$ $(a \in \mathbb{R};\ a \geq 0;\ n \in \mathbb{N}^*\setminus\{1\})$ *a* heißt **Radikand** und *n* **Wurzelexponent.** *Spezialfall:* $\sqrt[2]{a} = \sqrt{a}$
Wurzelgesetze	Für alle $m, n \in \mathbb{N}^*\setminus\{1\}$ und $a, b \in \mathbb{R};\ a, b \geq 0$ gilt: • $\sqrt[m]{a} \cdot \sqrt[n]{a} = \sqrt[mn]{a^{m+n}}$ • $\sqrt[n]{a} \cdot \sqrt[n]{b} = \sqrt[n]{a \cdot b}$ • $\sqrt[n]{\sqrt[m]{a}} = \sqrt[mn]{a} = \sqrt[m]{\sqrt[n]{a}}$ • $\frac{\sqrt[m]{a}}{\sqrt[n]{a}} = \sqrt[mn]{a^{n-m}}$ • $\frac{\sqrt[n]{a}}{\sqrt[n]{b}} = \sqrt[n]{\frac{a}{b}}$ Weiter gilt: • $\sqrt[n]{a^m} = (\sqrt[n]{a})^m$ • $\sqrt[n]{a^m} = \sqrt[nk]{a^{mk}}$ $(k \in \mathbb{N}^*)$
Logarithmen	
Definition	$\log_a b = c \Leftrightarrow a^c = b$ $(a, b \in \mathbb{R};\ a, b > 0;\ a \neq 1)$ *a* heißt **Basis,** *b* **Numerus** und *c* **Logarithmus.** $\log_a a = 1$ $\log_a 1 = 0$ $a^{\log_a b} = b$
Logarithmen spezieller Basen	$\log_{10} x = \lg x$ (dekadischer Logarithmus) $\log_e x = \ln x$ (natürlicher Logarithmus; e eulersche Zahl, ↗ S. 4)
Logarithmengesetze	Für alle $a, u, v \in \mathbb{R};\ a, u, v > 0$ und $a \neq 1$ gilt: • $\log_a(u \cdot v) = \log_a u + \log_a v$ • $\log_a \frac{u}{v} = \log_a u - \log_a v$ • $\log_a u^r = r \log_a u$ $(r \in \mathbb{R})$ • $\log_a \sqrt[n]{u} = \frac{1}{n} \log_a u$ $(n \in \mathbb{N}^*\setminus\{1\})$
Basiswechsel	$\log_c b = \frac{\log_a b}{\log_a c} = \frac{\ln b}{\ln c} = \frac{\lg b}{\lg c}$ $(a, b, c \in \mathbb{R};\ a, b, c > 0;\ a, b, c \neq 1)$ $\log_a b \cdot \log_b a = 1$
	$\lg x = \mathrm{M} \cdot \ln x$ $(\mathrm{M} = \lg e = 0{,}434\,29\ldots)$ $\ln x = \frac{1}{\mathrm{M}} \cdot \lg x$ $\left(\frac{1}{\mathrm{M}} = \ln 10 = 2{,}302\,58\ldots\right)$

Komplexe Zahlen

$a, b, c, d, r \in \mathbb{R};\ r \geq 0;\ 0 \leq \varphi < 2\pi$

Es sei $\mathbb{C} = \{(a;\, b) \mid a,\, b \in \mathbb{R}\}$ die Menge der geordneten Zahlenpaare, für die eine *Addition* sowie eine *Multiplikation* folgendermaßen definiert sind:
- $(a;\, b) + (c;\, d) = (a + c;\, b + d)$
- $(a;\, b) \cdot (c;\, d) = (ac - bd;\, ad + bc)$

$\mathbb{C}$ bildet bezüglich dieser Verknüpfung den **Körper der komplexen Zahlen** mit (0; 0) als neutralem Element der Addition und (1; 0) als neutralem Element der Multiplikation.

Die komplexe Zahl (0; 1) wird als **imaginäre Einheit** i bezeichnet.

Normalform (algebraische Darstellung)	$z = a + b\mathrm{i}$ $\quad(\mathrm{i}^2 = -1)$ (a **Realteil;** $b\mathrm{i}$ **Imaginärteil** von z) $z = a + b\mathrm{i}$ $\quad \bar{z} = a - b\mathrm{i}$ $\quad$ (zueinander) **konjugiert komplexe Zahlen**
Polarform (trigonometrische Form)	$z = r(\cos\varphi + \mathrm{i}\sin\varphi)$ $\quad(\mathrm{i}^2 = -1)$ (r **Betrag** von z; φ **Argument** bzw. **Phase** von z)
Exponentialform	$z = r \cdot \mathrm{e}^{\mathrm{i}\varphi}$ $\quad$ (φ im Bogenmaß) $\mathrm{e}^{\mathrm{i}\varphi} = \cos\varphi + \mathrm{i}\sin\varphi$ $\quad$ (**eulersche Formel**)
Zusammenhänge	$r = \sqrt{a^2 + b^2}$; $\cos\varphi = \frac{a}{r}$; $\sin\varphi = \frac{b}{r}$; $\tan\varphi = \frac{b}{a}$

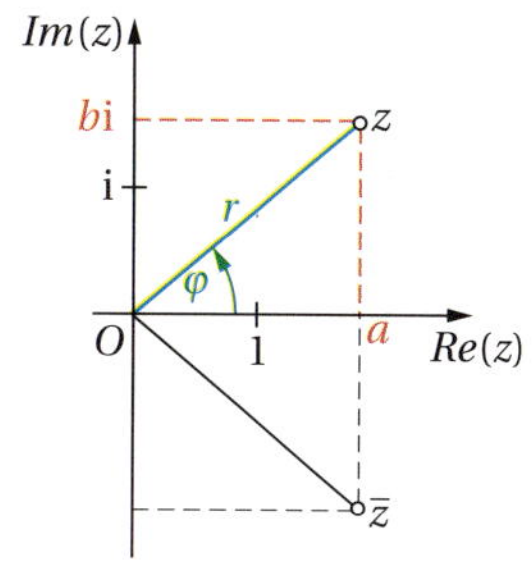

Rechenregeln

Für die Potenzen der **imaginären Einheit** i gilt:
$\mathrm{i}^{4n} = 1$; $\quad \mathrm{i}^{4n+1} = \mathrm{i}$; $\quad \mathrm{i}^{4n+2} = -1$; $\quad \mathrm{i}^{4n+3} = -\mathrm{i}$ $\quad (n \in \mathbb{Z})$

Für in **Normalform** gegebene komplexe Zahlen $z_1 = a_1 + b_1\mathrm{i}$ und $z_2 = a_2 + b_2\mathrm{i}$ gilt:
- $z_1 \pm z_2 = (a_1 \pm a_2) + (b_1 \pm b_2)\mathrm{i}$ (Addieren/Subtrahieren)
- $z_1 \cdot z_2 = (a_1 a_2 - b_1 b_2) + (a_1 b_2 + a_2 b_1)\mathrm{i}$ (Multiplizieren)
- $\frac{z_1}{z_2} = \frac{z_1 \cdot \bar{z}_2}{z_2 \cdot \bar{z}_2} = \frac{a_1 a_2 + b_1 b_2 + (a_2 b_1 - a_1 b_2)\mathrm{i}}{a_2^2 + b_2^2}$ $\quad (z_2 \neq 0 + 0 \cdot \mathrm{i})$ (Dividieren)

Weiter gilt:
$z^2 = a^2 + 2ab\mathrm{i} - b^2$
$z^3 = a^3 + 3a^2b\mathrm{i} - 3ab^2 - b^3\mathrm{i}$
$z^4 = a^4 + 4a^3b\mathrm{i} - 6a^2b^2 - 4ab^3\mathrm{i} + b^4$
usw.

Für in **Polarform** gegebene komplexe Zahlen $z_1 = r_1(\cos\varphi_1 + \mathrm{i}\sin\varphi_1)$ und $z_2 = r_2(\cos\varphi_2 + \mathrm{i}\sin\varphi_2)$ gilt:
- $z_1 \cdot z_2 = r_1 \cdot r_2[\cos(\varphi_1 + \varphi_2) + \mathrm{i}\sin(\varphi_1 + \varphi_2)]$ (Multiplizieren)
- $\frac{z_1}{z_2} = \frac{r_1}{r_2}[\cos(\varphi_1 - \varphi_2) + \mathrm{i}\sin(\varphi_1 - \varphi_2)]$ $\quad (z_2 \neq 0 + 0 \cdot \mathrm{i})$ (Dividieren)
- $z^n = r^n(\cos n\varphi + \mathrm{i}\sin n\varphi)$ $\quad$ ($n \in \mathbb{N}$, **Satz von Moivre**) (Potenzieren)
- $\sqrt[n]{z} = \sqrt[n]{r}\left(\cos\frac{\varphi + 2k\pi}{n} + \mathrm{i}\sin\frac{\varphi + 2k\pi}{n}\right)$ $\quad (n \in \mathbb{N}^*;\ k \in \{0; 1; 2; \ldots; (n-1)\})$ (Radizieren)

Für in **Exponentialform** gegebene komplexe Zahlen $z_1 = r_1 \cdot \mathrm{e}^{\mathrm{i}\varphi_1}$ und $z_2 = r_2 \cdot \mathrm{e}^{\mathrm{i}\varphi_2}$ gilt:
- $z_1 \cdot z_2 = r_1 \cdot r_2 \cdot \mathrm{e}^{\mathrm{i}(\varphi_1 + \varphi_2)}$ (Multiplizieren)
- $\frac{z_1}{z_2} = \frac{r_1}{r_2} \cdot \mathrm{e}^{\mathrm{i}(\varphi_1 - \varphi_2)}$ $\quad (z_2 \neq 0 + 0 \cdot \mathrm{i})$ (Dividieren)
- $z^n = r^n \cdot \mathrm{e}^{\mathrm{i}n\varphi}$ $\quad (n \in \mathbb{Z})$ (Potenzieren/Radizieren)
- $\mathrm{e}^z = \mathrm{e}^{a + b\mathrm{i}} = \mathrm{e}^a \cdot \mathrm{e}^{b\mathrm{i}} = \mathrm{e}^a(\cos b + \mathrm{i}\sin b)$
- $\mathrm{e}^{-\mathrm{i}\varphi} = \cos\varphi - \mathrm{i}\sin\varphi$
- $\mathrm{e}^{\mathrm{i}z} = \cos z + \mathrm{i}\sin z$

Proportionen und Anwendungen

$a, b, k, x_i, y_i \in \mathbb{R}$; $k \neq 0$; Nenner $\neq 0$

	direkte Proportionalität	indirekte (umgekehrte) Proportionalität
Sachverhalt	Größe x: x_1 → x_2; Größe y: y_1 → y_2 — je mehr, desto mehr ($y \sim x$)	Größe x: x_1 → x_2; Größe y: y_1 ← y_2 — je mehr, desto weniger ($y \sim \frac{1}{x}$)
Verhältnisgleichung	$\frac{x_1}{x_2} = \frac{y_1}{y_2} \Rightarrow x_1 \cdot y_2 = y_1 \cdot x_2$	$\frac{x_1}{x_2} = \frac{y_2}{y_1} \Rightarrow x_1 \cdot y_1 = x_2 \cdot y_2$
Proportionalitätsfaktor k	$\left.\begin{matrix} y_1 = k \cdot x_1 \\ y_2 = k \cdot x_2 \end{matrix}\right\} \Rightarrow k = \frac{y_1}{x_1} = \frac{y_2}{x_2}$ (quotientengleich)	$\left.\begin{matrix} y_1 = k \cdot \frac{1}{x_1} \\ y_2 = k \cdot \frac{1}{x_2} \end{matrix}\right\} \Rightarrow k = x_1 \cdot y_1 = x_2 \cdot y_2$ (produktgleich)

Währungsrechnen

$\frac{\text{AW}}{\text{EUR}} = \frac{\text{Kurs}}{100}$ bzw.

$\frac{\text{AW}(\$, £)}{\text{EUR}} = \text{Kurs}$

AW Auslandswährung; EUR Euro-Betrag;
Kurs Umrechnungsverhältnis zwischen Devisen bezogen auf 100 €;
Ausnahmen: Dollar ($) und Pfund Sterling (£)

Dreisatz

Verfahren, durch das mit drei gegebenen Größen eine vierte Größe errechnet wird

In allen Dreisatzaufgaben sind die auftretenden Größen direkt oder indirekt proportional.

Schritte:
(1) Schluss vom Wert der bekannten Mehrheit
(2) auf den Wert für eine (Mengen-)Einheit und
(3) von dieser Einheit auf die gesuchte Mehrheit

Mischungsrechnen

P Preis; *M* Menge, Anteil

Berechnen des Mischungsverhältnisses von zwei Sorten bei vorgegebenen Preisen

	Preis/Mengeneinheit	Unterschied zu P_G	gekürzt	Anteil
Sorte 1:	P_1	$\lvert P_G - P_1 \rvert$	x ↘	$y = M_1$
Mischung:	P_G			
Sorte 2:	P_2	$\lvert P_G - P_2 \rvert$	y ↗	$x = M_2$

$$\left| \frac{P_G - P_2}{P_G - P_1} \right| = \frac{M_1}{M_2} = \frac{y}{x}$$

Mischungskreuz-Regel: Die zu mischenden Sorten sind im umgekehrten Verhältnis ihrer Preisdifferenzen zur Mischungssorte zu mischen.

Mittelwerte

arithmetisches Mittel $\bar{x}$	$\frac{a - \bar{x}}{\bar{x} - b} = \frac{1}{1} \Rightarrow \bar{x} = \frac{a+b}{2}$	Für zwei Werte a und b gilt: $h \leq g \leq \bar{x}$; $g = \sqrt{h \cdot \bar{x}}$ (Verallgemeinerung für mehr als zwei Werte ↗ S. 68)
geometrisches Mittel g (mittlere Proportionale)	$\frac{a}{g} = \frac{g}{b} \Rightarrow g = \sqrt{ab} \quad (a, b > 0)$	
harmonisches Mittel h	$\frac{a-h}{h-b} = \frac{a}{b} \Rightarrow h = \frac{2ab}{a+b}$	
goldener Schnitt (stetige Teilung einer Strecke)	$\frac{a}{x} = \frac{x}{a-x} \Rightarrow x = \frac{\sqrt{5}-1}{2} \cdot a \approx 0{,}618 \cdot a$ Konstruktion des Teilpunktes T der Strecke $a = \overline{P_1 P_2}$ mit $r = \frac{a}{2}$ (s. Abb.)	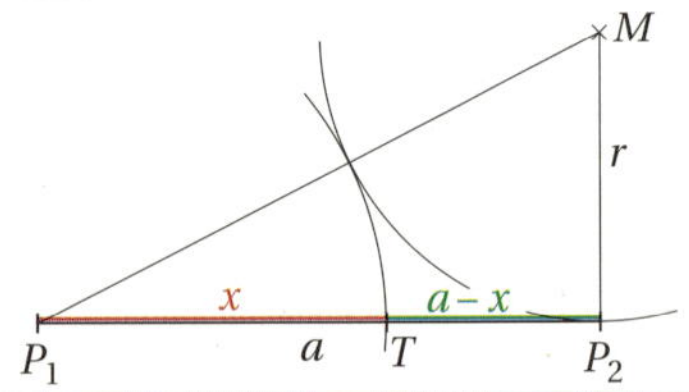

Prozentrechnung

Grundgleichung	$\frac{W}{p} = \frac{G}{100}$ bzw. $\frac{W}{G} = p\,\%$	G Grundwert; $p\,\% = \frac{p}{100}$ Prozentsatz; W Prozentwert; $p\,‰ = \frac{p}{1000}$ Promillesatz
vermehrter (verminderter) Grundwert	$\bar{G} = G \cdot (\frac{100+p}{100})$ nach prozentualem Zuschlag (Aufschlag)	$\bar{G} = G \cdot (\frac{100-p}{100})$ nach prozentualem Abschlag (Abzug)

„Bequeme" Prozentsätze

Prozentsatz	1 %	2 %	$2\frac{1}{2}$ %	4 %	5 %	$6\frac{1}{4}$ %	$6\frac{2}{3}$ %	$12\frac{1}{2}$ %	20 %	25 %	$33\frac{1}{3}$ %	50 %	$66\frac{2}{3}$ %	75 %
Anteil am Grundwert	$\frac{1}{100}$	$\frac{1}{50}$	$\frac{1}{40}$	$\frac{1}{25}$	$\frac{1}{20}$	$\frac{1}{16}$	$\frac{1}{15}$	$\frac{1}{8}$	$\frac{1}{5}$	$\frac{1}{4}$	$\frac{1}{3}$	$\frac{1}{2}$	$\frac{2}{3}$	$\frac{3}{4}$

Zinsrechnung

K	Kapital	Z	Zinsen	R	Rate, Rente
$p\,\%$	Zinssatz des Kapitals	p.a.	per annum (pro Jahr)	S	Schuld, Darlehen
#	Zinszahl (# = 1 % · $K \cdot t$)	q	Zinsfaktor ($q = \frac{100+p}{100} = 1 + \frac{p}{100}$)	D	Zinsdivisor ($D = \frac{360}{p}$)
t	Anzahl der Tage	m	Anzahl der Monate	n	Anzahl der Jahre

1 Jahr ≙ 360 Tage; 1 Monat ≙ 30 Tage (im deutschen Bankwesen)

Jahreszinsen	**Monatszinsen**	**Tageszinsen (Diskont)**
$Z = \frac{K \cdot p}{100}$ $Z_n = \frac{K \cdot p \cdot n}{100}$	$Z_m = \frac{K \cdot p \cdot m}{100 \cdot 12}$	$Z_t = \frac{K \cdot p \cdot t}{100 \cdot 360} = \frac{\#}{D}$

Rendite (effektive Jahresverzinsung)	**Zinseszinsen (Endwert K_n des Anfangskapitals K_0 nach n Jahren)**
$p = \frac{Z \cdot 100}{K}$	$K_n = K_0 \cdot q^n = K_0 \cdot (\frac{100+p}{100})^n$ $n = \frac{\lg K_n - \lg K_0}{\lg q}$

Einige Zinsdivisoren (sinnvoll zur Berechnung von Tageszinsen und des Diskonts beim Diskontieren)

Zinssatz	2 %	$2\frac{1}{2}$ %	$2\frac{2}{3}$ %	3 %	$3\frac{1}{3}$ %	$3\frac{3}{4}$ %	4 %	$4\frac{1}{2}$ %	5 %	6 %	$6\frac{2}{3}$ %	$7\frac{1}{2}$ %	8 %	9 %	10 %
Zinsdivisor	180	144	135	120	108	96	90	80	72	60	54	48	45	40	36

Rentenformeln; Schuldentilgungsformeln

Zahlungsendwert (nachschüssig)	Wird am Jahresende regelmäßig ein Betrag R eingezahlt und mit p % p.a. verzinst, so beträgt das Kapital nach n Jahren:	$K_n = \frac{R(q^n - 1)}{q - 1}$
Zahlungsendwert (vorschüssig)	Wird am Jahresanfang regelmäßig ein Betrag R eingezahlt und mit p % p.a. verzinst, so beträgt das Kapital nach n Jahren:	$K_n = \frac{Rq(q^n - 1)}{q - 1}$
Vermehrung (Verminderung) eines Kapitals durch Raten (nachschüssig)	Wird ein vorhandener Betrag K_0 durch die Zahlung eines festen Betrages R jeweils am Jahresende vermehrt (durch Abhebung von R vermindert), so beträgt bei p % p.a. Zinsen das Kapital nach n Jahren:	$K_n = K_0 \cdot q^n + \frac{R(q^n - 1)}{q - 1}$ $K_n = K_0 \cdot q^n - \frac{R(q^n - 1)}{q - 1}$
Vermehrung (Verminderung) eines Kapitals durch Raten (vorschüssig)	Wird ein vorhandener Betrag K_0 durch die Zahlung eines festen Betrages R jeweils am Jahresanfang vermehrt (durch Abhebung von R vermindert), so beträgt bei p % p.a. Zinsen das Kapital nach n Jahren:	$K_n = K_0 \cdot q^n + \frac{Rq(q^n - 1)}{q - 1}$ $K_n = K_0 \cdot q^n - \frac{Rq(q^n - 1)}{q - 1}$
Tilgungsrate einer Schuld	Soll eine Schuld S in n Jahren bei einem Zinssatz p % p.a. durch regelmäßige Ratenzahlungen jeweils am Jahresende getilgt werden, so beträgt die Rate R:	$R = \frac{Sq^n(q - 1)}{q^n - 1}$

Gleichungen

Äquivalenzumformungen von Gleichungen und Ungleichungen

Zwei Gleichungen (Ungleichungen) nennt man bezüglich einer Grundmenge A **äquivalent,** wenn sie die gleiche Lösungsmenge besitzen.

Es seien T_1 und T_2 Terme, die auf der linken bzw. rechten Seite einer Gleichung (Ungleichung) stehen. Dann gilt:

Art der Umformung	$T_1 = T_2$	$T_1 < T_2$	
Addition oder **Subtraktion** gleicher Terme T auf beiden Seiten der Gleichung (Ungleichung)	$T_1 \pm T = T_2 \pm T$	$T_1 \pm T < T_2 \pm T$	Das Relationszeichen bleibt gleich.
Multiplikation oder **Division** beider Seiten der Gleichung (Ungleichung) mit einem bzw. durch einen Term $T > 0$	$T_1 \cdot T = T_2 \cdot T$ $T_1 : T = T_2 : T$	$T_1 \cdot T < T_2 \cdot T$ $T_1 : T < T_2 : T$	Das Relationszeichen bleibt gleich.
Multiplikation oder **Division** beider Seiten der Gleichung (Ungleichung) mit einem bzw. durch einen Term $T < 0$	$T_1 \cdot T = T_2 \cdot T$ $T_1 : T = T_2 : T$	$T_1 \cdot T > T_2 \cdot T$ $T_1 : T > T_2 : T$	Das Relationszeichen „<" muss durch „>" ersetzt werden.

Lineare Gleichungen

$a, b, c \in \mathbb{R}$

	lineare Gleichungen mit einer Variablen	**lineare Gleichungen mit zwei Variablen**
Normalform	$ax + b = 0 \quad (a, b = \text{const.};\ a \neq 0)$	$ax + by = c \quad (a, b, c = \text{const.};\ a, b \neq 0)$
Lösungsmenge	$L = \{-\frac{b}{a}\}$	$L = \{(x; y)\}$ mit $y = -\frac{a}{b}x + \frac{c}{b}$

Lineare Gleichungssysteme aus zwei Gleichungen mit zwei Variablen

$a_i, b_i, c_i \in \mathbb{R};\ i \in \mathbb{N}^*$

Normalform	(I) $a_1x + b_1y = c_1$ (II) $a_2x + b_2y = c_2$	$(a_i, b_i, c_i = \text{const.})$	
Lösungsformeln (cramersche Regel)	$x = \frac{c_1b_2 - c_2b_1}{a_1b_2 - a_2b_1}$	$y = \frac{a_1c_2 - a_2c_1}{a_1b_2 - a_2b_1}$	$(a_1b_2 - b_2a_1 \neq 0)$
Rechnerisches Lösen (Lösungsverfahren)			
Einsetzungsverfahren	Eine der Gleichungen wird nach einer der Variablen aufgelöst und der erhaltene Term in die andere Gleichung eingesetzt, sodass eine lineare Gleichung mit einer Variablen entsteht. Lösen dieser Gleichung ergibt den Wert für die erste Variable. Einsetzen des Wertes für die erste Variable in eine der Ausgangsgleichungen ermöglicht das Berechnen des Wertes für die zweite Variable.		
Gleichsetzungsverfahren	Beide Gleichungen werden nach ein und derselben Variablen aufgelöst und die erhaltenen Terme werden gleichgesetzt, sodass eine lineare Gleichung mit einer Variablen entsteht. (Weiter wie beim Einsetzverfahren.)		
Additionsverfahren	Durch äquivalentes Umformen wird erreicht, dass die Koeffizienten einer der Variablen in beiden Gleichungen übereinstimmen bzw. sich nur im Vorzeichen unterscheiden. Subtraktion bzw. Addition der so umgeformten Gleichungen führt auf eine lineare Gleichung mit einer Variablen. (Weiter wie beim Einsetzverfahren.)		

Quadratische Gleichungen

$a, b, c, p, q \in \mathbb{R}$

	allgemeine Form	Normalform
Gleichung	$ax^2 + bx + c = 0 \quad (a, b, c = \text{const.};\ a \neq 0)$	$x^2 + px + q = 0 \quad (p, q = \text{const.})$
Lösungen	$x_{1;2} = \frac{-b \pm \sqrt{b^2 - 4ac}}{2a}$	$x_{1;2} = -\frac{p}{2} \pm \sqrt{\left(\frac{p}{2}\right)^2 - q} = -\frac{p}{2} \pm \sqrt{\frac{p^2}{4} - q}$
Diskriminante	$D = b^2 - 4ac$	$D = \left(\frac{p}{2}\right)^2 - q = \frac{p^2}{4} - q$
Lösungsfälle in $\mathbb{R}$	• $D > 0 \Rightarrow L = \{x_1; x_2\}$ • $D = 0 \Rightarrow L = \{x_1\} = \{x_2\}$ • $D < 0 \Rightarrow L = \{\ \} = \emptyset$	
Zerlegung in Linearfaktoren	$ax^2 + bx + c = a(x - x_1)(x - x_2) = 0$	$x^2 + px + q = (x - x_1)(x - x_2) = 0$
vietascher Wurzelsatz	$x_1 + x_2 = -\frac{b}{a} \qquad x_1 \cdot x_2 = \frac{c}{a}$	$x_1 + x_2 = -p \qquad x_1 \cdot x_2 = q$
biquadratische Gleichungen	Gleichungen der Form $ax^4 + bx^2 + c = 0$ bzw. $x^4 + px^2 + q = 0$ können mittels der **Substitution** $x^2 = z$ auf eine quadratische Gleichung in z zurückgeführt werden. Sind z_1 und z_2 nichtnegative Lösungen dieser Gleichung, so sind $x_{1;2} = \pm\sqrt{z_1}$ und $x_{3;4} = \pm\sqrt{z_2}$ die Lösungen der biquadratischen Gleichung.	

Algebraische Gleichungen *n*-ten Grades

$a_i \in \mathbb{R};\quad x_i \in \mathbb{C};\quad n \in \mathbb{N}$

Begriff (normierte Form)	$P_n(x) = x^n + a_{n-1}x^{n-1} + a_{n-2}x^{n-2} + \ldots + a_2x^2 + a_1x^1 + a_0 = 0$ $P_n(x)$ Polynom
Lösungen (Nullstellen)	$x_1; x_2; x_3; \ldots; x_n$
Fundamentalsatz der Algebra	Jede algebraische Gleichung n-ten Grades hat in der Menge der komplexen Zahlen genau n Lösungen (wobei diese in ihrer Vielfachheit zu zählen sind).
Lösungsverfahren	Ist x_1 eine durch Probieren gefundene Nullstelle des Polynoms $P_n(x)$, so kann $P_n(x)$ mittels **Polynomdivision** ohne Rest durch $(x - x_1)$ dividiert werden. Man erhält dadurch eine Gleichung (ein Polynom) $(n-1)$-ten Grades und es gilt $P_n(x) = (x - x_1)P_{n-1}(x)$. Das Verfahren kann gegebenenfalls fortgesetzt werden.
Zerlegung in Linearfaktoren	$P_n(x) = x^n + a_{n-1}x^{n-1} + \ldots + a_2x^2 + a_1x^1 + a_0 = (x - x_1)(x - x_2) \cdot \ldots \cdot (x - x_n) = 0$
vietascher Wurzelsatz	$x_1 + x_2 + x_3 + \ldots + x_n = -a_{n-1}$ $x_1 \cdot x_2 + x_1 \cdot x_3 + \ldots + x_2 \cdot x_3 + x_2 \cdot x_4 + \ldots + x_{n-1} \cdot x_n = -a_{n-2}$ $x_1 \cdot x_2 \cdot x_3 + x_1 \cdot x_2 \cdot x_4 + \ldots + x_2 \cdot x_3 \cdot x_4 + x_2 \cdot x_3 \cdot x_5 + \ldots + x_{n-2} \cdot x_{n-1} \cdot x_n = -a_{n-3}$ … $x_1 \cdot x_2 \cdot x_3 \cdot \ldots \cdot x_n = (-1)^n \cdot a_0$

Exponential- und Logarithmusgleichungen

$a, b \in \mathbb{R};\quad a, b > 0;\quad a \neq 1$

	Exponentialgleichungen	Logarithmusgleichungen
Gleichung	$a^x = b$	$\log_a x = b$
Lösung	$x = \frac{\log_c b}{\log_c a} = \frac{\lg b}{\lg a} = \frac{\ln b}{\ln a} \quad (c > 0;\ c \neq 1)$	$x = a^b$

Ma

Matrizen und Determinanten

Begriffe

$a_{ik}, r \in \mathbb{R}; \; i, k, m, n \in \mathbb{N}^*$

Matrix	Eine rechteckige Anordnung von $m \cdot n$ Zahlen a_{ik} (z.B. der Koeffizienten eines linearen Gleichungssystems) in m Zeilen und n Spalten der folgenden Form wird **Matrix** vom Typ $(m; n)$ bzw. **$(m; n)$-Matrix** genannt: $\mathbf{A} = \mathbf{A}_{(m;\,n)} = (a_{ik})_{(m;\,n)} = \begin{pmatrix} a_{11} & a_{12} & \dots & a_{1n} \\ a_{21} & a_{22} & \dots & a_{2n} \\ \dots & \dots & & \dots \\ a_{m1} & a_{m2} & \dots & a_{mn} \end{pmatrix}$ Die Zahlen a_{ik} heißen *Elemente* (*Komponenten*) von **A**. Eine Matrix vom Typ $(m; n)$ kann als Zusammenstellung von m Zeilenvektoren bzw. n Spaltenvektoren aufgefasst werden. **Elementare Matrizenumformungen:** (1) Vertauschen zweier Zeilen (bzw. Spalten) (2) Multiplizieren (Vervielfachen) der Elemente einer Zeile mit einer von null verschiedenen reellen Zahl r (3) Addieren einer Zeile (bzw. Spalte) zu einer anderen
Zeilen- und Spaltenvektoren	Die $(1; n)$-Matrizen stellen **Zeilenvektoren,** die $(m; 1)$-Matrizen **Spaltenvektoren** dar. $\mathbf{A}_{(1;\,n)} = (a_1 \quad a_2 \quad \dots \quad a_n) = (a_1; a_2; \dots; a_n) = \vec{a}$ $\qquad \mathbf{B}_{(m;\,1)} = \begin{pmatrix} b_1 \\ b_2 \\ \dots \\ b_m \end{pmatrix}$ Speziell entsprechen die $(3; 1)$-Matrizen den Vektoren des (dreidimensionalen) Raumes und die $(2; 1)$-Matrizen den Vektoren der Ebene.
Rang einer Matrix	Unter dem **Rang** r einer Matrix $\mathbf{A}_{(m;\,n)}$ versteht man – die Maximalzahl linear unabhängiger Zeilenvektoren (bzw. Spaltenvektoren); – die Minimalzahl der vom Nullvektor verschiedenen Zeilenvektoren (bzw. Spaltenvektoren), die durch elementare Matrizenumformungen erzeugbar sind; – die höchste Ordnung, die deren nicht verschwindende Unterdeterminanten (↗ S. 25) haben können. Bei elementaren Matrizenumformungen bleibt der Rang einer Matrix unverändert.

Quadratische Matrizen

$a_{ik} \in \mathbb{R}; \; i, k, m, n \in \mathbb{N}^*$

Stimmen Zeilen- und Spaltenzahl einer Matrix $\mathbf{A} = \mathbf{A}_{(m;\,n)} = (a_{ik})_{(m;\,n)}$ überein (d.h. gilt $m = n$), so spricht man von einer **quadratischen Matrix** vom Typ $(n; n)$ oder der **Ordnung n.** Die Elemente $a_{11}, a_{22}, \dots, a_{nn}$ bilden die *Hauptdiagonale* der Matrix.	
obere Dreiecksmatrix	$a_{ik} = 0$ für alle $i > k$ (Alle Elemente unterhalb der Hauptdiagonalen sind gleich null.)
untere Dreiecksmatrix	$a_{ik} = 0$ für alle $i < k$ (Alle Elemente oberhalb der Hauptdiagonalen sind gleich null.)
Diagonalmatrix	$a_{ik} = 0$ für alle $i \neq k$ (Alle Elemente außerhalb der Hauptdiagonalen sind gleich null.)
Einheitsmatrix E	$a_{ik} = \begin{cases} 1 & \text{für } i = k \\ 0 & \text{für } i \neq k \end{cases}$ (Diagonalmatrix, deren Elemente in der Hauptdiagonalen 1 sind)
Nullmatrix O	$a_{ik} = 0$ für alle i, k (Matrix *beliebigen* Typs, bei der alle Elemente gleich null sind)

Weitere spezielle Matrizen

$a_{ik}, b_{ik} \in \mathbb{R};\ i, k, m, n \in \mathbb{N}^*$

transponierte Matrix	Schreibt man die Zeilen einer Matrix **A** vom Typ $(m; n)$ als Spalten einer Matrix $\mathbf{A}^T$, so nennt man $\mathbf{A}^T$ die **(zu A) transponierte Matrix** $\mathbf{A}^T$ vom Typ $(n; m)$. Es gilt: $(\mathbf{A}^T)^T = \mathbf{A}$
symmetrische Matrix	Eine *quadratische* Matrix $\mathbf{A} = (a_{ik})$ heißt **symmetrisch,** wenn $\mathbf{A}^T = \mathbf{A}$ ist. Es gilt: $a_{ik} = a_{ki}$ für alle i, k (Die Elemente sind symmetrisch zur Hauptdiagonalen angeordnet.)
schiefsymmetrische Matrix	Eine *quadratische* Matrix $\mathbf{A} = (a_{ik})$ heißt **schiefsymmetrisch,** wenn $\mathbf{A}^T = -\mathbf{A}$ ist. Es gilt: $a_{ik} = \begin{cases} -a_{ki} & \text{für alle } i \neq k \\ 0 & \text{für alle } i = k \end{cases}$
erweiterte Matrix	Aus $\mathbf{A} = \mathbf{A}_{(m;\,n)} = (a_{ik})_{(m;\,n)}$ und $\mathbf{B} = \mathbf{B}_{(m;\,p)} = (b_{ik})_{(m;\,p)}$ ergibt sich die **erweiterte Matrix A | B** folgendermaßen: $\mathbf{A}\,\vert\,\mathbf{B} = \left(\begin{array}{cccc\|cccc} a_{11} & a_{12} & \dots & a_{1n} & b_{11} & b_{12} & \dots & b_{1p} \\ a_{21} & a_{22} & \dots & a_{2n} & b_{21} & b_{22} & \dots & b_{2p} \\ \dots & \dots & & \dots & \dots & \dots & & \dots \\ a_{m1} & a_{m2} & \dots & a_{mn} & b_{m1} & b_{m2} & \dots & b_{mp} \end{array}\right)$ Die Matrizen **A, B** und **A | B** haben die gleiche Zeilenzahl m.
inverse Matrix $\mathbf{A}^{-1}$	Die zu $\mathbf{A} = \mathbf{A}_{(n;\,n)}$ **inverse Matrix $\mathbf{A}^{-1}$** existiert genau dann, wenn der Rang von **A** gleich n ist und für die Matrizenmultiplikation (↗ S. 24) gilt: $\mathbf{A} \cdot \mathbf{A}^{-1} = \mathbf{A}^{-1} \cdot \mathbf{A} = \mathbf{E}$ *Berechnung der zu* **A** *inversen Matrix:* Bilden der erweiterten Matrix **A | E** und anschließendes Umformen zu $\mathbf{E}\,\vert\,\mathbf{A}^{-1}$ *Eigenschaften:* $(\mathbf{A}^{-1})^{-1} = \mathbf{A}$ $\quad (\mathbf{A}^{-1})^T = (\mathbf{A}^T)^{-1}$ $(\mathbf{A} \cdot \mathbf{B})^{-1} = \mathbf{B}^{-1} \cdot \mathbf{A}^{-1}$ $\quad (r\mathbf{A})^{-1} = \frac{1}{r}\mathbf{A}^{-1} \quad (r \in \mathbb{R})$

Rechnen mit Matrizen

$a_{ik}, b_{ik}, c_{ik}, r, s \in \mathbb{R};\ i, k, m, n, p \in \mathbb{N}^*$

Addition/Subtraktion	Für $\mathbf{A} = \mathbf{A}_{(m;\,n)} = (a_{ik})_{(m;\,n)}$ und $\mathbf{B} = \mathbf{B}_{(m;\,n)} = (b_{ik})_{(m;\,n)}$ gilt: $\mathbf{A} \pm \mathbf{B} = \mathbf{C}$ mit $\mathbf{C} = \mathbf{C}_{(m;\,n)} = (c_{ik})_{(m;\,n)}$ und $c_{ik} = a_{ik} \pm b_{ik}$ Eine Addition (Subtraktion) ist nur für Matrizen gleichen Typs erklärt; sie erfolgt elementweise. *Rechenregeln (Eigenschaften):* $\mathbf{A} + \mathbf{B} = \mathbf{B} + \mathbf{A}$ $\quad (\mathbf{A} + \mathbf{B})^T = \mathbf{A}^T + \mathbf{B}^T$ $\quad \mathbf{A} + \mathbf{O} = \mathbf{A}$ $(\mathbf{A} + \mathbf{B}) + \mathbf{C} = \mathbf{A} + (\mathbf{B} + \mathbf{C})$ $\quad \mathbf{A} - \mathbf{A} = \mathbf{O}$
Vielfachbildung (Multiplikation mit einer reellen Zahl)	Für eine Matrix $\mathbf{A} = \mathbf{A}_{(m;\,n)} = (a_{ik})_{(m;\,n)}$ und eine reelle Zahl r gilt: $r\mathbf{A} = \mathbf{C}$ mit $\mathbf{C} = \mathbf{C}_{(m;\,n)} = (c_{ik})_{(m;\,n)}$ und $c_{ik} = ra_{ik}$ Die Vielfachbildung ist unabhängig vom Typ der Matrix; sie erfolgt elementweise. *Rechenregeln (Eigenschaften):* $(r + s)\mathbf{A} = r\mathbf{A} + s\mathbf{A}$ $\quad r(s\mathbf{A}) = (rs)\mathbf{A}$ $\quad 1\mathbf{A} = \mathbf{A}$ $r(\mathbf{A} + \mathbf{B}) = r\mathbf{A} + r\mathbf{B}$ $\quad 0\mathbf{A} = \mathbf{O}$

Multiplikation

Für $\mathbf{A} = \mathbf{A}_{(m;\,p)} = (a_{ik})_{(m;\,p)}$ und $\mathbf{B} = \mathbf{B}_{(p;\,n)} = (b_{ik})_{(p;\,n)}$ gilt:

$\mathbf{A} \cdot \mathbf{B} = \mathbf{C}$ mit $\mathbf{C} = \mathbf{C}_{(m;\,n)} = (c_{ik})_{(m;\,n)}$ und $c_{ik} = \sum_{j=1}^{p} a_{ij}\, b_{jk}$

Das Produkt $\mathbf{A} \cdot \mathbf{B}$ ist nur für *verkettete* Matrizen definiert, d.h. nur für den Fall, dass die Spaltenzahl von $\mathbf{A}$ gleich der Zeilenzahl von $\mathbf{B}$ ist.

falksches Schema

Als Hilfsmittel zur Berechnung von $\mathbf{A} \cdot \mathbf{B}$ kann das folgende Schema dienen:

$\mathbf{A} \cdot \mathbf{B}$			b_{11} … b_{p1}	…	b_{1k} … b_{pk}	…	b_{1n} … b_{pn}
a_{11}	…	a_{1p}	c_{11}	…	c_{1k}	…	c_{1n}
…		…	…		…		…
a_{i1}	…	a_{ip}	c_{i1}	…	c_{ik}	…	c_{in}
…		…	…		…		…
a_{m1}	…	a_{mp}	c_{m1}	…	c_{mk}	…	c_{mn}

mit $c_{ik} = a_{i1}b_{1k} + \ldots + a_{ip}b_{pk}$

Anmerkung: Jede Zeile von **A** wird mit jeder Spalte von **B** so multipliziert wie das beim Skalarprodukt der entsprechenden Vektoren der Fall wäre.

Rechenregeln (Eigenschaften):

$(\mathbf{A} \cdot \mathbf{B}) \cdot \mathbf{C} = \mathbf{A} \cdot (\mathbf{B} \cdot \mathbf{C})$ $\quad (\mathbf{A} + \mathbf{B}) \cdot \mathbf{C} = \mathbf{A} \cdot \mathbf{C} + \mathbf{B} \cdot \mathbf{C}$ $\quad (r\mathbf{A}) \cdot (s\mathbf{B}) = rs(\mathbf{A} \cdot \mathbf{B})$

$(\mathbf{A} \cdot \mathbf{B})^{\mathrm{T}} = \mathbf{B}^{\mathrm{T}} \cdot \mathbf{A}^{\mathrm{T}}$ $\quad (\mathbf{A} \cdot \mathbf{B})^{-1} = \mathbf{B}^{-1} \cdot \mathbf{A}^{-1}$

Im Allgemeinen ist $\mathbf{A} \cdot \mathbf{B} \neq \mathbf{B} \cdot \mathbf{A}$, d.h., die Matrizenmultiplikation ist nicht kommutativ.

Skalarprodukt

Für Vektoren $\vec{a}, \vec{b}$ gleicher Dimension n gilt:

$$\vec{a} \cdot \vec{b} = \vec{a}^{\,\mathrm{T}} \cdot \vec{b} = (a_1 \quad a_2 \quad \ldots \quad a_n) \cdot \begin{pmatrix} b_1 \\ b_2 \\ \ldots \\ b_n \end{pmatrix} = a_1b_1 + a_2b_2 + \ldots + a_nb_n = \sum_{i=1}^{n} a_ib_i$$

Es gilt: $\vec{a}^{\,\mathrm{T}} \cdot \vec{b} = \vec{b}^{\,\mathrm{T}} \cdot \vec{a}$

Lineare Matrizengleichungen

$r \in \mathbb{R};\ m, n \in \mathbb{N}^*$

Form	Lösungsweg bzw. Lösung	
$r\mathbf{X}_{(m;\,n)} = \mathbf{A}_{(m;\,n)}$		$\mathbf{X} = \frac{1}{r}\mathbf{A}$ für $r \neq 0$
$\mathbf{A}_{(m;\,m)} \cdot \mathbf{X}_{(m;\,n)} = \mathbf{B}_{(m;\,n)}$	Multiplizieren beider Seiten von links mit $\mathbf{A}^{-1}$ (*Bedingung:* $\mathbf{A}^{-1}$ muss existieren.)	$\mathbf{A}^{-1} \cdot \mathbf{A} \cdot \mathbf{X} = \mathbf{A}^{-1} \cdot \mathbf{B}$ $\mathbf{X} = \mathbf{A}^{-1} \cdot \mathbf{B}$
$\mathbf{X}_{(m;\,n)} \cdot \mathbf{A}_{(n;\,n)} = \mathbf{B}_{(m;\,n)}$	Multiplizieren beider Seiten von rechts mit $\mathbf{A}^{-1}$ (*Bedingung:* $\mathbf{A}^{-1}$ muss existieren.)	$\mathbf{X} \cdot \mathbf{A} \cdot \mathbf{A}^{-1} = \mathbf{B} \cdot \mathbf{A}^{-1}$ $\mathbf{X} = \mathbf{B} \cdot \mathbf{A}^{-1}$
$\mathbf{A}_{(m;\,m)} \cdot \mathbf{X}_{(m;\,n)} \cdot \mathbf{B}_{(n;\,n)} = \mathbf{C}_{(m;\,n)}$	Multiplikation von links mit $\mathbf{A}^{-1}$ und anschließend von rechts mit $\mathbf{B}^{-1}$ (*Bedingung:* $\mathbf{A}^{-1}$ und $\mathbf{B}^{-1}$ müssen existieren.)	$\mathbf{X} \cdot \mathbf{B} = \mathbf{A}^{-1} \cdot \mathbf{C}$ $\mathbf{X} = \mathbf{A}^{-1} \cdot \mathbf{C} \cdot \mathbf{B}^{-1}$
$\mathbf{A} \cdot \mathbf{X} + \mathbf{B} \cdot \mathbf{X} = \mathbf{C}$	Ausklammern, um nach **X** aufzulösen (*Beachte:* Matrizenmultiplikation ist nicht kommutativ.)	$(\mathbf{A} + \mathbf{B}) \cdot \mathbf{X} = \mathbf{C}$ $\mathbf{X} = (\mathbf{A} + \mathbf{B})^{-1} \cdot \mathbf{C}$
$\mathbf{X} \cdot \mathbf{A} + \mathbf{X}r = \mathbf{C}$	Einfügen der Einheitsmatrix **E**, wenn durch Ausklammern eine nichtdefinierte Summe aus Matrix und reeller Zahl entsteht	$\mathbf{X} \cdot \mathbf{A} + \mathbf{X} \cdot r\mathbf{E} = \mathbf{C}$ $\mathbf{X}(\mathbf{A} + r\mathbf{E}) = \mathbf{C}$ $\mathbf{X} = \mathbf{C} \cdot (\mathbf{A} + r\mathbf{E})^{-1}$

Ma

Determinanten

$a_{ik} \in \mathbb{R};\ i, k, n \in \mathbb{N}^*$

Begriff	Eine (n-reihige) **Determinante** bzw. eine Determinate n-ter Ordnung ist eine Funktion, die jeder quadratischen Matrix $\mathbf{A} = \mathbf{A}_{(n;\,n)} = (a_{ik})$ eindeutig eine reelle Zahl zuordnet. $\det \mathbf{A} = \lvert\mathbf{A}\rvert = \begin{vmatrix} a_{11} & a_{12} & \dots & a_{1n} \\ a_{21} & a_{22} & \dots & a_{2n} \\ \dots & \dots & & \dots \\ a_{n1} & a_{n2} & \dots & a_{nn} \end{vmatrix}$
Unterdeterminante	Die Unterdeterminante $\det \mathbf{A}_{ik}$ (des Elements a_{ik}) von $\det \mathbf{A}$ ergibt sich durch Streichen der i-ten Zeile und der k-ten Spalte der zu $\det \mathbf{A}$ gehörenden Matrix $\mathbf{A} = (a_{ik})$.
zweireihige Determinanten	$\lvert\mathbf{A}\rvert = \begin{vmatrix} a_{11} & a_{12} \\ a_{21} & a_{22} \end{vmatrix} = a_{11}a_{22} - a_{12}a_{21}$
dreireihige Determinanten	$\lvert\mathbf{A}\rvert = \begin{vmatrix} a_{11} & a_{12} & a_{13} \\ a_{21} & a_{22} & a_{23} \\ a_{31} & a_{32} & a_{33} \end{vmatrix} = a_{11}\begin{vmatrix} a_{22} & a_{23} \\ a_{32} & a_{33} \end{vmatrix} - a_{12}\begin{vmatrix} a_{21} & a_{23} \\ a_{31} & a_{33} \end{vmatrix} + a_{13}\begin{vmatrix} a_{21} & a_{22} \\ a_{31} & a_{32} \end{vmatrix}$ Berechnung mithilfe der **Regel von Sarrus:** 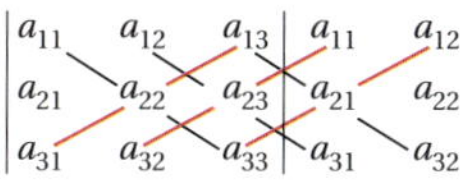 $a_{11}a_{22}a_{33} + a_{12}a_{23}a_{31} + a_{13}a_{21}a_{32}$ $- a_{12}a_{21}a_{33} - a_{11}a_{23}a_{32} - a_{13}a_{22}a_{31}$
***n*-reihige Determinanten**	Eine n-reihige Determinante kann nach jeder Zeile oder Spalte mithilfe von Unterdeterminanten entwickelt werden (Adjunktion). *Beispiel:* Entwicklung nach den Elementen der ersten Zeile $\lvert\mathbf{A}\rvert = \begin{vmatrix} a_{11} & a_{12} & \dots & a_{1n} \\ a_{21} & a_{22} & \dots & a_{2n} \\ \dots & \dots & & \dots \\ a_{n1} & a_{n2} & \dots & a_{nn} \end{vmatrix} = \sum_{i=1}^{n} (-1)^{i+1} a_{1i} \lvert\mathbf{A}_{1i}\rvert$ $\lvert\mathbf{A}_{ik}\rvert$ ist die **Adjunkte** von a_{ik}. Sie entsteht aus $\lvert\mathbf{A}\rvert$, indem man die Elemente der i-ten Zeile und der k-ten Spalte streicht und die restlichen Elemente zu einer Determinante $(n-1)$-ter Ordnung „zusammenschiebt".
Eigenschaften	Für die Determinante einer n-reihigen Matrix $\mathbf{A}$ gilt: (1) Durch Transponieren (Vertauschen von Zeilen und Spalten) ändert sich der Wert der Determinante nicht. (2) Werden zwei Zeilen (bzw. Spalten) der Matrix $\mathbf{A}$ vertauscht, so ändert sich das Vorzeichen der Determinante. (3) Wird eine Zeile (bzw. Spalte) von $\mathbf{A}$ mit einer reellen Zahl r multipliziert, so ist die Determinante ebenfalls mit r zu multiplizieren. (4) Wird das Vielfache einer Zeile (bzw. Spalte) zu einer anderen Zeile (bzw. Spalte) addiert, so ändert sich der Wert der Determinante nicht. (5) Ist eine Zeile (Spalte) Vielfaches einer anderen, so ist der Wert der Determinante gleich null. (*Allgemein:* Sind die Zeilen- bzw. Spaltenvektoren von $\mathbf{A}$ linear abhängig, so gilt $\det \mathbf{A} = 0$.)
	Multiplikation zweier Determinanten gleicher Ordnung: $\det \mathbf{A} \cdot \det \mathbf{B} = \det \mathbf{AB}$ $\lvert\mathbf{A}\rvert \cdot \lvert\mathbf{B}\rvert = \lvert\mathbf{AB}\rvert$ (Matrizenmultiplikation ↗ S. 24) *Sonderfall:* $\det \mathbf{A} \cdot \det \mathbf{A}^{-1} = 1$ ($\mathbf{A}^{-1}$ ist die inverse Matrix zu $\mathbf{A}$)

Ma

Lineare Gleichungssysteme

Grundbegriffe und Schreibweisen

$a_{ik}, b_i, x_i \in \mathbb{R};\ i, k, m, n \in \mathbb{N}^*$

Begriff des linearen Gleichungssystems	Ein System aus m linearen Gleichungen mit n Variablen $x_1, x_2, \ldots, x_n$ wird **lineares Gleichungssystem** genannt. Es lässt sich in folgender Form darstellen: $a_{11}x_1 + a_{12}x_2 + \ldots + a_{1n}x_n = b_1$ $a_{21}x_1 + a_{22}x_2 + \ldots + a_{2n}x_n = b_2$ $\ldots \quad \ldots$ $a_{m1}x_1 + a_{m2}x_2 + \ldots + a_{mn}x_n = b_m$
homogenes System **inhomogenes System**	Ein lineares Gleichungssystem aus m Gleichungen mit n Variablen (kurz: lineares $(m; n)$-Gleichungssystem), bei dem alle Konstanten b_i (Absolutglieder) den Wert 0 haben, heißt **homogen.** Sind nicht alle Absolutglieder gleich null, so wird das System **inhomogen** genannt.
Äquivalenzumformungen	Die Lösungsmenge eines linearen Gleichungssystems bleibt bei folgenden Umformungen unverändert: (1) Vertauschen von Gleichungen (2) Multiplizieren einer Gleichung mit einer von null verschiedenen (reellen) Zahl (3) Addieren (des Vielfachen) einer Gleichung zu (dem Vielfachen) einer anderen
Matrixschreibweise	$\mathbf{A} \cdot \vec{x} = \vec{b}$ bzw. $\begin{pmatrix} a_{11} & a_{12} & \ldots & a_{1n} \\ a_{21} & a_{22} & \ldots & a_{2n} \\ \ldots & \ldots & & \ldots \\ a_{m1} & a_{m2} & \ldots & a_{mn} \end{pmatrix} \cdot \begin{pmatrix} x_1 \\ x_2 \\ \ldots \\ x_n \end{pmatrix} = \begin{pmatrix} b_1 \\ b_2 \\ \ldots \\ b_m \end{pmatrix}$ $\vec{x}$ Lösungsvektor, $\vec{b}$ Konstantenvektor Die Matrix $\mathbf{A} = \mathbf{A}_{(m;\,n)} = (a_{ik})$ heißt **Koeffizientenmatrix** des Gleichungssystems, die Matrix $\mathbf{S} = \mathbf{S}_{(m;\,n+1)} = \mathbf{A} \mid \vec{b}$ **erweiterte Koeffizientenmatrix** bzw. **Systemmatrix.**
Vektorschreibweise	$\vec{a}_1 x_1 + \vec{a}_2 x_2 + \ldots + \vec{a}_n x_n = \vec{b}$ — $\vec{a}_i$ i-ter Spaltenvektor, $\vec{b}$ Konstantenvektor

Lösungsverfahren

$a_{ik}, b_i, c_i \in \mathbb{R};\ i, k, m, n \in \mathbb{N}^*$

Determinantenverfahren	Lineare $(n; n)$-Gleichungssysteme können mithilfe des Determinantenverfahrens gelöst werden. Dabei werden folgende Determinanten betrachtet: $\lvert\mathbf{A}\rvert = \begin{vmatrix} a_{11} & a_{12} & \ldots & a_{1i} & \ldots & a_{1n} \\ a_{21} & a_{22} & \ldots & a_{2i} & \ldots & a_{2n} \\ \ldots & \ldots & & \ldots & & \ldots \\ a_{n1} & a_{n2} & \ldots & a_{ni} & \ldots & a_{nn} \end{vmatrix}$ $\quad \lvert\mathbf{A}_i\rvert = \begin{vmatrix} a_{11} & a_{12} & \ldots & b_1 & \ldots & a_{1n} \\ a_{21} & a_{22} & \ldots & b_2 & \ldots & a_{2n} \\ \ldots & \ldots & & \ldots & & \ldots \\ a_{n1} & a_{n2} & \ldots & b_n & \ldots & a_{nn} \end{vmatrix}$ $\lvert\mathbf{A}\rvert$ ist die Koeffizientendeterminante; $\lvert\mathbf{A}_i\rvert$ ergibt sich, wenn in $\lvert\mathbf{A}\rvert$ die i-te Spalte durch den Konstantenvektor $\vec{b}$ ersetzt wird. Ist die Koeffizientendeterminante nicht null, erhält man als Lösung: $x_i = \frac{\lvert\mathbf{A}_i\rvert}{\lvert\mathbf{A}\rvert}$ **(cramersche Regel)**
Lösbarkeitskriterien	*Homogenes Gleichungssystem:* $\lvert\mathbf{A}\rvert \neq 0 \Rightarrow$ eindeutig lösbar (Nullvektor als triviale Lösung) $\lvert\mathbf{A}\rvert = 0 \Rightarrow$ unendlich viele Lösungen *Inhomogenes Gleichungssystem:* $\lvert\mathbf{A}\rvert \neq 0 \Rightarrow$ eindeutig lösbar (cramersche Regel) $\lvert\mathbf{A}\rvert = 0$ und $\lvert\mathbf{A}_i\rvert = 0$ für alle i $\Rightarrow$ unendlich viele Lösungen $\lvert\mathbf{A}\rvert = 0$ und nicht alle $\lvert\mathbf{A}_i\rvert$ gleich 0 $\Rightarrow$ keine Lösung

gaußsches Eliminierungsverfahren	Das System wird durch äquivalente Umformungen in **Staffel-** bzw. **Dreiecksform** gebracht. Im Fall $m = n$ hat diese die folgende Gestalt: $a_{11}x_1 + a_{12}x_2 + \ldots + a_{1n}x_n = b_1$ $a'_{22}x_2 + \ldots + a'_{2n}x_n = b'_2$ $\ldots$ $a'_{nn}x_n = b'_n \quad \Rightarrow \quad x_n = \frac{b'_n}{a'_{nn}}$ Durch rückwärtiges Einsetzen können x_{n-1} bis x_1 sukzessive berechnet werden.
Lösbarkeitskriterien	*Homogenes Gleichungssystem:* Rang $\mathbf{A} = n \Rightarrow$ eindeutig lösbar (Nullvektor als triviale Lösung) Rang $\mathbf{A} < n \Rightarrow$ unendlich viele Lösungen *Inhomogenes Gleichungssystem:* Rang $\mathbf{A}$ = Rang $\mathbf{S} = n \Rightarrow$ eindeutig lösbar Rang $\mathbf{A}$ = Rang $\mathbf{S} < n \Rightarrow$ unendlich viele Lösungen Rang $\mathbf{A}$ < Rang $\mathbf{S} \Rightarrow$ keine Lösung

Lineare Verflechtung

Verflechtungsmatrizen

Es seien R_i $(i = 1, 2, \ldots, m)$ die **Rohstoffe,** Z_j $(j = 1, 2, \ldots, p)$ die **Zwischenprodukte** und E_k $(k = 1, 2, \ldots, n)$ die **Endprodukte.**

Als **Verflechtungsmatrizen** werden die Matrizen $\mathbf{A}_{(R;\,Z)} = \mathbf{A}_{(m;\,p)}$, $\mathbf{B}_{(Z;\,E)} = \mathbf{B}_{(p;\,n)}$ und $\mathbf{C}_{(R;\,E)} = \mathbf{C}_{(m;\,n)}$ bezeichnet.

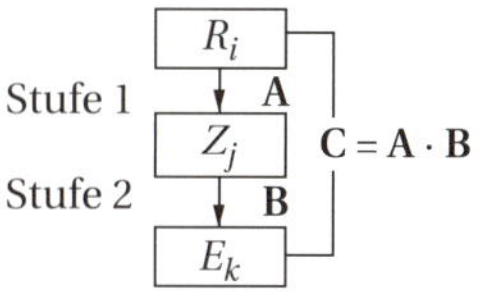

Verbrauchs-, Produktionsvektoren	$\vec{r} = \mathbf{A} \cdot \vec{z}$ $\quad \vec{z} = \mathbf{B} \cdot \vec{p}$ $\quad \vec{r} = \mathbf{A} \cdot \mathbf{B} \cdot \vec{p} = \mathbf{C} \cdot \vec{p}$ $\vec{r}$ Rohstoffe; $\vec{z}$, $\vec{p}$ Zwischen- bzw. Endprodukte
Kostenvektoren	$\vec{k}_v^{\,T} = \vec{k}_R^{\,T} \cdot \mathbf{C} + \vec{k}_Z^{\,T} \cdot \mathbf{B} + \vec{k}_E^{\,T}$ (variable Kosten insgesamt je Mengeneinheit) $\vec{k}_R^{\,T}$ für Rohstoffe; $\vec{k}_Z^{\,T}$, $\vec{k}_E^{\,T}$ für Zwischen- und Endprodukte
Gesamtkosten für die Produktion	$K = K_R + K_Z + K_E + K_f = \vec{k}_R^{\,T} \cdot \vec{r} + \vec{k}_Z^{\,T} \cdot \vec{z} + \vec{k}_E^{\,T} \cdot \vec{p} + K_f = \vec{k}_v^{\,T} \cdot \vec{p} + K_f$ K_R, K_Z, K_E Kosten für Rohstoffe, Zwischen- bzw. Endprodukte; K_f fixe Kosten

Leontief-Modell

Beschreibung von Betrieben (Sektoren) $A_1, A_2, \ldots A_n$, deren Produktion $x_1, x_2, \ldots x_n$ (Mengeneinheiten) ist.
Schema der gegenseitigen Belieferung mit Rohstoffen, Zwischen- und Endprodukten sowie der Marktabgabe:

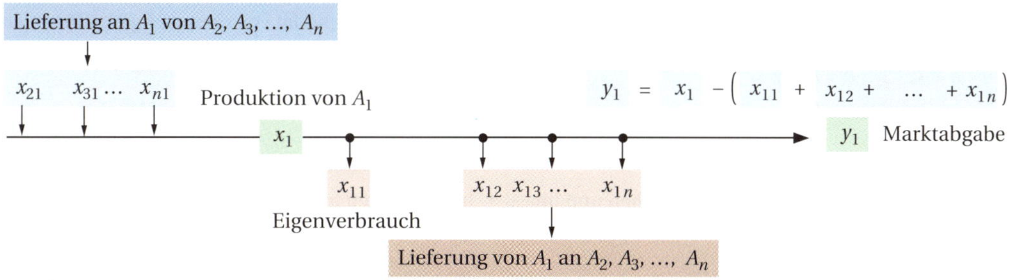

Gleichung des Leontief-Modells:
$\vec{y} = (\mathbf{E} - \mathbf{A}) \cdot \vec{x}$ bzw. $\vec{x} = (\mathbf{E} - \mathbf{A})^{-1} \cdot \vec{y}$ (falls $(\mathbf{E} - \mathbf{A})^{-1}$ existiert)

$\vec{x} = (x_1, x_2, \ldots x_n)^T$ **Produktionsvektor;** $\vec{y} = (y_1, y_2, \ldots y_n)^T$ **Marktabgabevektor** (Konsumvektor);

$\mathbf{A} = (a_{ij})$ Input- oder **Produktionsmatrix** mit $a_{ij} = \frac{x_{ij}}{x_j}$ $(x_{ij} \le x_j)$ und $0 \le a_{ij} \le 1$

Planimetrie

Strahlensätze

Wird ein **Strahlenbüschel** (s_1; s_2; s_3) von **Parallelen** (zueinander parallelen Geraden) g_1 und g_2 geschnitten, so entstehen **Strahlenabschnitte** und **Parallelenabschnitte.**

1. Abschnitte auf *einem* Strahl verhalten sich zueinander wie die *gleichliegenden* Abschnitte auf einem *anderen* Strahl:
   $\frac{\overline{ZA}}{\overline{ZA'}} = \frac{\overline{ZB}}{\overline{ZB'}} = \frac{\overline{ZC}}{\overline{ZC'}}$
2. *Gleichliegende* Parallelenabschnitte verhalten sich zueinander wie die *zugehörigen* Abschnitte auf einem *gemeinsamen* Strahl:
   $\frac{\overline{AB}}{\overline{A'B'}} = \frac{\overline{ZA}}{\overline{ZA'}}$
3. Abschnitte auf *einer* Parallelen verhalten sich zueinander wie die *zugehörigen* Abschnitte auf der *anderen* Parallelen:
   $\frac{\overline{AB}}{\overline{BC}} = \frac{\overline{A'B'}}{\overline{B'C'}}$

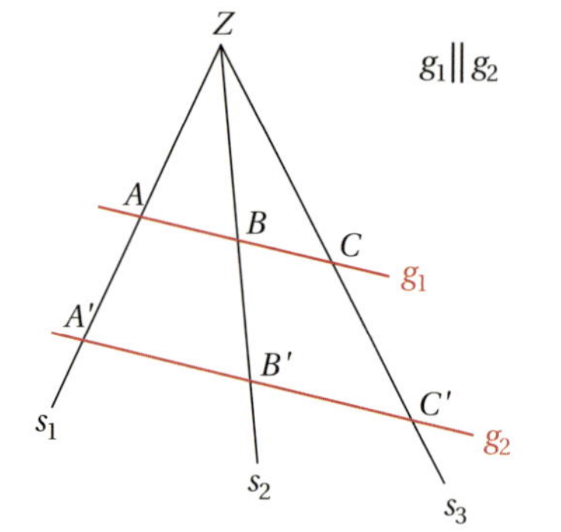

Ähnlichkeits- und Kongruenzsätze für Dreiecke

k Ähnlichkeitsfaktor; $k \in \mathbb{R}$; $k > 0$

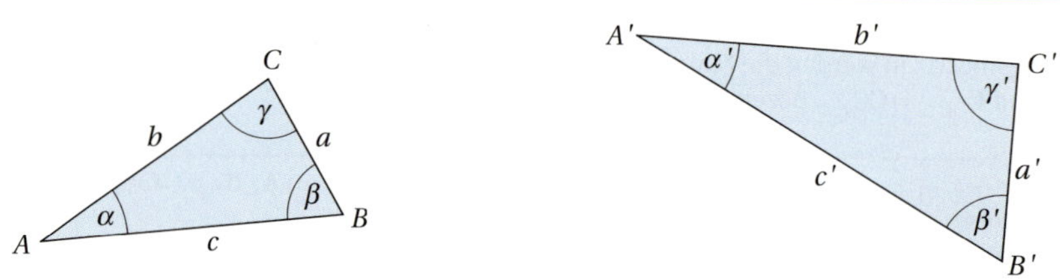

Die Dreiecke ABC und $A'B'C'$ sind zueinander **ähnlich** bzw. zueinander **kongruent** (deckungsgleich), wenn eine der folgenden Voraussetzungen erfüllt ist:

Ähnlichkeit	**Kongruenz**
Die Dreiecke ABC und $A'B'C'$ sind zueinander **ähnlich** bei Übereinstimmung • im Längenverhältnis aller einander entsprechenden Seiten: $a':a = k$; $b':b = k$; $c':c = k$ • in den Längenverhältnissen zweier Seiten und im von diesen jeweils eingeschlossenen Winkel, z. B.: $a':a = k$; $b':b = k$; $\gamma' = \gamma$ • in zwei Winkeln, z. B.: $\beta' = \beta$; $\gamma' = \gamma$ **(Hauptähnlichkeitssatz)** • in den Längenverhältnissen zweier Seiten und im der jeweils größeren Seite gegenüberliegenden Winkel, z. B.: $a':a = k$; $b':b = k$; $\beta' = \beta$ $(b > a)$	Die Dreiecke ABC und $A'B'C'$ sind zueinander **kongruent** (deckungsgleich) bei Übereinstimmung • in den drei Seiten: $a':a = 1$; $b':b = 1$; $c':c = 1$ **(Kongruenzsatz sss)** • in zwei Seiten und im von diesen eingeschlossenen Winkel, z. B.: $a':a = 1$; $b':b = 1$; $\gamma' = \gamma$ **(Kongruenzsatz sws)** • in einer Seite und den anliegenden Winkeln, z. B.: $a':a = 1$; $\beta' = \beta$; $\gamma' = \gamma$ **(Kongruenzsatz wsw)** • in zwei Seiten und dem der größeren Seite gegenüberliegenden Winkel, z. B.: $a':a = 1$; $b':b = 1$; $\beta' = \beta$ $(b > a)$ **(Kongruenzsatz SsW)**
Für die Flächeninhalte zueinander ähnlicher Dreiecke gilt: $\frac{A_{A'B'C'}}{A_{ABC}} = \frac{a'^2}{a^2} = \frac{b'^2}{b^2} = \frac{c'^2}{c^2} = k^2$	Die Flächeninhalte zueinander kongruenter Dreiecke sind gleich groß.

Die Kongruenz ist ein Spezialfall der Ähnlichkeit ($k = 1$).

Winkel

Zwei Strahlen p und q mit gemeinsamem Anfangspunkt S bilden Winkel (der Größe α bzw. β; Winkelmaße ↗ S. 36).

Den Punkt S nennt man **Scheitelpunkt,** die Strahlen p, q **Schenkel** des Winkels.

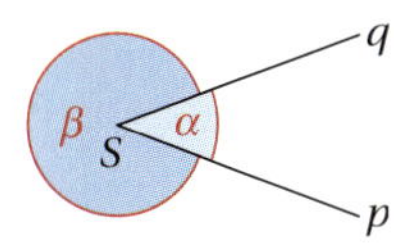

Spezielle Winkel

Nullwinkel	spitzer Winkel	rechter Winkel	stumpfer Winkel	gestreckter Winkel	überstumpfer Winkel	Vollwinkel
$\alpha = 0°$	$0° < \alpha < 90°$	$\alpha = 90°$	$90° < \alpha < 180°$	$\alpha = 180°$	$180° < \alpha < 360°$	$\alpha = 360°$

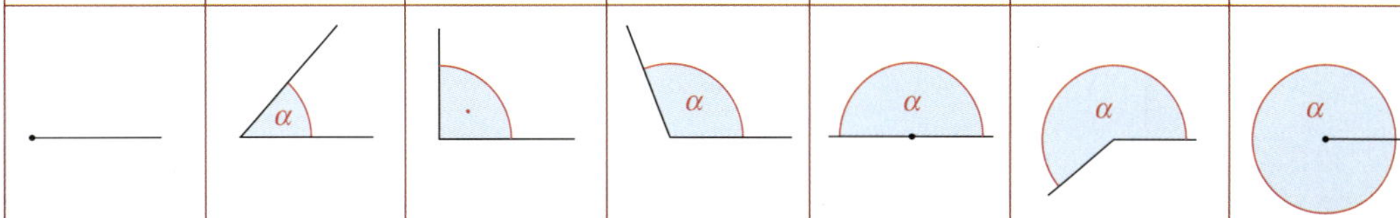

Zwei Winkel, die zusammen einen rechten Winkel ergeben (d.h., deren Summe 90° beträgt), heißen **Komplementwinkel.**

Zwei Winkel, die zusammen einen gestreckten Winkel ergeben (d.h., deren Summe 180° beträgt), heißen **Supplementwinkel.**

Winkel an Geraden

Nebenwinkel ergänzen sich zu 180°.	**Scheitelwinkel** sind gleich groß.	**Stufenwinkel** an geschnittenen Parallelen sind gleich groß.	**Wechselwinkel** an geschnittenen Parallelen sind gleich groß.
$\alpha + \alpha' = 180°$	$\beta = \beta'$	$\alpha = \beta$	$\gamma = \delta$

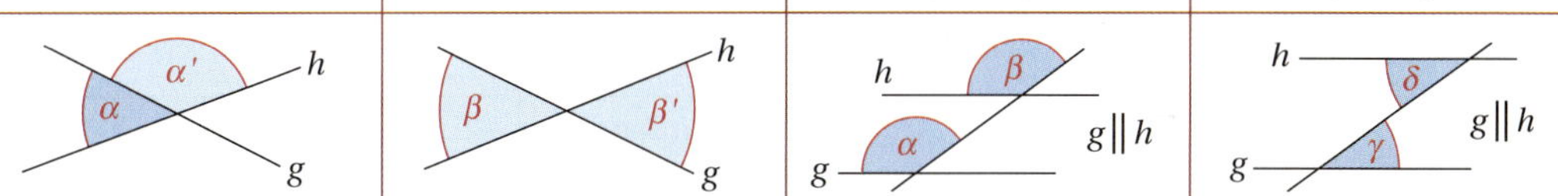

Winkel am Dreieck

Die Summe der **Innenwinkel** eines Dreiecks beträgt 180°. **(Innenwinkelsatz)**	$\alpha + \beta + \gamma = 180°$
Die Summe der Außenwinkel eines Dreiecks beträgt 360°.	$\alpha' + \beta' + \gamma' = 360°$
Jeder **Außenwinkel** eines Dreiecks ist so groß wie die Summe der beiden nicht anliegenden Innenwinkel. **(Außenwinkelsätze)**	$\alpha' = \beta + \gamma$ $\beta' = \alpha + \gamma$ $\gamma' = \alpha + \beta$

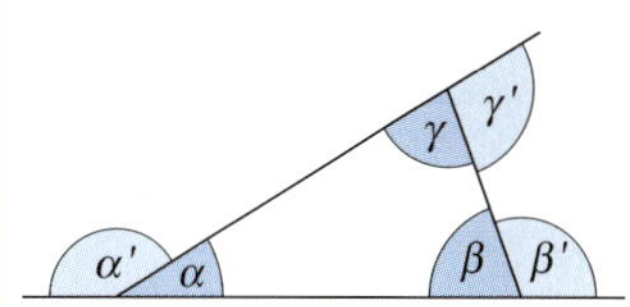

Winkel am Viereck (bzw. Vieleck)

Die Summe der **Innenwinkel** eines Vierecks beträgt 360°. **(Innenwinkelsatz)** *Verallgemeinerung:* Die Summe der Innenwinkel eines n-Ecks beträgt $(n-2) \cdot 180°$.	$\alpha + \beta + \gamma + \delta = 360°$

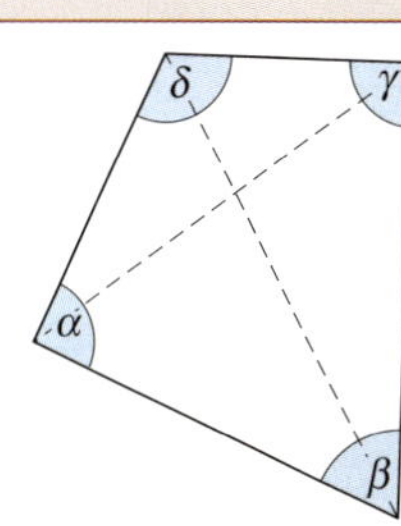

Dreiecke

u Umfang; *A* Flächeninhalt

Begriff	Veranschaulichung	Zusammenhänge
Höhen ($h_a; h_b; h_c$)	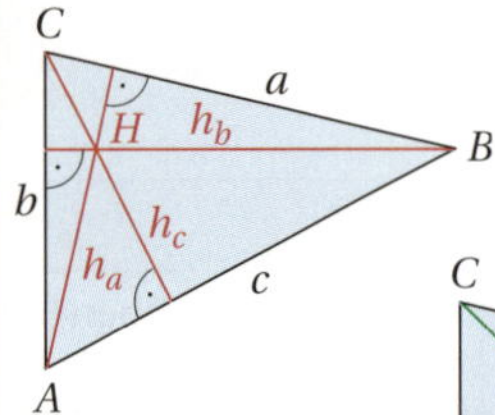	Die Höhen schneiden einander im **Höhenschnittpunkt** ***H***. $\frac{h_a}{h_b} = \frac{b}{a}$
Seitenhalbierende ($s_a; s_b; s_c$)	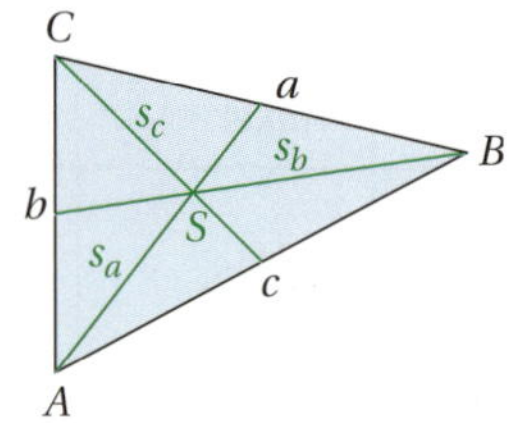	Der **Schwerpunkt** ***S*** teilt jede Seitenhalbierende im Verhältnis 2 : 1. $s_a = \frac{1}{2}\sqrt{2(b^2 + c^2) - a^2}$
Winkelhalbierende ($w_\alpha; w_\beta; w_\gamma$)	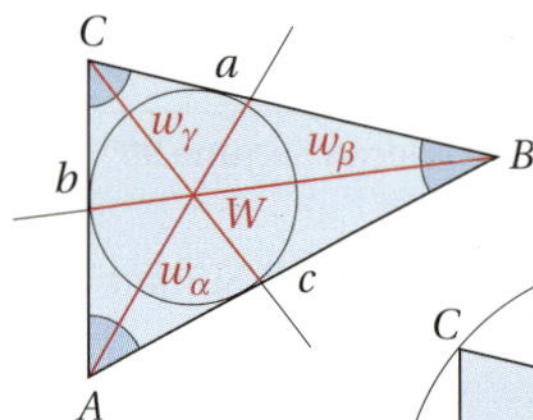	Die Winkelhalbierenden schneiden einander im **Inkreismittelpunkt** ***W***. $w_\alpha = \frac{2}{b+c}\sqrt{bcs(s-a)}$ mit $s = \frac{a+b+c}{2} = \frac{u}{2}$
Mittelsenkrechte ($m_a; m_b; m_c$)	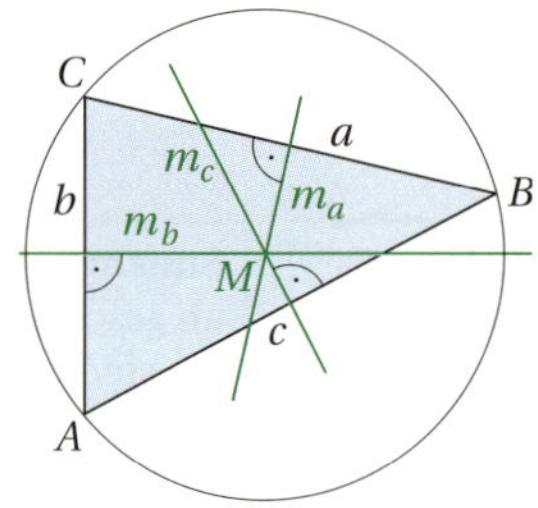	Die Mittelsenkrechten schneiden einander im **Umkreismittelpunkt** ***M***.
allgemeines (beliebiges) Dreieck (↗ S. 38)	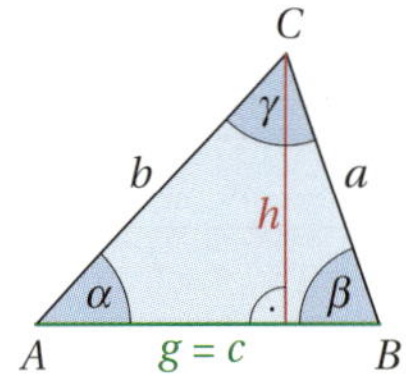 Der kleinsten Seite liegt der kleinste Winkel gegenüber.	$a + b > c;\ b + c > a;\ a + c > b$ **(Dreiecksungleichungen)** $u = a + b + c$ $A = \frac{1}{2}gh = \frac{abc}{4r}$ (*r* Umkreisradius) $A = \sqrt{s(s-a)(s-b)(s-c)}$ (mit $s = \frac{u}{2}$) **(heronsche Formel)**
rechtwinkliges Dreieck (↗ S. 37)	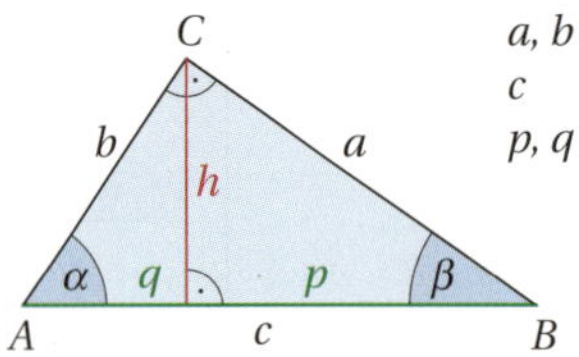 *a, b* Katheten *c* Hypotenuse *p, q* Hypotenusenabschnitte	**Satz des Pythagoras:** $c^2 = a^2 + b^2$ **Höhensatz:** $h^2 = pq$ **Kathetensatz (Satz des Euklid):** $a^2 = cp$ $b^2 = cq$ $u = a + b + c$ $A = \frac{1}{2}ab = \frac{1}{2}ch$
gleichseitiges Dreieck	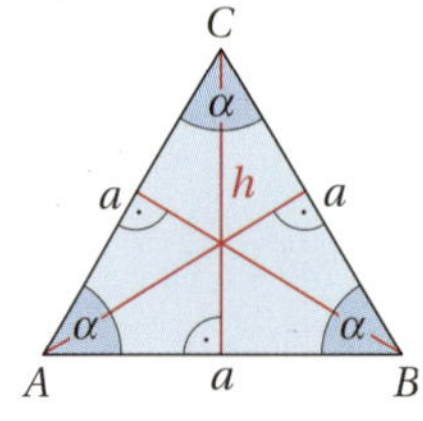	$\alpha = 60°$ $h = \frac{a}{2}\sqrt{3}$ $u = 3a$ $A = \frac{a^2}{4}\sqrt{3}$ Höhen, Seitenhalbierende und Winkelhalbierende schneiden einander im gleichen Punkt und sind gleich lang.

Vierecke

u Umfang; A Flächeninhalt; e, f Diagonalen

Begriff	Veranschaulichung	Zusammenhänge
Rechteck	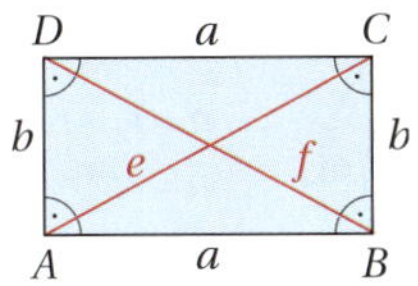	Die Diagonalen sind gleich lang und halbieren einander. Alle Innenwinkel sind gleich groß (90°). Gegenüberliegende Seiten sind zueinander parallel und gleich lang. $e = f = \sqrt{a^2 + b^2}$ $u = 2(a+b)$ $A = ab$
Quadrat	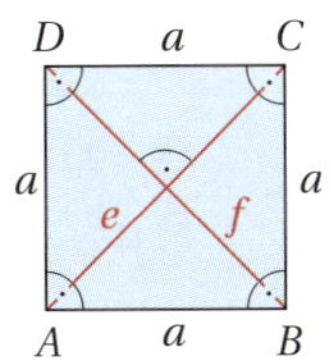	Die Diagonalen sind zueinander senkrecht, gleich lang und halbieren einander. Alle Innenwinkel sind gleich groß (90°). Alle Seiten sind gleich lang. $e = f = a\sqrt{2}$ $u = 4a$ $A = a^2 = \frac{1}{2} e^2$
Rhombus (Raute)	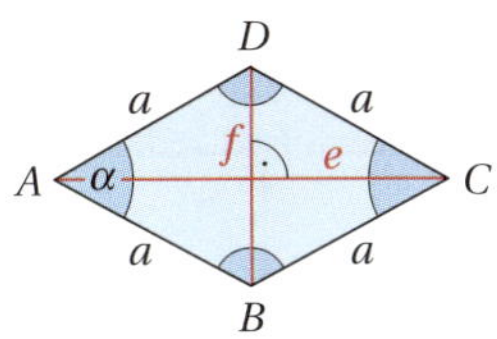	Die Diagonalen sind zueinander senkrecht und halbieren einander. Alle Seiten sind gleich lang. Gegenüberliegende Seiten sind zueinander parallel. $e^2 = 4a^2 - f^2$ $u = 4a$ $A = \frac{1}{2} ef = a^2 \sin\alpha$
Trapez	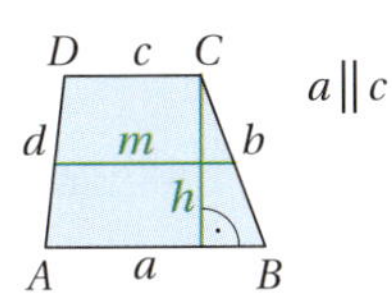	Mindestens zwei Seiten sind zueinander parallel. $m = \frac{1}{2}(a+c)$ $u = a+b+c+d$ $A = mh = \frac{1}{2}(a+c)h$ m Mittelparallele (Mittellinie)
Parallelogramm (Rhomboid)	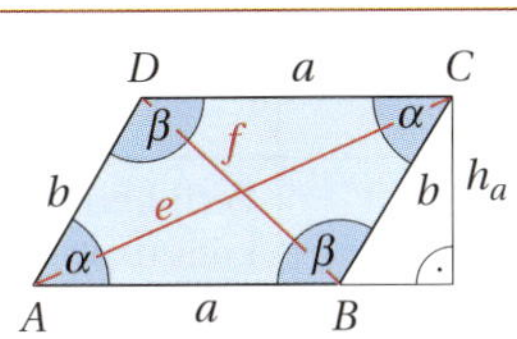	Die Diagonalen halbieren einander. Gegenüberliegende Winkel sind gleich groß. Gegenüberliegende Seiten sind zueinander parallel und gleich lang. $2(a^2 + b^2) = e^2 + f^2$ $u = 2(a+b)$ $\alpha + \beta = 180°$ $A = ah_a = ab\sin\alpha$
Drachenviereck	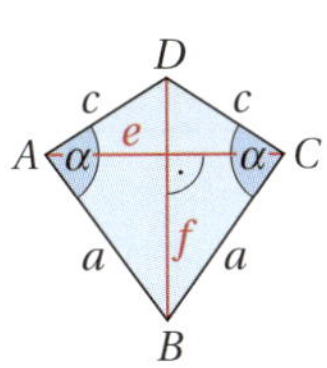	Die Diagonalen sind zueinander senkrecht. Mindestens zwei gegenüberliegende Winkel sind gleich groß. $u = 2(a+c)$ $A = \frac{1}{2} ef$
Sehnenviereck	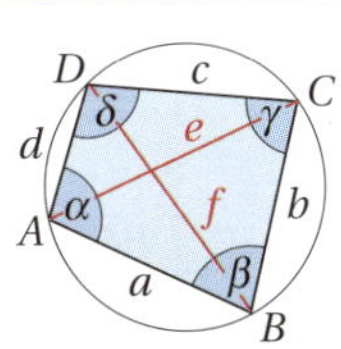	Alle Eckpunkte liegen auf einem Kreis. Die Summe gegenüberliegender Winkel ist 180°. $\alpha + \gamma = \beta + \delta = 180°$ $u = a+b+c+d$ $ac + bd = ef$ (Satz des Ptolemäus) $A = \sqrt{(s-a)(s-b)(s-c)(s-d)}$ (mit $s = \frac{u}{2}$)

Kreis

u Umfang; *A* Flächeninhalt

Kreis

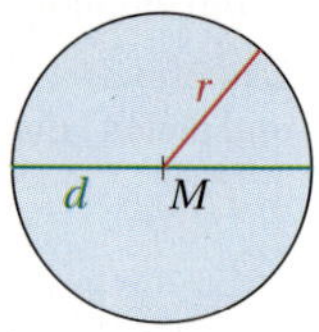

$d = 2r$

$u = 2\pi r = \pi d$

$A = \pi r^2 = \frac{\pi}{4} d^2$

Kreisring

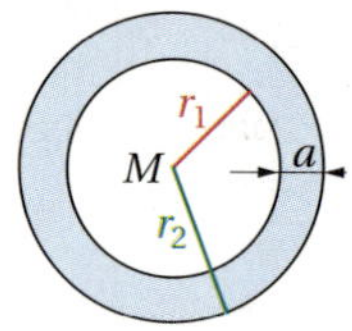

$a = r_2 - r_1$ (Ringbreite)

$u = 2\pi(r_1 + r_2)$

$A = \pi(r_2^{\,2} - r_1^{\,2})$

Kreisausschnitt (Kreissektor)

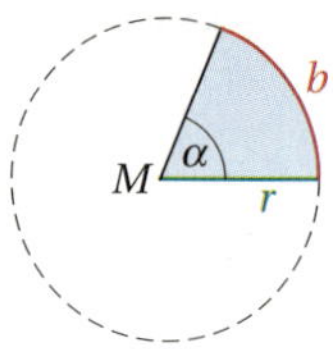

$b = r \operatorname{arc} \alpha = r \frac{\pi \alpha}{180°}$

(Kreisbogen, ↗ S. 36)

$u = b + 2r$

$A_\alpha = \frac{br}{2} = \pi r^2 \cdot \frac{\alpha}{360°}$

Kreisabschnitt (Kreissegment)

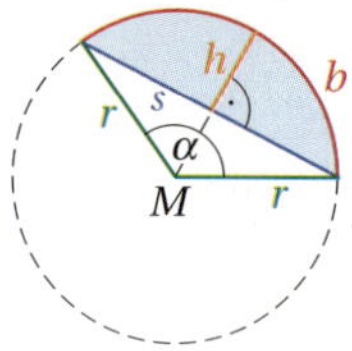

$h = 2r \sin^2 \frac{\alpha}{4}$ $(h < r)$

$s = 2r \sin \frac{\alpha}{2}$ (Sehne)

$u = b + s$

$A = \frac{1}{2}[r(b - s) + sh] = \frac{r^2}{2}\left(\frac{\pi\alpha}{180°} - \sin\alpha\right)$

Geraden und Winkel am Kreis

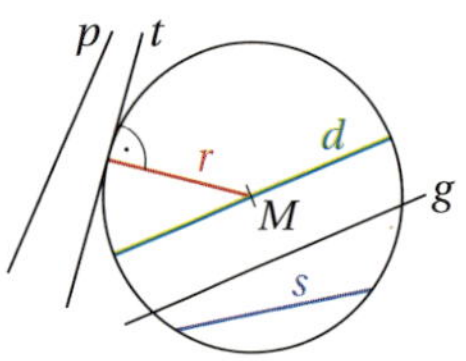

p	Passante	*r*	Radius
t	Tangente	*d*	Durchmesser
g	Sekante	*s*	Sehne

Tangente und Berührungsradius sind zueinander senkrecht.

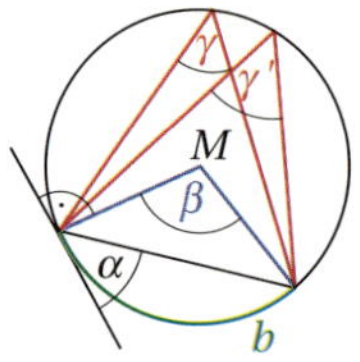

b	Kreisbogen
α	Sehnentangentenwinkel
β	Zentriwinkel (Mittelpunktswinkel)
γ, γ'	Peripheriewinkel (Umfangswinkel)

$\beta = 2\alpha \quad \beta = 2\gamma \quad \alpha = \gamma$

$\gamma = \gamma'$

Peripheriewinkel über demselben Bogen sind gleich groß.

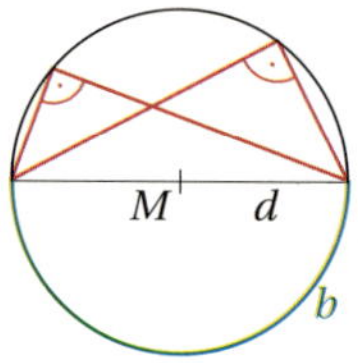

b Halbkreis

Peripheriewinkel über einem Halbkreis (bzw. über dem Durchmesser eines Kreises) sind rechte Winkel. **(Satz des THALES)**

Sehnensatz

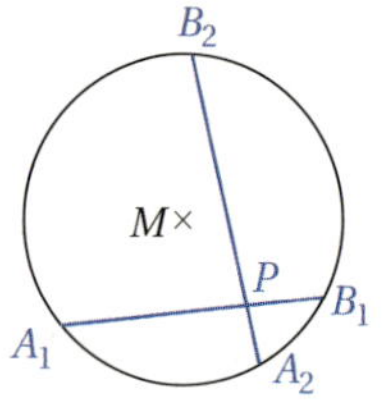

$\overline{PA_1} : \overline{PA_2} = \overline{PB_2} : \overline{PB_1}$

bzw.

$\overline{PA_1} \cdot \overline{PB_1} = \overline{PA_2} \cdot \overline{PB_2}$

Sekantensatz

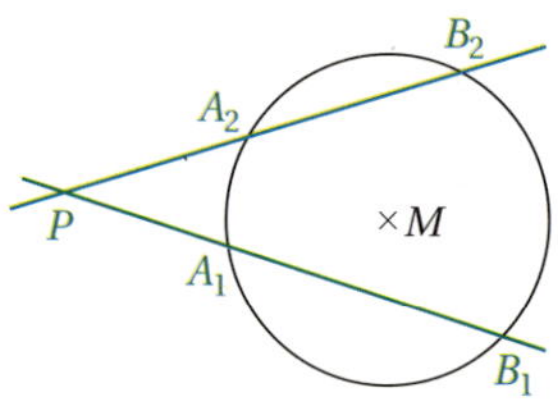

$\overline{PA_1} : \overline{PA_2} = \overline{PB_2} : \overline{PB_1}$

bzw.

$\overline{PA_1} \cdot \overline{PB_1} = \overline{PA_2} \cdot \overline{PB_2}$

Tangentensatz (Sekantentangentensatz)

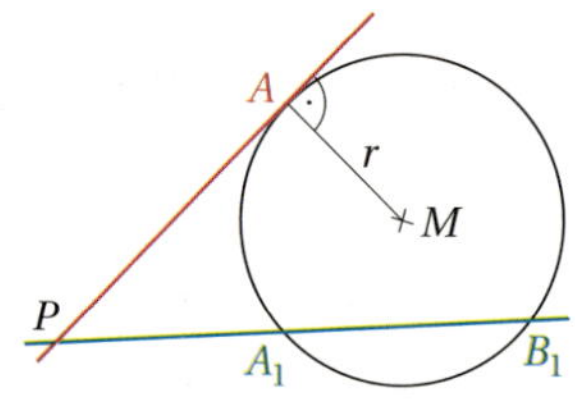

$\overline{PA}^2 = \overline{PA_1} \cdot \overline{PB_1}$

Spezialfall des Sekantensatzes

$(A_2 = B_2 = A)$

Stereometrie

Körper mit ebenen Begrenzungsflächen

A_M Mantelfläche; A_O Oberfläche; V Volumen

Prismen

A_G Grundfläche; A_D Deckfläche

Allgemein gilt: $V = A_G \cdot h$ $\quad A_O = 2A_G + A_M$ $\quad A_G = A_D$

Quader

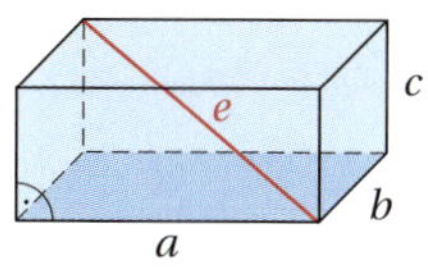

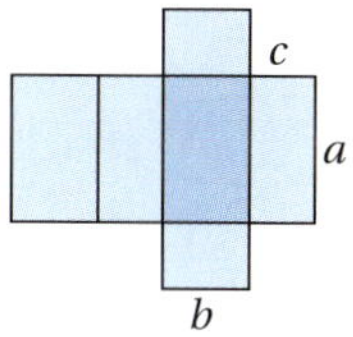

$e = \sqrt{a^2 + b^2 + c^2}$ $\quad A_G = ab$

$A_M = 2(ac + bc)$ $\quad A_O = 2(ab + ac + bc)$ $\quad V = abc$

Würfel

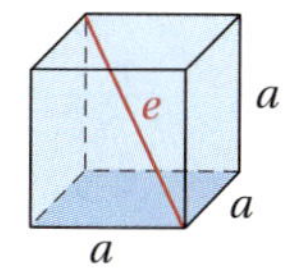

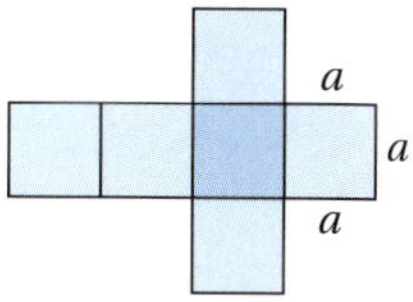

$e = a\sqrt{3}$ $\quad A_G = a^2$

$A_M = 4a^2$ $\quad A_O = 6a^2$ $\quad V = a^3$

regelmäßiges dreiseitiges Prisma

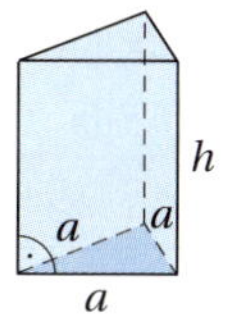

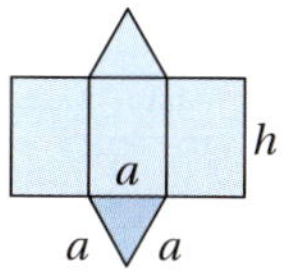

$A_G = \frac{a^2}{4}\sqrt{3}$

$A_M = 3ah$ $\quad A_O = \frac{a}{2}(a\sqrt{3} + 6h)$ $\quad V = \frac{a^2}{4}h\sqrt{3}$

regelmäßiges sechsseitiges Prisma

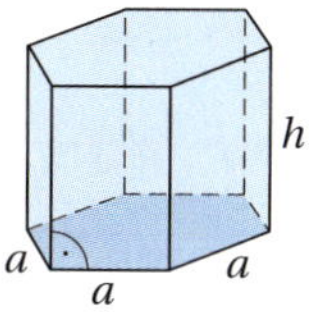

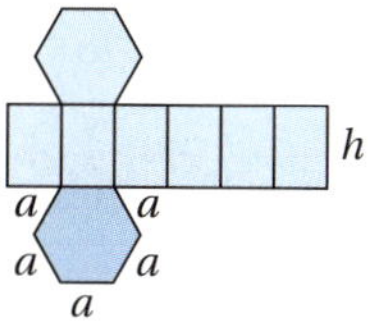

$A_G = \frac{3\sqrt{3}}{2}a^2$

$A_M = 6ah$ $\quad A_O = 3a(a\sqrt{3} + 2h)$ $\quad V = \frac{3a^2}{2}h\sqrt{3}$

Pyramiden

A_G Grundfläche; h_s Höhe der Seitenfläche

Allgemein gilt: $V = \frac{1}{3}A_G \cdot h$ $\quad A_O = A_G + A_M$

quadratische Pyramide

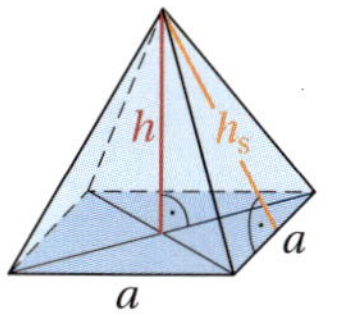

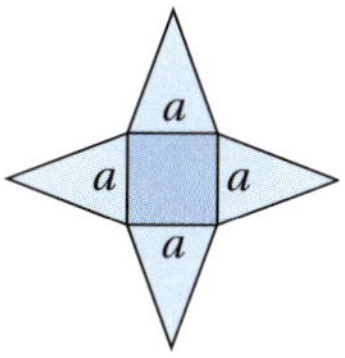

$A_G = a^2$

$A_M = 2ah_s$ $\quad A_O = a(a + 2h_s)$ $\quad V = \frac{1}{3}a^2h$

Tetraeder

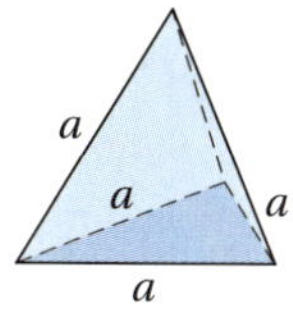

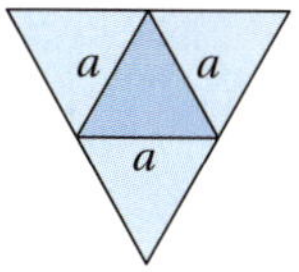

$A_G = \frac{a^2}{4}\sqrt{3}$

$A_M = \frac{3a^2}{4}\sqrt{3}$ $\quad A_O = a^2\sqrt{3}$ $\quad V = \frac{a^3}{12}\sqrt{2}$

Pyramidenstümpfe

A_G Grundfläche; A_D Deckfläche; h_s Höhe der Seitenfläche

Allgemein gilt: $V = \frac{h}{3}(A_G + \sqrt{A_G \cdot A_D} + A_D)$ $\quad A_O = A_G + A_D + A_M$

quadratischer Pyramidenstumpf

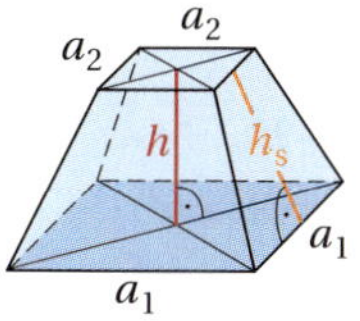

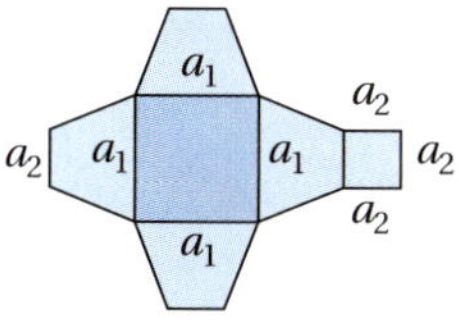

$A_G = a_1^2$ $\quad A_D = a_2^2$ $\quad A_O = a_1^2 + 2(a_1 + a_2)h_s + a_2^2$

$A_M = 2(a_1 + a_2)h_s$ $\quad V = \frac{1}{3}h(a_1^2 + a_1a_2 + a_2^2)$

regelmäßiger dreiseitiger Pyramidenstumpf

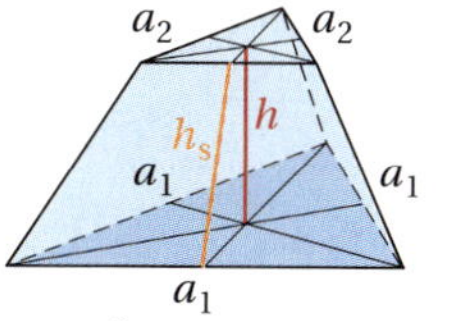

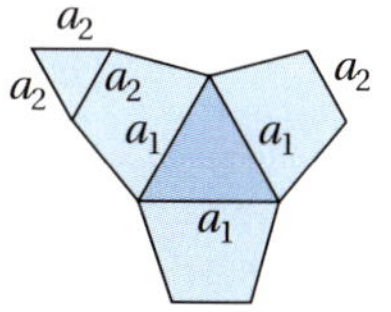

$A_G = \frac{a_1^2}{4}\sqrt{3}$ $\quad A_O = \frac{\sqrt{3}}{4}(a_1^2 + a_2^2) + \frac{3}{2}(a_1 + a_2)h_s$

$A_M = \frac{3}{2}(a_1 + a_2)h_s$ $\quad V = \frac{\sqrt{3}}{12}h(a_1^2 + a_1a_2 + a_2^2)$

Körper mit gekrümmten Begrenzungsflächen

A_M Mantelfläche; A_O Oberfläche; V Volumen

Kreiszylinder

A_G Grundfläche; A_D Deckfläche

Allgemein gilt: $V = A_G \cdot h$ $\quad A_O = 2A_G + A_M$ $\quad A_G = A_D$

gerader Zylinder

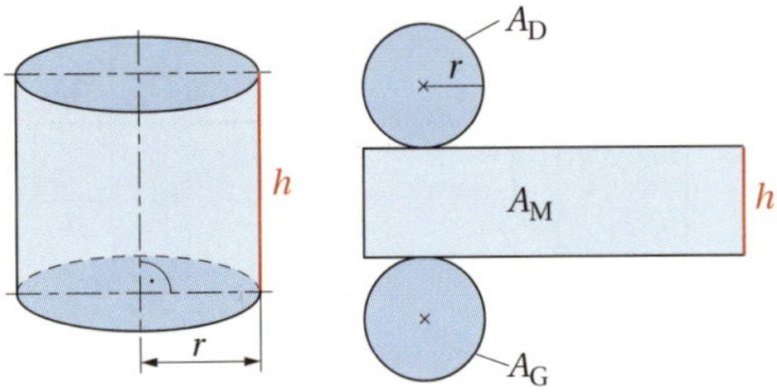

$A_G = \pi r^2$

$A_M = 2\pi r h$ $\quad A_O = 2\pi r(r+h)$ $\quad V = \pi r^2 h$

gerader Hohlzylinder

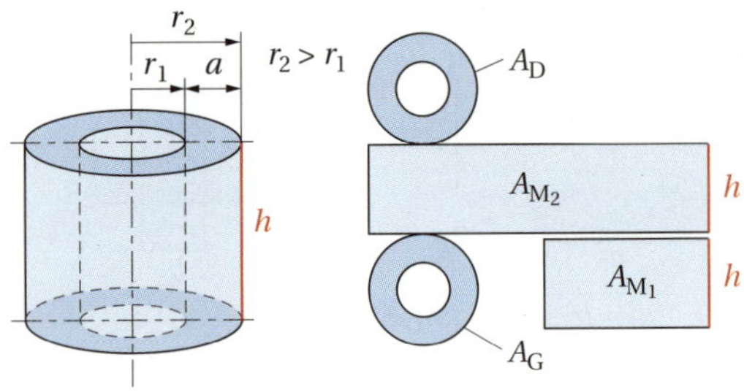

$a = r_2 - r_1$ (Wanddicke)

$A_G = \pi(r_2^2 - r_1^2)$ $\quad A_{M_1} = 2\pi r_1 h$ $\quad A_{M_2} = 2\pi r_2 h$

$A_O = 2A_G + A_{M_1} + A_{M_2}$ $\quad V = \pi h(r_2^2 - r_1^2)$

Kreiskegel

s Mantellinie; A_G Grundfläche; A_D Deckfläche

gerader Kegel

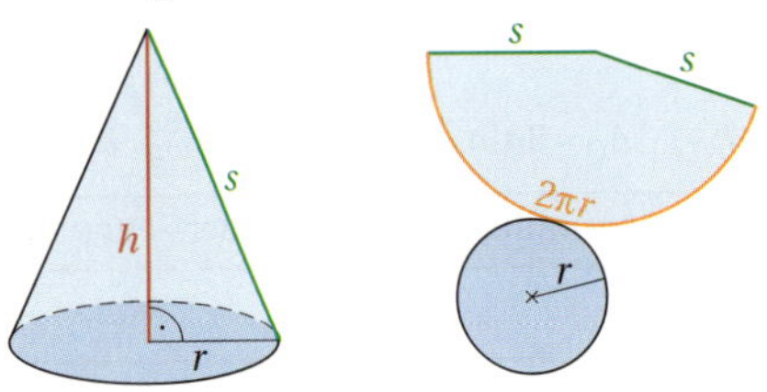

$s^2 = r^2 + h^2$ $\quad A_G = \pi r^2$

$A_M = \pi r s$ $\quad A_O = \pi r(r+s)$ $\quad V = \frac{\pi}{3} r^2 h$

gerader Kegelstumpf

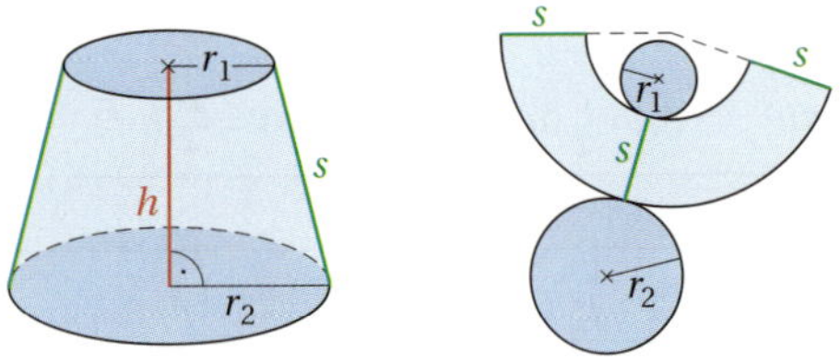

$s^2 = (r_2 - r_1)^2 + h^2$ $\quad A_G = \pi r_2^2$ $\quad A_D = \pi r_1^2$

$A_M = \pi s(r_2 + r_1)$ $\quad A_O = A_G + A_D + A_M$

$V = \frac{\pi}{3} h(r_2^2 + r_2 r_1 + r_1^2)$

Kugel und Kugelteile

d Durchmesser; r, R_1, R_2 Radien

Kugel

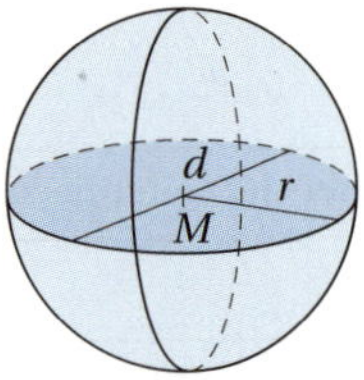

$d = 2r$

$A_O = 4\pi r^2 = \pi d^2$

$V = \frac{4}{3}\pi r^3 = \frac{1}{6}\pi d^3$

Kugelschicht (Kugelzone)

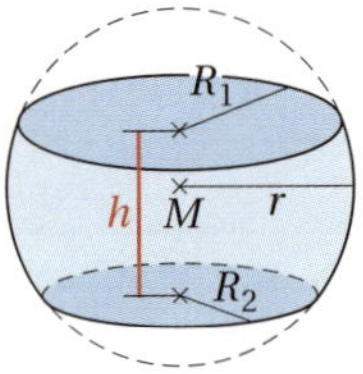

$A_M = 2\pi r h$

$A_O = \pi(R_1^2 + R_2^2 + 2rh)$

$V = \frac{\pi}{6} h(3R_1^2 + 3R_2^2 + h^2)$

Kugelausschnitt (Kugelsektor)

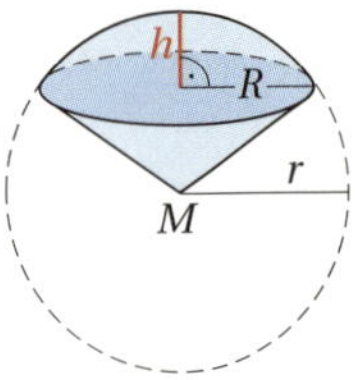

$R = \sqrt{h(2r-h)}$ $\quad (h < r)$

$A_M = \pi R r$

(Kegelmantel)

$A_O = \pi r(2h + \sqrt{h(2r-h)})$

$V = \frac{2}{3}\pi r^2 h$

Kugelabschnitt (Kugelsegment)

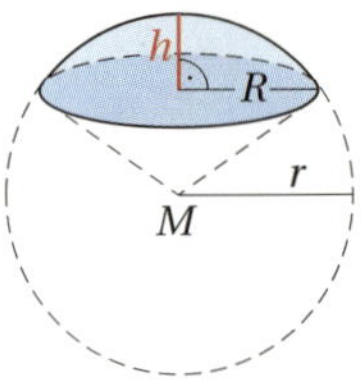

$R = \sqrt{h(2r-h)}$ $\quad (h < r)$

$A_M = 2\pi r h = \pi(R^2 + h^2)$

(Kugelkappe)

$A_O = \pi R^2 + 2\pi r h = \pi h(4r - h)$

$= \pi(2R^2 + h^2)$

$V = \frac{\pi}{3} h^2(3r - h) = \frac{\pi}{6} h(3R^2 + h^2)$

Regelmäßige Vielecke und Vielflächner

Regelmäßige Vielecke — a Seitenlänge; u Umfang; A Flächeninhalt

Ein Vieleck (n-Eck bzw. Polygon), dessen Seiten gleich lang und dessen Innenwinkel gleich groß sind, heißt **regelmäßig (regulär).**

Umkreis und Inkreis eines regelmäßigen Vielecks haben den gleichen Mittelpunkt.

Es gilt:

$\alpha = \frac{360°}{n}$ $\qquad \beta = 2\alpha$

$u = na$ $\qquad A = \frac{n}{2}\,a\,r_1 = \frac{n}{2}\,r_2^{\,2}\sin\alpha$

n Anzahl der Ecken $\qquad r_2$ Umkreisradius, r_1 Inkreisradius

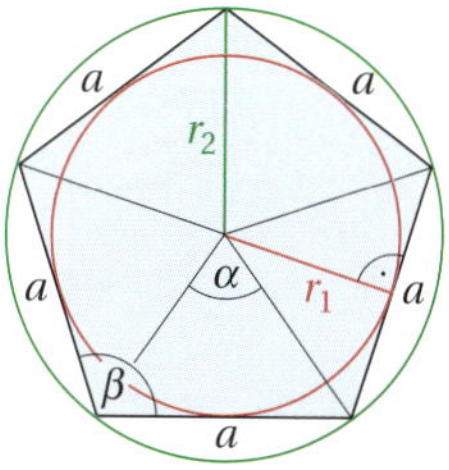

Reguläre Polyeder — a Kantenlänge; A_O Oberfläche; V Volumen; r_2 Umkugelradius; r_1 Inkugelradius

Ein **Polyeder** (Vielflächner) ist ein Körper, der nur von ebenen Flächen begrenzt wird.
Sind alle Begrenzungen eines Polyeders zueinander kongruente regelmäßige Vielecke, so wird es **regulär** bzw. **platonischer Körper** genannt. Es gibt genau fünf reguläre Polyeder.

Tetraeder	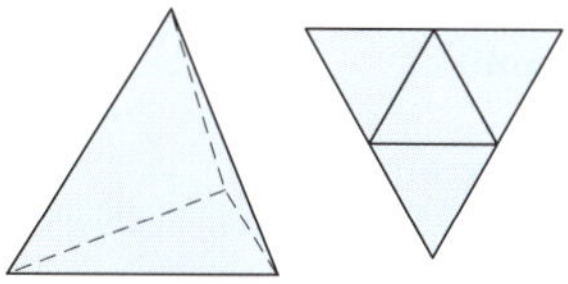	$r_1 = \frac{a}{12}\sqrt{6}$ $\quad r_2 = \frac{a}{4}\sqrt{6}$ $A_O = a^2\sqrt{3}$ $V = \frac{a^3}{12}\sqrt{2}$
Würfel (Hexaeder)	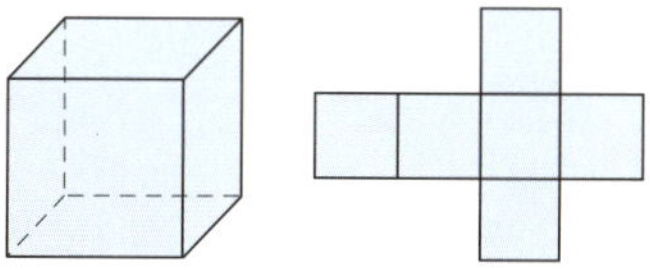	$r_1 = \frac{a}{2}$ $\quad r_2 = \frac{a}{2}\sqrt{3}$ $A_O = 6a^2$ $V = a^3$
Oktaeder	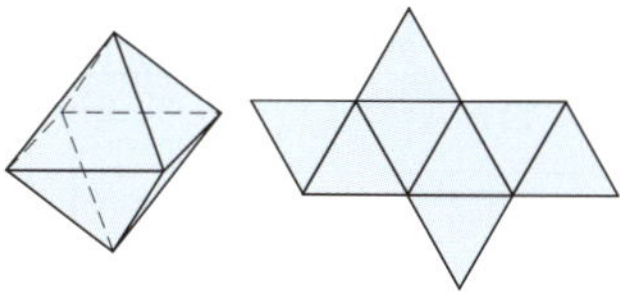	$r_1 = \frac{a}{6}\sqrt{6}$ $\quad r_2 = \frac{a}{2}\sqrt{2}$ $A_O = 2a^2\sqrt{3}$ $V = \frac{a^3}{3}\sqrt{2}$
Dodekaeder	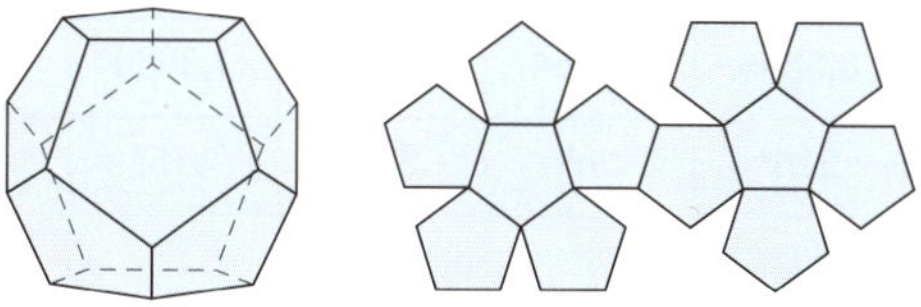	$r_1 = \frac{a}{20}\sqrt{10(25+11\sqrt{5})}$ $r_2 = \frac{a}{4}\sqrt{3}\,(1+\sqrt{5})$ $A_O = 3a^2\sqrt{5(5+2\sqrt{5})}$ $V = \frac{a^3}{4}(15+7\sqrt{5})$
Ikosaeder	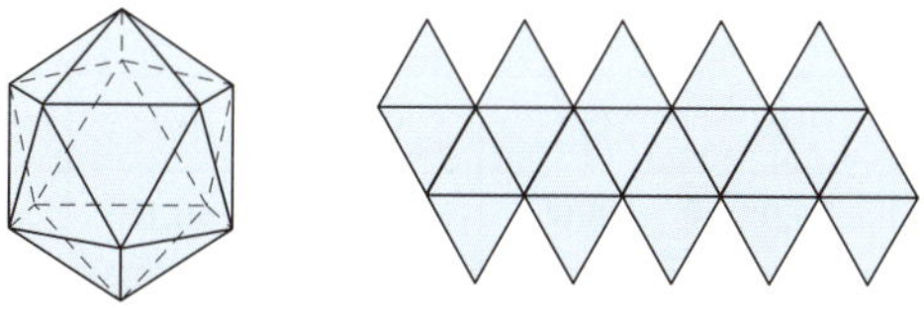	$r_1 = \frac{a}{12}\sqrt{3}\,(3+\sqrt{5})$ $\quad r_2 = \frac{a}{4}\sqrt{2(5+\sqrt{5})}$ $A_O = 5a^2\sqrt{3}$ $V = \frac{5a^3}{12}(3+\sqrt{5})$

Ist e die Anzahl der Ecken, f die Anzahl der Flächen und k die Anzahl der Kanten eines (beliebigen) konvexen Polyeders, so gilt: $e + f - k = 2$ **(eulerscher Polyedersatz)**

Ebene Trigonometrie

Winkelmaße

Gradmaß

Größe des Winkels α (β, γ, …) bezogen auf den Vollwinkel

Ein Winkel mit der Größe von einem **Grad** (bzw. **Altgrad**) ist der 360ste Teil des ebenen Vollwinkels (*Schreibweise:* 1°).
(Ein Winkel dieser Größe ergibt sich, indem ein Kreis durch Radien in 360 deckungsgleiche Teile zerlegt wird.)

Weitere Einheiten:
1 Minute ($1' = \frac{1}{60}{}^\circ$ bzw. $60' = 1^\circ$) 1 Sekunde ($1'' = \frac{1}{60}{}'$ bzw. $60'' = 1'$)

Ein Winkel mit der Größe von einem **Neugrad** (bzw. **Gon**) ist der 400ste Teil des ebenen Vollwinkels (*Schreibweise:* 1^g).

Bogenmaß

Größe des (Zentri-)Winkels α (β, γ, …) als Verhältnis von Bogenlänge b zu Radius r
(bzw. als Maßzahl der Länge des zugehörigen Bogens am Einheitskreis):

$\operatorname{arc}\alpha = \widehat{\alpha} = \frac{b}{r}$

Ein Winkel hat die Größe von einem **Radiant** (*Schreibweise:* 1 rad), wenn $b = r$ gilt
(bzw. wenn die Länge des zugehörigen Bogens am Einheitskreis den Wert 1 hat).

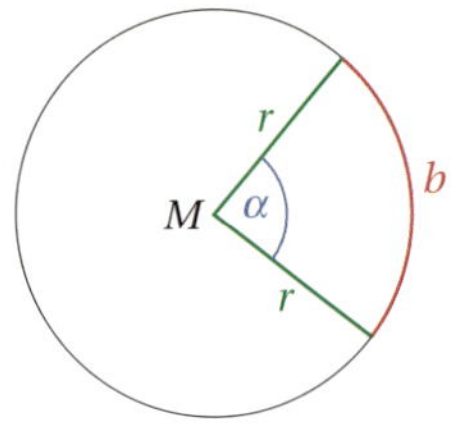

Umrechnungen

Zwischen dem Grad- und dem Bogenmaß eines Winkels α besteht folgender Zusammenhang:

$\frac{\alpha}{360^\circ} = \frac{\operatorname{arc}\alpha}{2\pi}$ bzw. $\frac{\alpha}{\operatorname{arc}\alpha} = \frac{180^\circ}{\pi}$

Umrechnung von Grad- in Bogenmaß: $\operatorname{arc}\alpha = \frac{\alpha \cdot \pi}{180^\circ}$ $1^\circ \approx 0{,}017\,45$ rad

Umrechnung von Bogen- in Gradmaß: $\alpha = \frac{180^\circ \cdot \operatorname{arc}\alpha}{\pi}$ 1 rad ≈ 57,296°

Bogenmaß spezieller (im Gradmaß gegebener) Winkel

0°	10°	15°	20°	30°	45°	60°	75°	90°	120°
0	$\frac{\pi}{18}$	$\frac{\pi}{12}$	$\frac{\pi}{9}$	$\frac{\pi}{6}$	$\frac{\pi}{4}$	$\frac{\pi}{3}$	$\frac{5\pi}{12}$	$\frac{\pi}{2}$	$\frac{2\pi}{3}$
0,0000	0,1745	0,2618	0,3491	0,5236	0,7854	1,0472	1,3090	1,5708	2,0944
135°	150°	180°	210°	225°	240°	270°	315°	330°	360°
$\frac{3\pi}{4}$	$\frac{5\pi}{6}$	π	$\frac{7\pi}{6}$	$\frac{5\pi}{4}$	$\frac{4\pi}{3}$	$\frac{3\pi}{2}$	$\frac{7\pi}{4}$	$\frac{11\pi}{6}$	2π
2,3562	2,6180	3,1416	3,6652	3,9270	4,1888	4,7124	5,4978	5,7596	6,2832

Gradmaß einiger (im Bogenmaß gegebener) Winkel

0	0,1	0,2	0,3	0,4	0,5	0,6	0,7	0,8	0,9
0°	5,7°	11,5°	17,2°	22,9°	28,6°	34,4°	40,1°	45,8°	51,6°
1	1,5	2	2,5	3	3,5	4	4,5	5	6
57,3°	85,9°	114,6°	143,2°	171,9°	200,5°	229,2°	257,8°	286,5°	343,8°

Sinus, Kosinus, Tangens und Kotangens eines Winkels

Definition am rechtwinkligen Dreieck

$0° < \alpha < 90°$

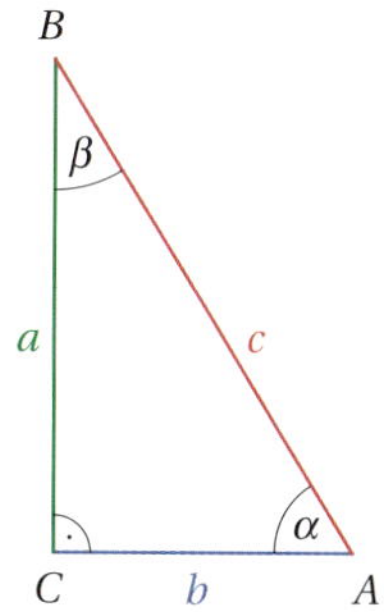

$\sin\alpha = \frac{a}{c} = \frac{\text{Gegenkathete}}{\text{Hypotenuse}}$

$\cos\alpha = \frac{b}{c} = \frac{\text{Ankathete}}{\text{Hypotenuse}}$

$\tan\alpha = \frac{a}{b} = \frac{\text{Gegenkathete}}{\text{Ankathete}}$

$\cot\alpha = \frac{b}{a} = \frac{\text{Ankathete}}{\text{Gegenkathete}}$

Definition am Kreis mit dem Radius *r*

Der freie Schenkel des Winkels der Größe x schneidet den Kreis im Punkt $P(u;\, v)$.

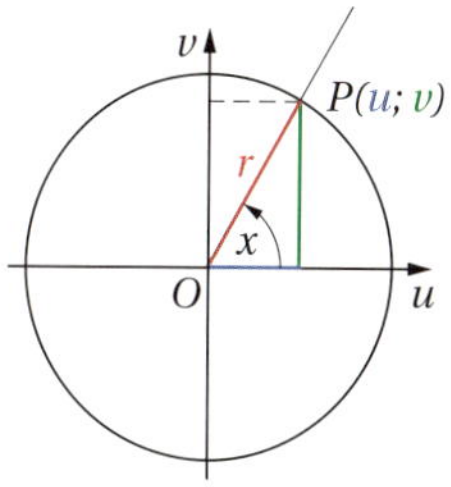

$\sin x = \frac{v}{r}$

$\cos x = \frac{u}{r}$

$\tan x = \frac{v}{u}$ (für alle $x \neq \frac{\pi}{2} + z\pi$ und $z \in \mathbb{Z}$)

$\cot x = \frac{u}{v}$ (für alle $x \neq z\pi$ und $z \in \mathbb{Z}$)

Werte für spezielle Winkel

	0°	30°	45°	60°	90°
sin α	0	$\frac{1}{2}$	$\frac{1}{2}\sqrt{2}$	$\frac{1}{2}\sqrt{3}$	1
cos α	1	$\frac{1}{2}\sqrt{3}$	$\frac{1}{2}\sqrt{2}$	$\frac{1}{2}$	0
tan α	0	$\frac{1}{3}\sqrt{3}$	1	$\sqrt{3}$	–
cot α	–	$\sqrt{3}$	1	$\frac{1}{3}\sqrt{3}$	0

Vorzeichen in den vier Quadranten

	I	II	III	IV
sin x	+	+	–	–
cos x	+	–	–	+
tan x	+	–	+	–
cot x	+	–	+	–

Beziehungen zwischen Sinus, Kosinus, Tangens und Kotangens

Grundbeziehungen

$\sin^2\alpha + \cos^2\alpha = 1$ („trigonometrischer Pythagoras")

$\tan\alpha = \frac{\sin\alpha}{\cos\alpha}$ $\quad\cot\alpha = \frac{\cos\alpha}{\sin\alpha}$ $\quad\tan\alpha\,\cot\alpha = 1$

$1 + \tan^2\alpha = \frac{1}{\cos^2\alpha}$ $\quad 1 + \cot^2\alpha = \frac{1}{\sin^2\alpha}$

Reduktionsformeln (Quadrantenbeziehungen)

	90° ± α	180° ± α	270° ± α	360° ± α	−α
sin α	$+\cos\alpha$	$\mp\sin\alpha$	$-\cos\alpha$	$\pm\sin\alpha$	$-\sin\alpha$
cos α	$\mp\sin\alpha$	$-\cos\alpha$	$\pm\sin\alpha$	$+\cos\alpha$	$+\cos\alpha$
tan α	$\mp\cot\alpha$	$\pm\tan\alpha$	$\mp\cot\alpha$	$\pm\tan\alpha$	$-\tan\alpha$
cot α	$\mp\tan\alpha$	$\pm\cot\alpha$	$\mp\tan\alpha$	$\pm\cot\alpha$	$-\cot\alpha$

Additionstheoreme

Summen und Differenzen

$\sin(\alpha \pm \beta) = \sin\alpha\,\cos\beta \pm \cos\alpha\,\sin\beta$ $\quad\cos(\alpha \pm \beta) = \cos\alpha\,\cos\beta \mp \sin\alpha\,\sin\beta$

$\tan(\alpha \pm \beta) = \frac{\tan\alpha \pm \tan\beta}{1 \mp \tan\alpha\,\tan\beta}$

$\sin\alpha + \sin\beta = 2\sin\frac{\alpha+\beta}{2}\cos\frac{\alpha-\beta}{2}$ $\quad\sin\alpha - \sin\beta = 2\cos\frac{\alpha+\beta}{2}\sin\frac{\alpha-\beta}{2}$

$\cos\alpha + \cos\beta = 2\cos\frac{\alpha+\beta}{2}\cos\frac{\alpha-\beta}{2}$ $\quad\cos\alpha - \cos\beta = -2\sin\frac{\alpha+\beta}{2}\sin\frac{\alpha-\beta}{2}$

$\tan\alpha \pm \tan\beta = \frac{\sin(\alpha \pm \beta)}{\cos\alpha\,\cos\beta}$

Vielfache und Teile	$\sin 2\alpha = 2\sin\alpha\cos\alpha$	$\cos 2\alpha = \cos^2\alpha - \sin^2\alpha = 2\cos^2\alpha - 1 = 1 - 2\sin^2\alpha$
	$\sin 3\alpha = 3\sin\alpha - 4\sin^3\alpha$	$\cos 3\alpha = 4\cos^3\alpha - 3\cos\alpha$
	$\sin\frac{\alpha}{2} = \sqrt{\frac{1-\cos\alpha}{2}}$	$\cos\frac{\alpha}{2} = \sqrt{\frac{1+\cos\alpha}{2}}$
	$\tan 2\alpha = \frac{2\tan\alpha}{1-\tan^2\alpha} = \frac{2}{\cot\alpha - \tan\alpha}$	$\cot 2\alpha = \frac{\cot^2\alpha - 1}{2\cot\alpha} = \frac{\cot\alpha - \tan\alpha}{2}$
	$\tan\frac{\alpha}{2} = \frac{\sin\alpha}{1+\cos\alpha} = \frac{1-\cos\alpha}{\sin\alpha} = \sqrt{\frac{1-\cos\alpha}{1+\cos\alpha}}$	
Produkte	$\sin\alpha\sin\beta = \frac{1}{2}[\cos(\alpha-\beta) - \cos(\alpha+\beta)]$	$\cos\alpha\cos\beta = \frac{1}{2}[\cos(\alpha-\beta) + \cos(\alpha+\beta)]$
	$\tan\alpha\tan\beta = \frac{\tan\alpha + \tan\beta}{\cot\alpha + \cot\beta}$	$\cot\alpha\cot\beta = \frac{\cot\alpha + \cot\beta}{\tan\alpha + \tan\beta}$

Trigonometrische Berechnungen am allgemeinen (beliebigen) Dreieck

Sinussatz	$\frac{a}{\sin\alpha} = \frac{b}{\sin\beta} = \frac{c}{\sin\gamma}$	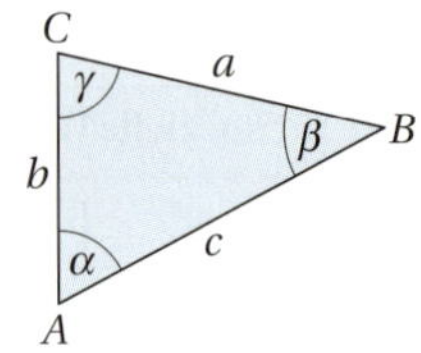
Kosinussatz	$c^2 = a^2 + b^2 - 2ab\cos\gamma$ $a^2 = b^2 + c^2 - 2bc\cos\alpha$ $\quad$ $b^2 = a^2 + c^2 - 2ac\cos\beta$	
Flächeninhalt	$A = \frac{1}{2}ab\sin\gamma = \frac{1}{2}ac\sin\beta = \frac{1}{2}bc\sin\alpha$ $A = 2r^2\sin\alpha\sin\beta\sin\gamma$ $\quad$ (r Radius des Umkreises)	
Höhen	$h_a = b\sin\gamma = c\sin\beta$ $h_b = a\sin\gamma = c\sin\alpha$ $h_c = b\sin\alpha = a\sin\beta$	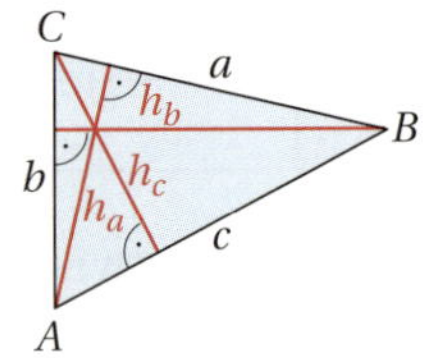
Seitenhalbierende	$s_a = \frac{1}{2}\sqrt{b^2 + c^2 + 2bc\cos\alpha}$ $s_b = \frac{1}{2}\sqrt{a^2 + c^2 + 2ac\cos\beta}$ $s_c = \frac{1}{2}\sqrt{a^2 + b^2 + 2ab\cos\gamma}$	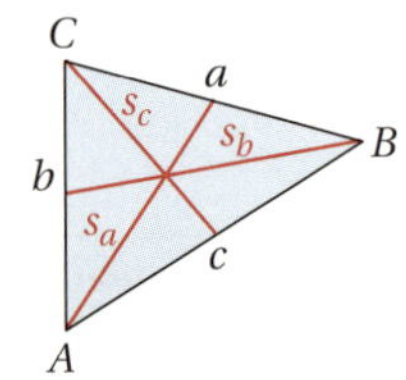
Winkelhalbierende	$w_\alpha = \frac{2bc\cos\frac{\alpha}{2}}{b+c}$ $\quad$ $w_\beta = \frac{2ac\cos\frac{\beta}{2}}{a+c}$ $\quad$ $w_\gamma = \frac{2ab\cos\frac{\gamma}{2}}{a+b}$	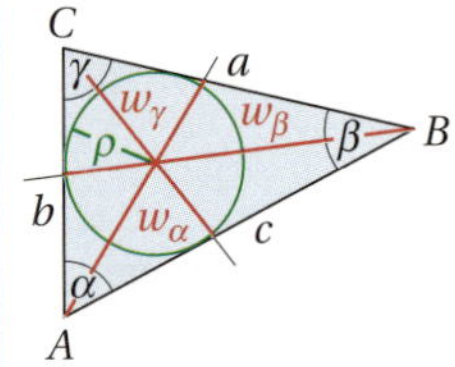
Inkreisradius	$\rho = (s-a)\tan\frac{\alpha}{2} = (s-b)\tan\frac{\beta}{2} = (s-c)\tan\frac{\gamma}{2}$ mit $s = \frac{u}{2} = \frac{a+b+c}{2}$	
Umkreisradius	$r = \frac{a}{2\sin\alpha} = \frac{b}{2\sin\beta} = \frac{c}{2\sin\gamma}$	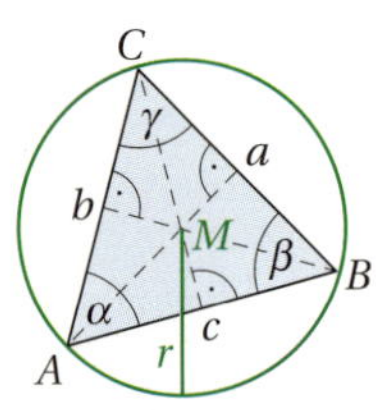
Projektionssatz	$a = b\cos\gamma + c\cos\beta$ $b = a\cos\gamma + c\cos\alpha$ $\quad$ $c = a\cos\beta + b\cos\alpha$	

Funktionen

Begriff und Eigenschaften

Funktion f	Abbildung f, die jedem Element x aus einer Menge D_f (dem **Definitionsbereich** von f) eindeutig ein Element y aus einer Menge W_f (dem **Wertebereich** von f) zuordnet *Schreibweisen:* $y = f(x)$ bzw. $f\colon x \mapsto f(x)$ *Sprechweisen:* Funktion f mit der Gleichung $y = f(x)$ bzw. (kurz) Funktion $y = f(x)$
Umkehrfunktion g von f	Abbildung g, die bei umkehrbar eindeutiger Zuordnung jedem Element $f(x) \in W_f$ wiederum eindeutig das Ausgangselement $x \in D_f$ zuordnet Man erhält die Funktionsgleichung von g, indem man $y = f(x)$ nach x auflöst. $y = f(x)$ und $x = g(y)$ haben denselben Graphen. Da es üblich ist, die Elemente aus D_f mit x und die aus W_f mit y zu bezeichnen, vertauscht man nach dem Auflösen von $y = f(x)$ nach x meist noch x mit y und erhält $y = g(x)$. Die Graphen von f und g liegen spiegelbildlich zur Geraden $y = x$.
Nullstellen von f	$x_i \in D_f$ mit $f(x_i) = 0$
Graph (Bild) von f	Menge aller Punkte $P(x; f(x))$ mit $x \in D_f$
Spiegelung des Graphen von f	Gleichung des an der x-Achse gespiegelten Graphen von f mit $y = f(x)$: $y = g(x) = -f(x)$ Gleichung des an der y-Achse gespiegelten Graphen von f mit $y = f(x)$: $y = h(x) = f(-x)$
gerade Funktion	$f(x) = f(-x)$ für jedes $x \in D_f$ (falls auch $-x \in D_f$) Der Graph liegt symmetrisch zur y-Achse.
ungerade Funktion	$f(-x) = -f(x)$ für jedes $x \in D_f$ Der Graph liegt zentralsymmetrisch zum Koordinatenursprung.
periodische Funktion	Es gibt eine Zahl $h > 0$, sodass $f(x) = f(x + h)$ für jedes x, $x + h \in D_f$ gilt. Die kleinste Zahl $h > 0$, für die $f(x) = f(x + h)$ zutrifft, heißt **Periode** von f.
monotone Funktion	f ist in $]a, b[$ **streng monoton wachsend,** wenn für $x_1, x_2 \in]a, b[$ und $x_1 < x_2$ stets $f(x_1) < f(x_2)$ gilt. f ist in $]a, b[$ **streng monoton fallend,** wenn für $x_1, x_2 \in]a, b[$ und $x_1 < x_2$ stets $f(x_1) > f(x_2)$ gilt.
Funktionenschar	Menge von Funktionen, die sich (beispielsweise) durch eine Gleichung $y = f_a(x)$ beschreiben lässt, welche außer den beiden Variablen x und y noch den **Scharparameter** a enthält.
Graphenschar (Kurvenschar)	Graphen (Bilder) einer Funktionenschar *Spezielle Funktionenscharen und ihre Graphen:* $y = f_a(x) = f(x) + a$ um a in y-Richtung nach oben ($a > 0$) bzw. nach unten ($a < 0$) verschobener Graph von f $y = f_b(x) = b \cdot f(x)$ auf das b-fache in y-Richtung gestreckter ($b > 1$) bzw. gestauchter ($0 < b < 1$) Graph von f $y = f_c(x) = f(x + c)$ um c in x-Richtung nach links ($c > 0$) bzw. nach rechts ($c < 0$) verschobener Graph von f

Rationale Funktionen	$a_i, b_k \in \mathbb{R};\ a_n, b_m \neq 0;\ m, n \in \mathbb{N};\ m \neq 0$
ganzrationale Funktion vom Grad n	$y = f(x) = a_n x^n + a_{n-1} x^{n-1} + \ldots + a_1 x + a_0 = \sum_{i=0}^{n} a_i x^i$
hornersches Schema zur Berechnung von Werten ganzrationaler Funktionen	Berechnung von $f(x_1)$: (siehe Schema unten)
gebrochenrationale Funktion	$f(x) = \frac{u(x)}{v(x)}$; $u(x)$ und $v(x)$ ganzrationale Funktionen, $v(x) \neq 0$
Nullstelle x_0 von $f(x) = \frac{u(x)}{v(x)}$	$u(x_0) = 0$ und $v(x_0) \neq 0 \Rightarrow x_0$ ist Nullstelle von f.
Polstelle x_P von $f(x) = \frac{u(x)}{v(x)}$	$u(x_P) \neq 0$ und $v(x_P) = 0 \Rightarrow x_P$ ist Polstelle von f.

Hornersches Schema – Berechnung von $f(x_1)$:

a_n	a_{n-1}	a_{n-2}	…	a_1	a_0
	+	+		+	+
	$a_n \cdot x_1$	$b_{n-1} \cdot x_1$	…	$b_2 \cdot x_1$	$b_1 \cdot x_1$
a_n	b_{n-1}	b_{n-2}	…	b_1	$b_0 = f(x_1)$

(Jeweils $\cdot x_1$ schräg nach oben zur nächsten Spalte, Addition nach unten.)

Lineare Funktionen

$m, n \in \mathbb{R};\ m \neq 0$

$y = f(x) = mx + n$ $\qquad D_f = \mathbb{R} \qquad W_f = \mathbb{R}$

Anstieg: $m = \tan\alpha = \frac{f(x_2) - f(x_1)}{x_2 - x_1} = \frac{y_2 - y_1}{x_2 - x_1}$

α Schnittwinkel des Graphen von f mit der x-Achse

$m > 0 \Rightarrow$ wachsende (steigende) Gerade

$m < 0 \Rightarrow$ fallende Gerade

Nullstelle: $x_0 = -\frac{n}{m}$

Schnittpunkt des Graphen von f mit der y-Achse: $S(0;\ n)$

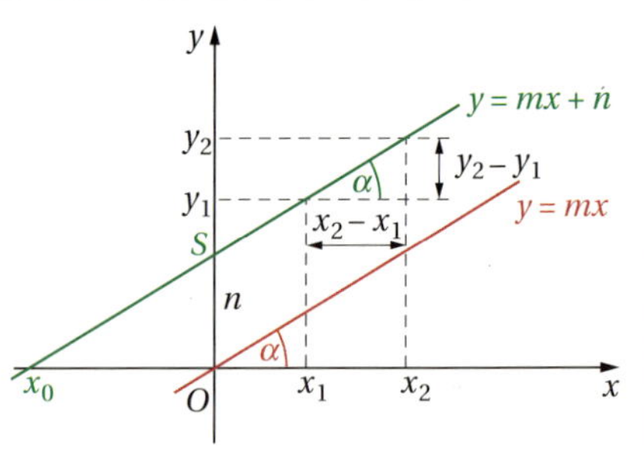

Quadratische Funktionen

Allgemeine Form: $y = f(x) = ax^2 + bx + c$

$D_f = \mathbb{R}$

$W_f = [\frac{4ac - b^2}{4a}; +\infty[$ für $a > 0$; $\quad W_f =]-\infty; \frac{4ac - b^2}{4a}]$ für $a < 0$

Scheitelpunkt des Graphen von f: $S(-\frac{b}{2a}; \frac{4ac - b^2}{4a})$

Normalform: $y = f(x) = x^2 + px + q$

$D_f = \mathbb{R} \quad W_f = [q - \frac{p^2}{4}; +\infty[$

Nullstellen: $x_{1;2} = -\frac{p}{2} \pm \sqrt{\frac{p^2}{4} - q}$

Scheitelpunkt des Graphen von f: $S(-\frac{p}{2}; -\frac{p^2}{4} + q)$

Spezialfälle:

$y = x^2$	$S(0;\ 0)$
$y = (x + d)^2$	$S(-d;\ 0)$
$y = (x + d)^2 + e$	$S(-d;\ e)$

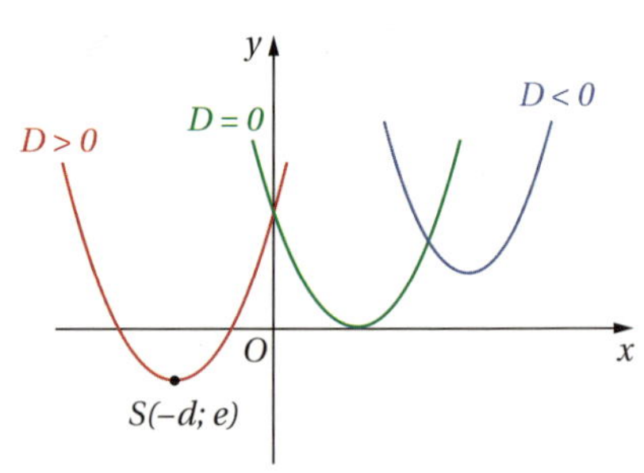

Die Funktion f besitzt

- zwei verschiedene Nullstellen, falls $D > 0$;
- genau eine (Doppel-)Nullstelle, falls $D = 0$;
- keine (reelle) Nullstelle, falls $D < 0$.

(D Diskriminante von $f(x) = 0$, ↗ S. 21)

Potenzfunktionen

Potenzfunktionen mit ganzzahligen Exponenten $y = f(x) = x^n \ (n \in \mathbb{Z})$

a) ***n* positiv und gerade** $(n = 2m;\ m \in \mathbb{N}^*)$

$D_f = \mathbb{R}$ $W_f = [0; +\infty[$
Nullstelle: $x_0 = 0$

Gemeinsame Punkte aller Funktionsgraphen:
(–1; 1), (0; 0), (1; 1)

b) ***n* positiv und ungerade** $(n = 2m + 1;\ m \in \mathbb{N}^*)$

$D_f = \mathbb{R}$ $W_f = \mathbb{R}$
Nullstelle: $x_0 = 0$

Gemeinsame Punkte aller Funktionsgraphen:
(–1; –1), (0; 0), (1; 1)

Die Graphen sind Parabeln *n*-ten Grades.

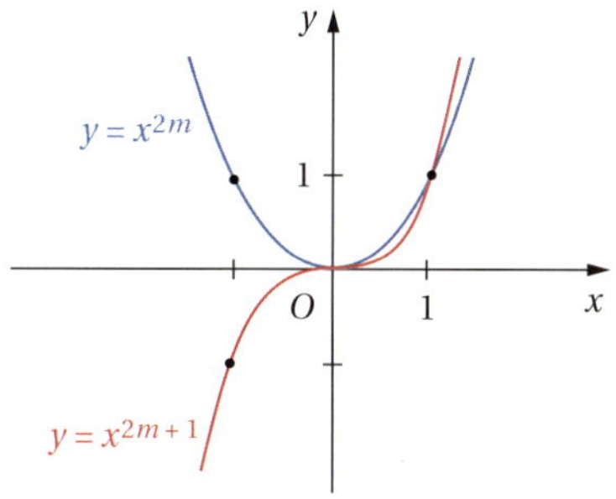

c) ***n* negativ und gerade** $(n = -2m;\ m \in \mathbb{N}^*)$

$D_f = \mathbb{R} \setminus \{0\}$
$W_f =]0; +\infty[$
Nullstellen: keine

Gemeinsame Punkte aller Funktionsgraphen:
(–1; 1), (1; 1)

d) ***n* negativ und ungerade** $(n = -(2m - 1);\ m \in \mathbb{N}^*)$

$D_f = \mathbb{R} \setminus \{0\}$
$W_f = \mathbb{R} \setminus \{0\}$
Nullstellen: keine

Gemeinsame Punkte aller Funktionsgraphen:
(–1; –1), (1; 1)

Die Graphen sind Hyperbeln.

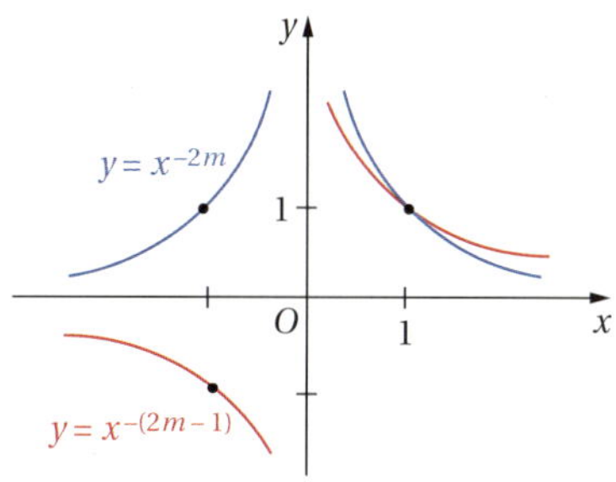

Potenzfunktionen mit gebrochenen Exponenten (Wurzelfunktionen)

Die Funktionen $y = f(x) = x^n$ mit $n = \frac{p}{q}$ $(p, q \in \mathbb{N}^*, q \nmid p)$ sind nichtrationale Funktionen **(Wurzelfunktionen).**

$D_f = [0; +\infty[$
$W_f = [0; +\infty[$
Nullstelle: $x_0 = 0$

Gemeinsame Punkte aller Funktionsgraphen:
(0; 0), (1; 1)

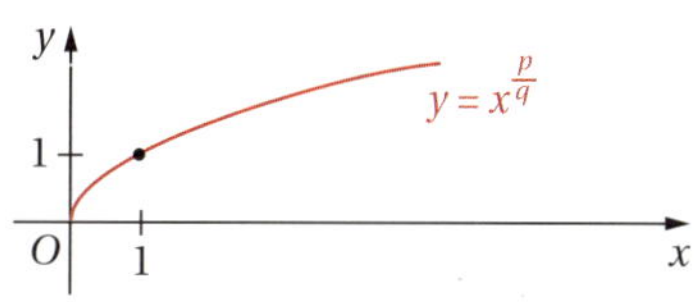

Exponential- und Logarithmusfunktionen

$a \in \mathbb{R};\ a > 0;\ a \neq 1$

Exponentialfunktionen $y = f(x) = a^x$

$D_f = \mathbb{R}$ $W_f =]0; +\infty[$
Nullstellen: keine

Gemeinsame Punkte aller Funktionsgraphen:
(0; 1)

Spezialfall: $y = f(x) = \mathrm{e}^x$ (e eulersche Zahl; ↗ S. 4)

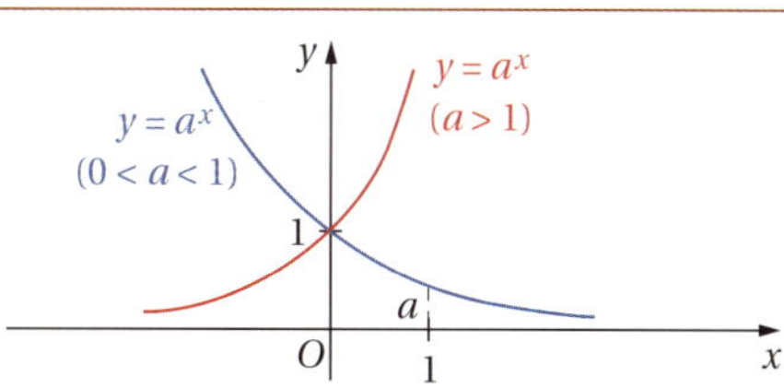

Logarithmusfunktionen $y = f(x) = \log_a x$

$D_f =]0; +\infty[$ $W_f = \mathbb{R}$
Nullstelle: $x_0 = 1$

Gemeinsamer Punkt aller Funktionsgraphen:
(1; 0)

Spezialfälle:
$y = f(x) = \log_{10} x = \lg x$
$y = f(x) = \log_{\mathrm{e}} x = \ln x$
$y = f(x) = \log_2 x = \mathrm{lb}\ x$

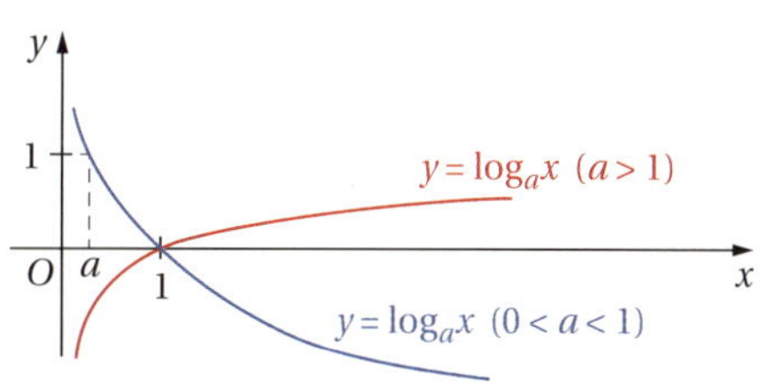

Trigonometrische Funktionen (Winkelfunktionen)

Sinusfunktion $y = f(x) = \sin x$ (↗ S. 37)

$D_f = \mathbb{R}$ $\quad W_f = [-1; +1]$

Nullstellen: $x_k = k\pi, \quad k \in \mathbb{Z}$

$\sin(x + 2k\pi) = \sin x$ *Periode:* 2π

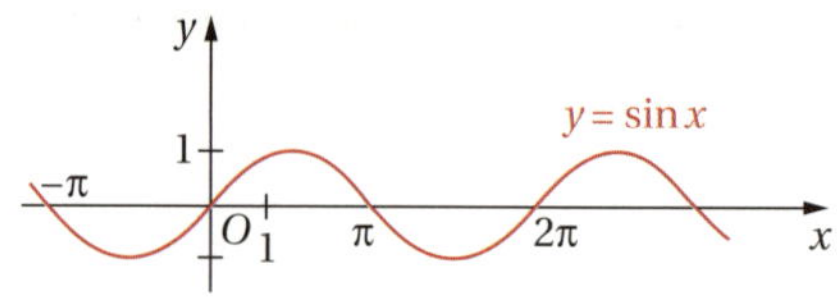

Für die Funktion $y = f(x) = a \sin(bx + c)$ gilt:

$D_f = \mathbb{R}$ $\quad W_f = [-a; +a]$ $\quad$ *Nullstellen:* $x_k = \frac{k\pi - c}{b}$ $\quad$ *Periode:* $\frac{2\pi}{|b|}$

Der Graph von $y = f(x) = a \sin(bx + c)$ ist gegenüber dem Graphen von $y = f(x) = a \sin bx$ um $\frac{c}{b}$ ($\frac{c}{b} > 0$) in Richtung der negativen x-Achse verschoben.

Kosinusfunktion $y = f(x) = \cos x$ (↗ S. 37)

$D_f = \mathbb{R}$ $\quad W_f = [-1; +1]$

Nullstellen: $x_k = (2k + 1)\frac{\pi}{2}, \quad k \in \mathbb{Z}$

$\cos(x + 2k\pi) = \cos x$ *Periode:* 2π

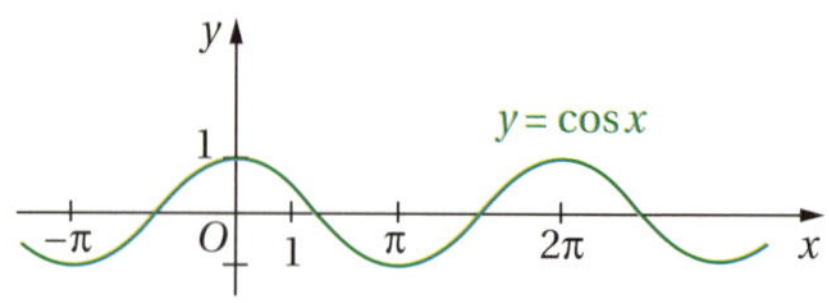

Tangensfunktion $y = f(x) = \tan x$ (↗ S. 37)

$D_f = \mathbb{R}$ und $x \neq (2k + 1)\frac{\pi}{2}, \quad k \in \mathbb{Z}$ $\quad W_f = \mathbb{R}$

Nullstellen: $x_k = k\pi, \quad k \in \mathbb{Z}$

$\tan(x + k\pi) = \tan x$ *Periode:* π

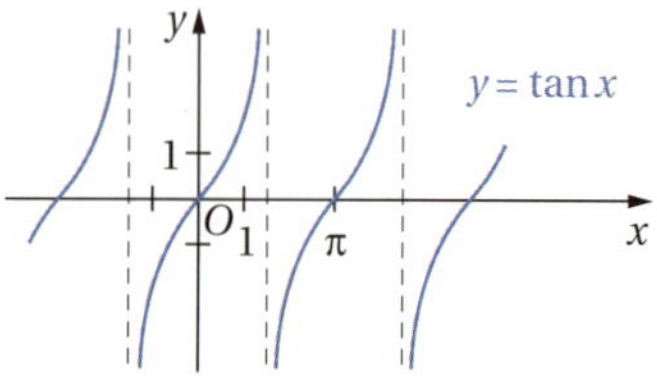

Werte trigonometrischer Funktionen für spezielle Argumente

$f(x)$ \ x	**0**	$\frac{\pi}{6}$	$\frac{\pi}{4}$	$\frac{\pi}{3}$	$\frac{\pi}{2}$	$\frac{2\pi}{3}$	$\frac{3\pi}{4}$	$\frac{5\pi}{6}$	π	$\frac{3\pi}{2}$	2π
sin x	0	$\frac{1}{2}$	$\frac{1}{2}\sqrt{2}$	$\frac{1}{2}\sqrt{3}$	1	$\frac{1}{2}\sqrt{3}$	$\frac{1}{2}\sqrt{2}$	$\frac{1}{2}$	0	−1	0
cos x	1	$\frac{1}{2}\sqrt{3}$	$\frac{1}{2}\sqrt{2}$	$\frac{1}{2}$	0	$-\frac{1}{2}$	$-\frac{1}{2}\sqrt{2}$	$-\frac{1}{2}\sqrt{3}$	−1	0	1
tan x	0	$\frac{1}{3}\sqrt{3}$	1	$\sqrt{3}$	–	$-\sqrt{3}$	−1	$-\frac{1}{3}\sqrt{3}$	0	–	0

Umkehrfunktionen trigonometrischer Funktionen (zyklometrische Funktionen)

Arkussinusfunktion $y = f(x) = \arcsin x$

$D_f = [-1; 1]$ $\quad W_f = [-\frac{\pi}{2}; \frac{\pi}{2}]$

Nullstelle: $x_0 = 0$

Arkuskosinusfunktion $y = f(x) = \arccos x$

$D_f = [-1; 1]$ $\quad W_f = [0; \pi]$

Nullstelle: $x_0 = 1$

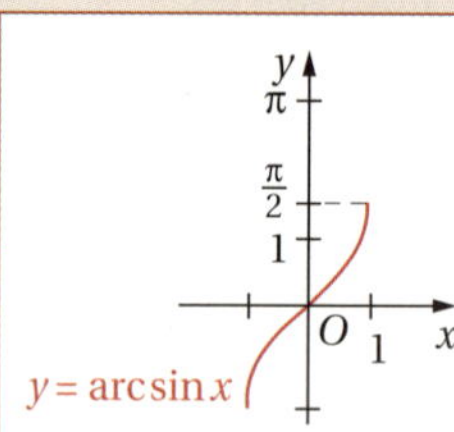

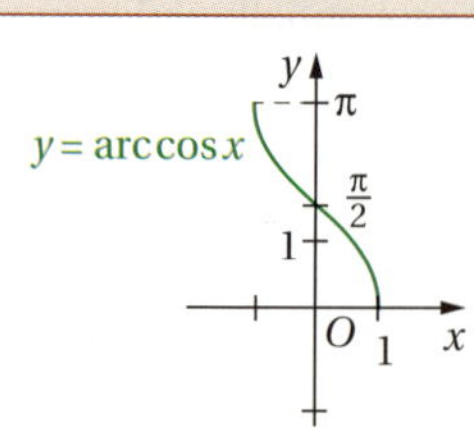

Arkustangensfunktion $y = f(x) = \arctan x$

$D_f = \mathbb{R}$ $\quad W_f =]-\frac{\pi}{2}; \frac{\pi}{2}[$

Nullstelle: $x_0 = 0$

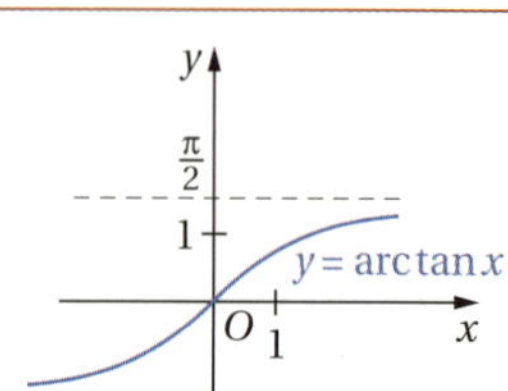

Abschittsweise definierte Funktionen (Beispiele)

Signumfunktion (kroneckersche Funktion)

$$y = f(x) = \operatorname{sgn} x = \begin{cases} -1, \text{ wenn } x < 0 \\ 0, \text{ wenn } x = 0 \\ 1, \text{ wenn } x > 0 \end{cases}$$

$D_f = \mathbb{R}$ $W_f = \{-1; 0; 1\}$

Nullstelle: $x_0 = 0$

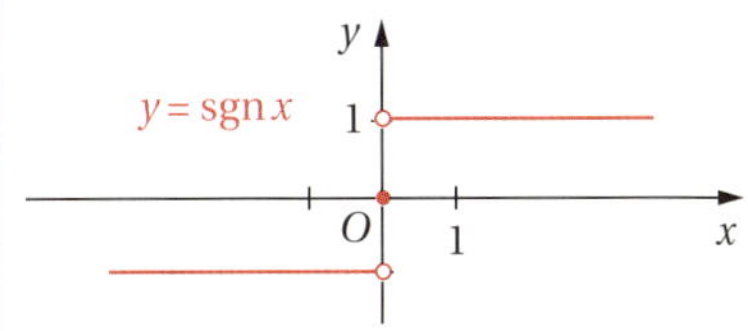

Integerfunktion (Ganzteilfunktion, Ganzzahlfunktion)

$y = f(x) = [x] = \operatorname{int} x$
Die GAUSS-Klammer $[x]$ gibt die größte ganze Zahl an, die x nicht übersteigt, d.h., es gilt:
$x \in [g; g+1[$ mit $x \in \mathbb{R}$, $g \in \mathbb{Z} \Rightarrow f(x) = g$

$D_f = \mathbb{R}$ $W_f = \mathbb{Z}$

Nullstellen: $x \in [0; 1[$

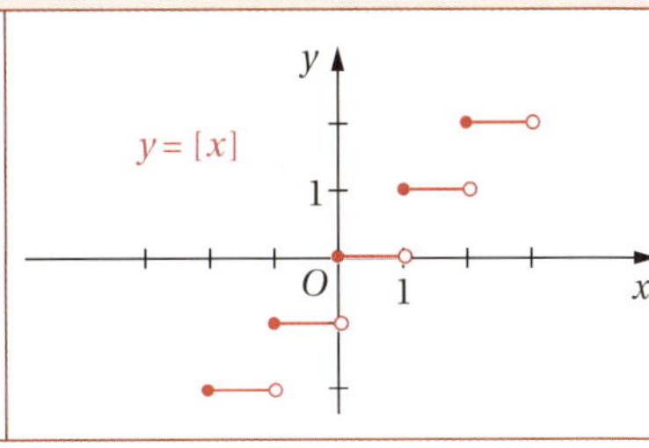

Spezielle ebene Kurven (Parameterkurven)

Zykloiden (Rad- bzw. Rollkurven)

Rollt ohne zu gleiten ein Kreis mit dem Radius a auf einer festen Geraden (hier: x-Achse) ab, so beschreibt jeder Punkt P auf dem Umfang dieses Kreises eine (gewöhnliche) **Zykloide.**

Parameterdarstellung:
$x = a(t - \sin t)$ $t = \varphi$ (Wälzwinkel)
$y = a(1 - \cos t)$

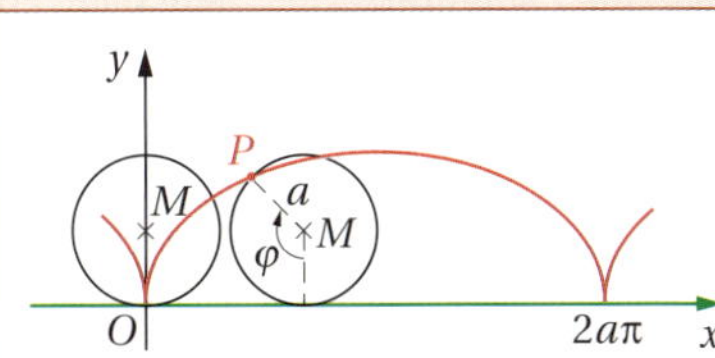

Epizykloiden

Rollt ohne zu gleiten ein Kreis mit dem Radius a auf der Außenseite eines festen Kreises mit dem Radius b ab, so beschreibt jeder Punkt P des Umfangs dieses Kreises eine (gewöhnliche) **Epizykloide.**

Spezialfall: $b = a$
Sind die Radien beider Kreise gleich, so entsteht eine **Kardioide** (Herzkurve).

Parameterdarstellung:
$x = a(2\cos t - \cos 2t)$ $t = \varphi$
$y = a(2\sin t - \sin 2t)$

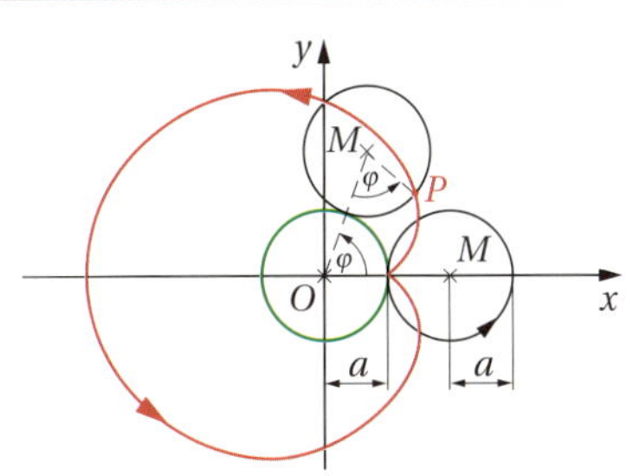

Hypozykloiden

Rollt ohne zu gleiten ein Kreis mit dem Radius a auf der Innenseite eines festen Kreises mit dem Radius b ab, so beschreibt jeder Punkt P des Umfangs dieses Kreises eine **Hypozykloide.**

Spezialfall: $b = 4a$
Es entsteht eine **Asteroide** (Sternkurve).

Parameterdarstellung:
$x = 4a\cos^3 t$ $t = \varphi$
$y = 4a\sin^3 t$

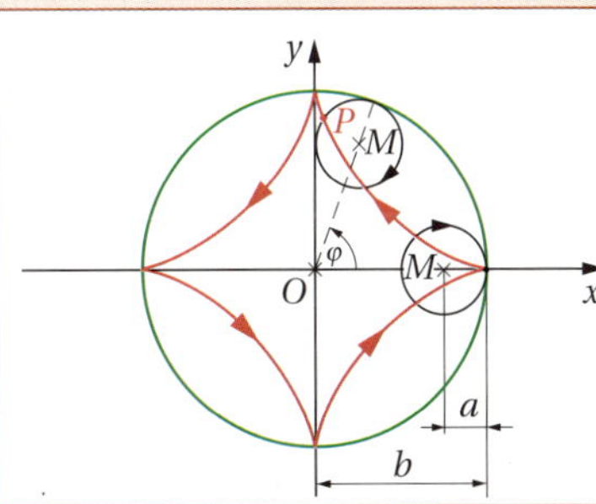

Folgen und Reihen

Grundbegriffe

(reelle) Zahlenfolge	Funktion f mit $D_f = \mathbb{N}^*$ und $W_f \subseteq \mathbb{R}$ *Schreibweise:* $(a_n) = a_1; a_2; \ldots ; a_n; \ldots$ Das Glied a_1 heißt **Anfangsglied**; das Glied a_n wird **allgemeines Glied** genannt und gibt eine **Bildungsvorschrift** der Folge (a_n) an.
Monotonie	Eine Folge (a_n) ist **monoton wachsend** (nicht abnehmend), wenn $a_{n+1} \geq a_n$ für alle $n \in \mathbb{N}^*$ gilt; (a_n) ist **monoton fallend** (nicht zunehmend), wenn $a_{n+1} \leq a_n$ für alle $n \in \mathbb{N}^*$ gilt. Wird die Gleichheit nicht zugelassen, spricht man von **strenger Monotonie**.
Schranken	Eine Zahlenfolge (a_n) ist **beschränkt,** wenn es mindestens ein $S \in \mathbb{R}$ gibt, sodass $\lvert a_n \rvert \leq S$ für alle a_n gilt. Die Zahl S heißt **Schranke.**
Grenzwert; konvergente Zahlenfolge	Eine Zahlenfolge (a_n) konvergiert zum **Grenzwert** g (ist **konvergent**), wenn es zu jeder vorgegebenen positiven Zahl ε ein $n_0 \in \mathbb{N}^*$ gibt, sodass für alle $n \geq n_0$ gilt: $\lvert g - a_n \rvert < \varepsilon$ (Das heißt: Von einem bestimmten Glied a_n an ist der Abstand aller Folgenglieder von g kleiner als ε.) *Schreibweise:* $\lim\limits_{n \to \infty} a_n = g$
divergente Zahlenfolge	Jede nicht konvergente Zahlenfolge ist **divergent.**
***n*-te Partialsumme**	$s_n = a_1 + a_2 + \ldots + a_n = \sum\limits_{i=1}^{n} a_i$
(unendliche) Reihe	$a_1 + a_2 + \ldots + a_n + \ldots = \sum\limits_{i=1}^{\infty} a_i$ Eine Reihe $\sum\limits_{i=1}^{\infty} a_i$ ist **konvergent** (hat den **Grenzwert** s), wenn ihre Partialsummenfolge (s_n) gegen s konvergiert; s heißt dann die **Summe** der Reihe.

Spezielle Folgen und ihre Partialsummen

$a, d, q \in \mathbb{R}; \quad i, n \in \mathbb{N}^*$

Arithmetische Zahlenfolgen	
Begriff	Eine Zahlenfolge (a_n) heißt **arithmetisch,** wenn die Differenz zweier aufeinander folgender Glieder stets dieselbe Zahl d ergibt, d.h., wenn für alle n gilt: $a_{n+1} - a_n = d$ $(a_n) = a_1; a_1 + d; a_1 + 2d; \ldots; a_1 + (n-1)d; \ldots$
Bildungsvorschriften	$a_{n+1} = a_n + d; \quad a_1$ (rekursive Bildungsvorschrift) $a_n = a_1 + (n-1)\,d$ (explizite Bildungsvorschrift)
Monotonie	$d < 0$: streng **monoton fallend** $d > 0$: streng **monoton wachsend** Für $d = 0$ ergibt sich eine **konstante Folge.**
Partialsummen	$s_n = \sum\limits_{i=1}^{n} a_i = a_1 + (a_1 + d) + \ldots + [a_1 + (n-1)d] = na_1 + \frac{(n-1)n}{2}\,d$ $= \frac{n}{2}\,[2a_1 + (n-1)\,d] = \frac{n}{2}\,(a_1 + a_n)$

Geometrische Zahlenfolgen	
Begriff	Eine Zahlenfolge (a_n) heißt **geometrisch**, wenn der Quotient zweier aufeinander folgender Glieder stets dieselbe Zahl q ergibt, d.h., wenn für alle n gilt: $\frac{a_{n+1}}{a_n} = q$ $(a_n) = a_1;\ a_1 q;\ a_1 q^2;\ \ldots;\ a_1 q^{n-1};\ \ldots$ $\quad (a_1 \neq 0;\ q \neq 0)$
Bildungsvorschriften	$a_{n+1} = a_n q;\quad a_1$ (rekursive Bildungsvorschrift) $a_n = a_1 \cdot q^{n-1}$ (explizite Bildungsvorschrift)
Monotonie (für $a_1 > 0$)	$0 < q < 1$: streng **monoton fallend** $\quad q > 1$: streng **monoton wachsend** Für $q = 1$ ergibt sich eine **konstante Folge,** für $q < 0$ eine **alternierende Folge.**
Partialsummen	$s_n = \sum_{i=1}^{n} a_i = a_1 + a_1 q + \ldots + a_1 q^{n-1}$ $= a_1 \frac{q^n - 1}{q - 1} = a_1 \frac{1 - q^n}{1 - q}$ (falls $q \neq 1$)
(unendliche) geometrische Reihe	$s = \sum_{n=1}^{\infty} a_1 q^{n-1} = \frac{a_1}{1-q}$ $\quad (a_1 \neq 0;\ q \neq 1;\ \lvert q \rvert < 1)$

Spezielle Partialsummen $\quad i, n \in \mathbb{N}^*$

- $s_n = \sum_{i=1}^{n} i = 1 + 2 + 3 + \ldots + n = \frac{n(n+1)}{2}$
- $s_n = \sum_{i=1}^{n} 2i = 2 + 4 + 6 + \ldots + 2n = n(n+1)$
- $s_n = \sum_{i=1}^{n} (2i - 1) = 1 + 3 + 5 + \ldots + (2n-1) = n^2$
- $s_n = \sum_{i=1}^{n} i^2 = 1 + 4 + 9 + \ldots + n^2 = \frac{n(n+1)(2n+1)}{6}$
- $s_n = \sum_{i=1}^{n} i^3 = 1 + 8 + 27 + \ldots + n^3 = \left[\frac{n(n+1)}{2}\right]^2$

Grenzwerte für konvergente Folgen

$a_i, b_i \in \mathbb{R};\quad n \in \mathbb{N}^*$

Grenzwertsätze	Falls $\lim_{n \to \infty} a_n = a$ und $\lim_{n \to \infty} b_n = b$, so gilt: • $\lim_{n \to \infty} (a_n \pm b_n) = a \pm b$ • $\lim_{n \to \infty} (a_n b_n) = ab$ • $\lim_{n \to \infty} \frac{a_n}{b_n} = \frac{a}{b}$ $\quad (b_n \neq 0;\ b \neq 0)$
spezielle Grenzwerte	• $\lim_{n \to \infty} \frac{1}{n} = 0$ • $\lim_{n \to \infty} \sqrt[n]{n} = 1$ • $\lim_{n \to \infty} (1 + \frac{1}{n})^n = \mathrm{e}$ (e eulersche Zahl) • $\lim_{n \to \infty} \frac{a^n}{n!} = 0$ • $\lim_{n \to \infty} k^n = \begin{cases} 0 & \text{für } \lvert k \rvert < 1 \\ 1 & \text{für } k = 1 \end{cases}$ (Für $\lvert k \rvert > 1$ divergiert die Folge (k_n).)

Spezielle konvergente Reihen

- $\sum_{i=1}^{\infty} \frac{1}{n(n+1)} = \frac{1}{1 \cdot 2} + \frac{1}{2 \cdot 3} + \frac{1}{3 \cdot 4} + \ldots = 1$
- $\sum_{i=1}^{\infty} \frac{1}{(2n-1)(2n+1)} = \frac{1}{1 \cdot 3} + \frac{1}{3 \cdot 5} + \frac{1}{5 \cdot 7} + \ldots = \frac{1}{2}$
- $\sum_{i=1}^{\infty} \frac{1}{n!} = \frac{1}{1!} + \frac{1}{2!} + \frac{1}{3!} + \ldots = \mathrm{e}$
- $\sum_{i=1}^{\infty} (-1)^{n-1} \cdot \frac{1}{n} = 1 - \frac{1}{2} + \frac{1}{3} - \frac{1}{4} + \ldots = \ln 2$
- $\sum_{i=1}^{\infty} (-1)^{n-1} \cdot \frac{1}{2n-1} = 1 - \frac{1}{3} + \frac{1}{5} - \frac{1}{7} + \ldots = \frac{\pi}{4}$
- $\sum_{i=1}^{\infty} \frac{1}{n^2} = 1 + \frac{1}{4} + \frac{1}{9} + \ldots = \frac{\pi^2}{6}$

Anmerkung: Die harmonische Reihe $\sum_{i=1}^{\infty} \frac{1}{n} = 1 + \frac{1}{2} + \frac{1}{3} + \ldots$ ist divergent.

Ma

Differenzialrechnung

Grenzwerte von Funktionen

Grenzwert für $x \to x_0$	Eine Zahl g heißt **Grenzwert** der Funktion f für x gegen x_0, wenn es zu jeder vorgegebenen positiven Zahl ε eine Zahl $\delta > 0$ gibt, sodass für alle x mit $\vert x - x_0 \vert < \delta$ und $x \neq x_0$ gilt: $\vert f(x) - g \vert < \varepsilon$ (Das heißt: Die Funktionswerte aller x, deren Abstand von x_0 kleiner als δ ist, unterscheiden sich von g um weniger als ε.) *Schreibweise:* $\lim\limits_{x \to x_0} f(x) = g$
Grenzwert für $x \to \infty$	Eine Zahl g heißt **Grenzwert** von f für $x \to +\infty$ (bzw. $x \to -\infty$), wenn es zu jeder vorgegebenen positiven Zahl ε eine Stelle x_1 gibt, sodass für alle $x > x_1$ (bzw. $x < x_1$) gilt: $\vert f(x) - g \vert < \varepsilon$ (Das heißt: Die Werte $f(x)$ der Funktion f unterscheiden sich von g für alle x, die größer (kleiner) als ein bestimmtes x_1 sind, um weniger als ε.) *Schreibweise:* $\lim\limits_{x \to \infty} f(x) = g$
Grenzwertsätze	Mit $\lim\limits_{x \to a} f(x) = u$ und $\lim\limits_{x \to a} g(x) = v$ gilt: • $\lim\limits_{x \to a} [f(x) \pm g(x)] = u \pm v$ • $\lim\limits_{x \to a} [f(x) \cdot g(x)] = u \cdot v$ • $\lim\limits_{x \to a} \frac{f(x)}{g(x)} = \frac{u}{v}$ (falls $v \neq 0$)
Regel von L'Hospital	Ist $\lim\limits_{x \to a} f(x) = 0$ sowie $\lim\limits_{x \to a} g(x) = 0$ und existieren in einer Umgebung von a sowohl die Ableitungen von f und g als auch $\lim\limits_{x \to a} \frac{f'(x)}{g'(x)}$, so gilt: $\lim\limits_{x \to a} \frac{f(x)}{g(x)} = \lim\limits_{x \to a} \frac{f'(x)}{g'(x)}$ *Anmerkung:* Die Regel ist ebenfalls anwendbar, wenn für $x \to a$ sowohl $f(x) \to \infty$ als auch $g(x) \to \infty$, sofern die oben angegebenen weiteren Bedingungen erfüllt sind. Auch andere unbestimmte Ausdrücke (wie „$0 \cdot \infty$“, „$\infty - \infty$“) lassen sich mit der Regel von L'Hospital behandeln, indem man die darin enthaltenen Funktionen vorher so umformt, dass sie an der zu untersuchenden Stelle auf die Ausdrücke „$\frac{0}{0}$“ oder „$\frac{\infty}{\infty}$“ führen.
spezielle Grenzwerte	• $\lim\limits_{x \to 0} \frac{\sin x}{x} = 1$ • $\lim\limits_{x \to 0} \frac{\tan x}{x} = 1$ • $\lim\limits_{x \to 0} \frac{\sin mx}{nx} = \frac{m}{n}$ $(m, n \neq 0)$ • $\lim\limits_{x \to 0} \left(x \cdot \sin \frac{1}{x}\right) = 0$ • $\lim\limits_{x \to 1} \frac{\ln x}{x-1} = 1$ • $\lim\limits_{x \to \infty} \frac{\log_a x}{x^n} = 0$ $(a > 1;\ n > 0)$ • $\lim\limits_{x \to 0} x^x = 1$ • $\lim\limits_{x \to \infty} \frac{x^n}{e^x} = 0$ • $\lim\limits_{x \to \infty} \frac{\ln x}{x^a} = 0$ $(a > 0)$

Stetigkeit

Begriff	Eine Funktion f heißt **an der Stelle $x_0 \in D_f$ stetig,** wenn der Grenzwert von f an der Stelle x_0 existiert und mit dem Funktionswert $f(x_0)$ übereinstimmt. Eine Funktion f heißt **stetig,** wenn sie an jeder Stelle ihres Definitionsbereiches stetig ist. (Das heißt vereinfacht: Der Graph einer stetigen Funktion lässt sich in einem Zug zeichnen, er weist keine Lücken oder Sprünge auf.)
Zwischenwertsatz	Ist f eine in $[a; b]$ stetige Funktion mit $f(a) \neq f(b)$, dann nimmt f in diesem Intervall jeden Wert zwischen $f(a)$ und $f(b)$ mindestens einmal an.

Grundbegriffe der Differenzialrechnung

f Funktion; $x_0, x_0 + h \in D_f$

Differenzenquotient von f mit $y = f(x)$	$d(h) = \frac{f(x_0 + h) - f(x_0)}{h}$ bzw. $\frac{\Delta y}{\Delta x} = \frac{f(x_0 + \Delta x) - f(x_0)}{\Delta x}$ Der Differenzenquotient gibt den **Anstieg der Sekante** durch die Punkte $P_0(x_0; f(x_0))$ und $P(x_0 + h; f(x_0 + h))$ des Graphen von f an.	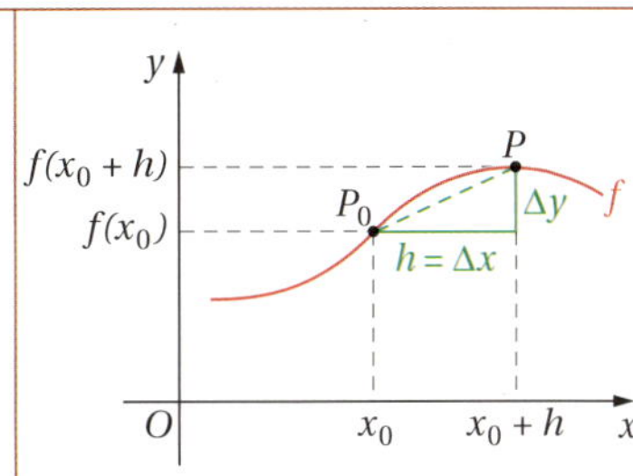
Differenzialquotient (1. Ableitung) von f an der Stelle x_0	$\lim\limits_{h \to 0} \frac{f(x_0 + h) - f(x_0)}{h} = f'(x_0)$ $f'(x_0)$ gibt den **Anstieg der Tangente** an den Graphen der Funktion f im Punkt $P_0(x_0; f(x_0))$ an: $f'(x_0) = \tan \alpha$ Existiert $f'(x_0)$, so heißt f **differenzierbar** an der Stelle x_0.	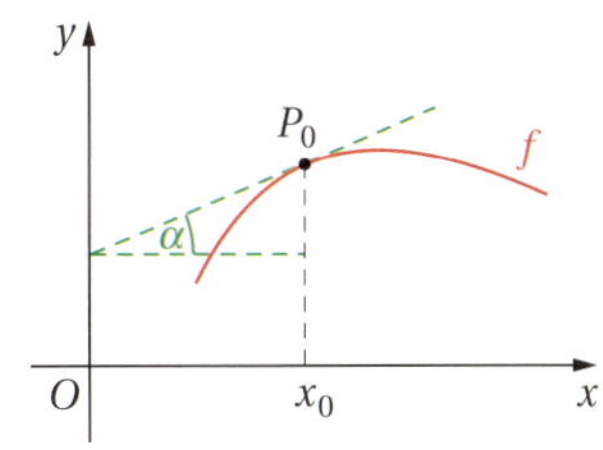
1. Ableitung von f (Ableitungsfunktion)	$y' = f'(x) = \lim\limits_{h \to 0} \frac{f(x + h) - f(x)}{h}$ bzw. $\frac{\mathrm{d}y}{\mathrm{d}x} = \lim\limits_{\Delta x \to 0} \frac{\Delta y}{\Delta x}$	
höhere Ableitungen	$y'' = [f'(x)]' = f''(x) = \frac{\mathrm{d}^2 y}{\mathrm{d}x^2}$ (2. Ableitung); … $y^{(n)} = [f^{(n-1)}(x)]' = f^{(n)}(x) = \frac{\mathrm{d}^n y}{\mathrm{d}x^n}$ (n-te Ableitung)	

Differenziationsregeln — $u = u(x)$, $v = v(x)$ differenzierbar; $c \in \mathbb{R}$

Faktorregel	$y = c \cdot u \Rightarrow y' = c \cdot u'$	**Produktregel**	$y = u \cdot v \Rightarrow y' = u' \cdot v + u \cdot v'$
Summenregel	$y = u \pm v \Rightarrow y' = u' \pm v'$	**Quotientenregel**	$y = \frac{u}{v}$ $(v \neq 0)$ $\Rightarrow y' = \frac{u'v - uv'}{v^2}$
Kettenregel	$y = f[g(x)]$ bzw. $y = f(u)$ mit $u = g(x) \Rightarrow y' = f'(u) \cdot g'(x)$ bzw. $y' = \frac{\mathrm{d}y}{\mathrm{d}x} = \frac{\mathrm{d}y}{\mathrm{d}u} \cdot \frac{\mathrm{d}u}{\mathrm{d}x}$		
Ableitung der Umkehrfunktion	$x = g(y)$ Umkehrfunktion von $y = f(x) \Rightarrow g'(y) = \frac{1}{f'(x)}$		

Ableitungen (Ableitungsfunktionen) spezieller Funktionen

$f(x)$	$f'(x)$	$f''(x)$	$f(x)$	$f'(x)$	$f''(x)$
$a = \text{const.}$	0	0	$\sin x$	$\cos x$	$-\sin x$
x^n	nx^{n-1}	$n(n-1)x^{n-2}$	$\cos x$	$-\sin x$	$-\cos x$
a^x	$a^x \ln a$	$a^x (\ln a)^2$	$\tan x$	$\frac{1}{\cos^2 x} = 1 + \tan^2 x$	$2 \tan x (1 + \tan^2 x)$
e^x	e^x	e^x	$\arcsin x$	$\frac{1}{\sqrt{1 - x^2}}$	$\frac{x}{(1 - x^2)\sqrt{1 - x^2}}$
$\log_a x$	$\frac{1}{x \cdot \ln a}$	$\frac{-1}{x^2 \cdot \ln a}$	$\arccos x$	$-\frac{1}{\sqrt{1 - x^2}}$	$\frac{-x}{(1 - x^2)\sqrt{1 - x^2}}$
$\ln x$	$\frac{1}{x}$	$-\frac{1}{x^2}$	$\arctan x$	$\frac{1}{1 + x^2}$	$\frac{-2x}{(1 + x^2)^2}$

Anwendungen der Differenzialrechnung

Kurvenuntersuchungen

f mindestens zweimal differenzierbar

Monotonieverhalten	$f'(x) > 0$ für alle $x \in [a;\, b] \Rightarrow f$ ist in $[a;\, b]$ streng monoton wachsend. $f'(x) < 0$ für alle $x \in [a;\, b] \Rightarrow f$ ist in $[a;\, b]$ streng monoton fallend.	
Konvex- bzw. Konkavbögen	$f''(x) > 0$ für alle $x \in [a;\, b]$, also f' in $[a;\, b]$ monoton wachsend $\Rightarrow$ Graph von f ist linksgekrümmt bzw. (von unten gesehen) konvex. (1) $f''(x) < 0$ für alle $x \in [a;\, b]$, also f' in $[a;\, b]$ monoton fallend $\Rightarrow$ Graph von f ist rechtsgekrümmt bzw. (von unten gesehen) konkav. (2)	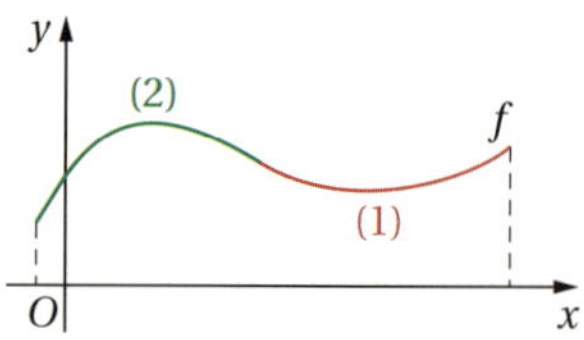
Mittelwertsatz der Differenzialrechnung	Ist f in $[a;\, b]$ stetig und in $]a;\, b[$ diferenzierbar, dann existiert mindestens eine Stelle c zwischen a und b, sodass gilt: $\frac{f(b) - f(a)}{b - a} = f'(c)$ *Spezialfall* (**Satz von Rolle**): Ist $f(b) = f(a)$, so existiert ein $c \in\,]a;\, b[$ mit $f'(c) = 0$.	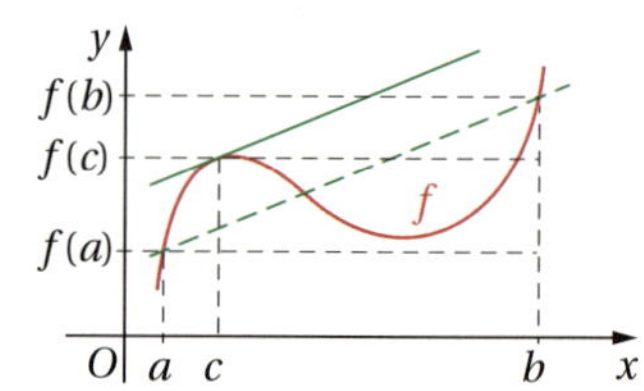

Verhalten der Funktion an speziellen Stellen (bzw. ihres Graphen in speziellen Punkten)

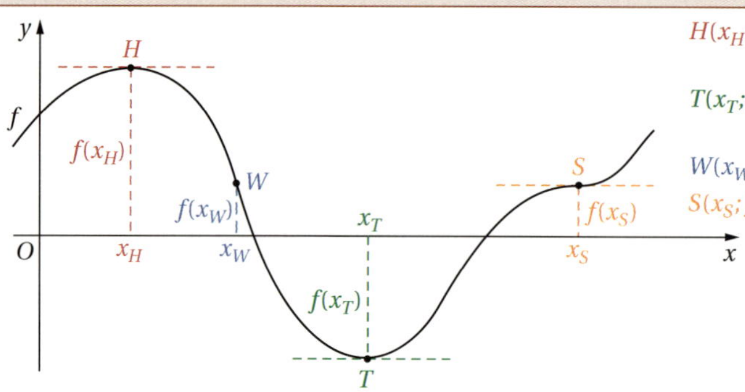

$H(x_H;\, f(x_H))$ Hochpunkt (lokaler Maximumpunkt)

$T(x_T;\, f(x_T))$ Tiefpunkt (lokaler Minimumpunkt)

$W(x_W;\, f(x_W))$ Wendepunkt

$S(x_S;\, f(x_S))$ Sattelpunkt (Horizontalwendepunkt)

	notwendige Bedingung	hinreichende Bedingung
$f(x_H)$ ist ein lokales Maximum; x_H ist eine lokale Maximumstelle von f	$f'(x_H) = 0$	$f'(x_H) = 0$ und $f''(x_H) < 0$ bzw. $f'(x_H) = 0$ und $f'(x)$ wechselt beim Durchgang durch x_H mit wachsendem x das Vorzeichen von plus zu minus.
$f(x_T)$ ist ein lokales Minimum; x_T ist eine lokale Minimumstelle von f	$f'(x_T) = 0$	$f'(x_T) = 0$ und $f''(x_T) > 0$ bzw. $f'(x_T) = 0$ und $f'(x)$ wechselt beim Durchgang durch x_T mit wachsendem x das Vorzeichen von minus zu plus.
x_W ist eine Wendestelle von f	$f''(x_W) = 0$	$f''(x_W) = 0$ und $f'''(x_W) \neq 0$
S ist ein Sattelpunkt von f	$f'(x_S) = 0$ $f''(x_S) = 0$	$f'(x_S) = 0$ und $f''(x_S) = 0$ und $f'''(x_S) \neq 0$

Näherungsweises Bestimmen von Nullstellen stetiger Funktionen

Sekanten-näherungsverfahren (regula falsi)	Aus zwei Näherungswerten x_1 und x_2 für die gesuchte Nullstelle x_0 von f mit $f(x_1) < 0$ und $f(x_2) > 0$ (oder umgekehrt) bestimmt man einen genaueren Näherungswert x_3 mit $x_3 = x_1 - \frac{x_2 - x_1}{f(x_2) - f(x_1)} \cdot f(x_1)$. Das Verfahren wird mit x_1 und x_3 (bzw. x_2 und x_3) fortgesetzt.	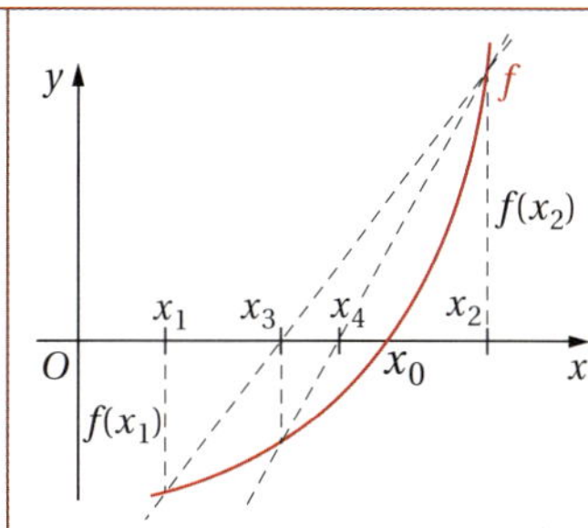
Tangenten-näherungsverfahren (newtonsches Näherungsverfahren)	Aus einem (hinreichend guten) Näherungswert x_1 für die gesuchte Nullstelle x_0 bestimmt man einen (i. Allg. genaueren) Näherungswert x_2 mit $x_2 = x_1 - \frac{f(x_1)}{f'(x_1)}$. Das Verfahren wird unter Verwendung von x_2 fortgesetzt. *Bedingung:* $f'(x_i) \neq 0$ und $f'(x_0) \neq 0$ sowie $\frac{f(x) \cdot f''(x)}{[f'(x)]^2} < 1$ für alle x des x_0 enthaltenden Intervalls	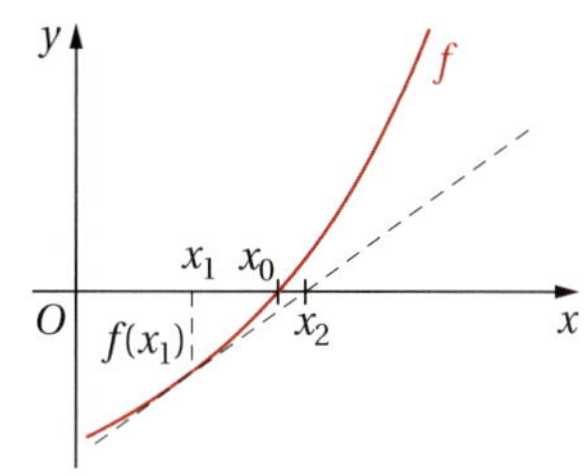

Näherungsfunktionen

Satz von Taylor	Eine beliebige Funktion f sei in einer Umgebung von $x = x_0$ mindestens $(n + 1)$-mal stetig differenzierbar. Dann gilt: $f(x) = f(x_0) + \frac{f'(x_0)}{1!}(x - x_0) + \frac{f''(x_0)}{2!}(x - x_0)^2 + \ldots + \frac{f^{(n)}(x_0)}{n!}(x - x_0)^n + R_{n+1}(x)$ mit $R_{n+1}(x) = \frac{f^{(n+1)}(x_0 + \delta(x - x_0))}{(n+1)!}(x - x_0)^{n+1} \quad (0 < \delta < 1)$
Formel von MacLaurin	Taylor-Entwicklung für $x_0 = 0$: $f(x) = f(0) + f'(0) \cdot x + \frac{f''(0)}{2!}x^2 + \ldots + \frac{f^{(n)}(0)}{n!}x^n + R_{n+1}(x)$ mit $R_{n+1}(x) = \frac{f^{(n+1)}(\delta \cdot x)}{(n+1)!}x^{n+1} \quad (0 < \delta < 1)$
Taylor-Entwicklung spezieller Funktionen	• $\sin x = x - \frac{x^3}{3!} + \frac{x^5}{5!} - \frac{x^7}{7!} + \ldots + (-1)^{n-1} \cdot \frac{x^{2n-1}}{(2n-1)!} + \ldots$ • $\cos x = 1 - \frac{x^2}{2!} + \frac{x^4}{4!} - \frac{x^6}{6!} + \ldots + (-1)^n \cdot \frac{x^{2n}}{(2n)!} + \ldots$ • $e^x = 1 + x + \frac{x^2}{2!} + \frac{x^3}{3!} + \ldots + \frac{x^n}{n!} + \ldots$ *Spezialfall:* $e = 1 + 1 + \frac{1}{2!} + \frac{1}{3!} + \ldots + \frac{1}{n!} + \ldots = 2{,}7182818\ldots$ • $\ln(1 + x) = x - \frac{x^2}{2} + \frac{x^3}{3} - \frac{x^4}{4} + \ldots + (-1)^{n-1} \cdot \frac{x^n}{n} + \ldots \quad (-1 < x \leq 1)$ *Spezialfall:* $\ln 2 = 1 - \frac{1}{2} + \frac{1}{3} - \frac{1}{4} + \ldots + (-1)^{n-1} \cdot \frac{1}{n} + \ldots = 0{,}6931471\ldots$ • $(1 + x)^p = 1 + px + \frac{p(p-1)}{2!}x^2 + \ldots + \frac{p(p-1) \cdot \ldots \cdot (p-n+2)}{(n-1)!}x^n + \ldots \quad (p \in \mathbb{R};\ -1 \leq x < 1)$ *Spezialfall:* $\frac{1}{1+x} = 1 - x + x^2 - x^3 + \ldots + (-1)^{n-1} \cdot x^{n-1} + \ldots$

Integralrechnung

Grundbegriffe

Stammfunktion	F ist eine **Stammfunktion** der Funktion f mit $y = f(x)$, wenn für alle x aus dem gemeinsamen Definitionsbereich von f und F gilt: $F'(x) = f(x)$ Mit $y = F(x)$ ist auch jede Funktion $y = F(x) + C$ eine Stammfunktion von f.
unbestimmtes Integral	Die Menge aller Stammfunktionen von f wird **unbestimmtes Integral** von f genannt. *Schreibweise:* $\int f(x)\,dx = F(x) + C$ (C **Integrationskonstante**)
Integrationsregeln	
Faktorregel	$\int a \cdot u(x)\,dx = a\int u(x)\,dx$ ($a = \text{const.}$)
Summenregel (Linearität)	$\int [u(x) \pm v(x)]\,dx = \int u(x)\,dx \pm \int v(x)\,dx$
Substitutionsregel	$\int f[g(x)] \cdot g'(x)\,dx = \int f(u)\,du$ (mit $u = g(x)$ und $du = g'(x)dx$) *Spezialfälle:* • $\int f(mx+b)\,dx = \frac{1}{m} \cdot F(mx+b) + C$ (**lineare Substitution;** $m, b = \text{const.}$) • $\int \frac{f'(x)}{f(x)}\,dx = \ln\vert f(x)\vert + C$ (mit $f(x) \neq 0$ für alle x)
Regel für partielle Integration	$\int u'(x) \cdot v(x)\,dx = u(x) \cdot v(x) - \int u(x) \cdot v'(x)\,dx$ *kurz:* $\int u'v\,dx = uv - \int uv'\,dx$
Integration durch Partialbruch-zerlegung	Ist der Integrand eine echt gebrochene rationale Funktion und hat die Nennerfunktion nur einfache reelle Nullstellen $x_1, x_2, x_3, \ldots$, so ist folgende Entwicklung in Partialbrüche möglich: $\frac{u(x)}{v(x)} = \frac{A}{x-x_1} + \frac{B}{x-x_2} + \frac{C}{x-x_3} + \ldots$ mit $A = \frac{u(x_1)}{v'(x_1)}$; $B = \frac{u(x_2)}{v'(x_2)}$; $C = \frac{u(x_3)}{v'(x_3)}$; … Dann gilt: $\int \frac{u(x)}{v(x)}\,dx = A\int \frac{dx}{x-x_1} + B\int \frac{dx}{x-x_2} + C\int \frac{dx}{x-x_3} + \ldots$

Grundintegrale und weitere spezielle unbestimmte Integrale

$\int 0\,dx = C$	$\int a\,dx = ax + C$ ($a \in \mathbb{R}$)
$\int x^n\,dx = \frac{1}{n+1}x^{n+1} + C$ ($n \in \mathbb{R}$; $n \neq -1$)	$\int \frac{dx}{x} = \ln\vert x\vert + C$ ($x \neq 0$)
$\int e^x\,dx = e^x + C$	$\int a^x dx = \frac{a^x}{\ln a} + C$ ($a > 0$; $a \neq 1$)
$\int \sin x\,dx = -\cos x + C$	$\int \cos x\,dx = \sin x + C$
$\int \frac{dx}{\cos^2 x} = \tan x + C$ ($x \neq (2k+1)\frac{\pi}{2}$; $k \in \mathbb{Z}$)	$\int \frac{dx}{\sin^2 x} = -\cot x + C$ ($x \neq k\pi$; $k \in \mathbb{Z}$)
$\int \frac{dx}{\sqrt{1-x^2}} = \arcsin x + C$ ($\vert x\vert < 1$)	$\int \frac{dx}{1+x^2} = \arctan x + C$

$\int \frac{dx}{x^2+a^2} = \frac{1}{a}\arctan\frac{x}{a} + C \quad (a \neq 0)$	$\int \frac{dx}{x^2-a^2} = \frac{1}{2a}\ln\left\vert\frac{x-a}{x+a}\right\vert + C \quad (\vert x\vert \neq a)$
$\int \frac{dx}{\sqrt{x^2+a^2}} = \ln\vert x+\sqrt{x^2+a^2}\vert + C$	$\int \sqrt{x^2+a^2}\,dx = \frac{x}{2}\sqrt{x^2+a^2} + \frac{a^2}{2}\ln(x+\sqrt{x^2+a^2}) + C$
$\int \frac{dx}{\sqrt{a^2-x^2}} = \arcsin\frac{x}{a} + C \quad (\vert x\vert < \vert a\vert;\ a\neq 0)$	$\int \sqrt{a^2-x^2}\,dx = \frac{x}{2}\sqrt{a^2-x^2} + \frac{a^2}{2}\arcsin\frac{x}{a} + C$ $(\vert x\vert < \vert a\vert;\ a\neq 0)$
$\int \sin^2 x\,dx = \frac{1}{2}(x-\sin x\cos x) + C$	$\int \cos^2 x\,dx = \frac{1}{2}(x+\sin x\cos x) + C$
$\int \frac{dx}{\sin x} = \ln\left\vert\tan\frac{x}{2}\right\vert + C \quad (x\neq k\pi;\ k\in\mathbb{Z})$	$\int \frac{dx}{\cos x} = \ln\left\vert\tan\left(\frac{x}{2}+\frac{\pi}{4}\right)\right\vert + C \quad (x\neq(2k+1)\frac{\pi}{2};\ k\in\mathbb{Z})$
$\int \tan x\,dx = -\ln\vert\cos x\vert + C \quad (x\neq(2k+1)\frac{\pi}{2};\ k\in\mathbb{Z})$	$\int \tan^2 x\,dx = \tan x - x + C \quad (x\neq(2k+1)\frac{\pi}{2};\ k\in\mathbb{Z})$
$\int \arcsin x\,dx = x\arcsin x + \sqrt{1-x^2} + C$	$\int \arccos x\,dx = x\arccos x - \sqrt{1-x^2} + C$
$\int \ln x\,dx = x\ln x - x + C \quad (x\neq 0)$	$\int x\ln x\,dx = \frac{x^2}{2}\left(\ln x - \frac{1}{2}\right) + C \quad (x\neq 0)$

Bestimmtes Integral

bestimmtes Integral	$\int_a^b f(x)\,dx$ heißt **bestimmtes Integral.**
Hauptsatz der Differenzial- und Integralrechnung	Falls F eine Stammfunktion der im Intervall $[a;\ b]$ stetigen Funktion f ist, gilt: $\int_a^b f(x)\,dx = F(b) - F(a)$
Eigenschaften des bestimmten Integrals	• $\int_a^a f(x)\,dx = 0$ (Übereinstimmung der Integrationsgrenzen) • $\int_a^b f(x)\,dx = -\int_b^a f(x)\,dx$ (Vertauschung der Integrationsgrenzen) • $\int_a^c f(x)\,dx + \int_c^b f(x)\,dx = \int_a^b f(x)\,dx$ (für $c\in[a;\ b]$) (Intervalladditivität) • $\int_a^b k\cdot f(x)\,dx = k\cdot\int_a^b f(x)\,dx$ ($k = \text{const.}$) (Faktorregel) • $\int_a^b f(x)\,dx + \int_a^b g(x)\,dx = \int_b^a [f(x)+g(x)]\,dx$ (Summenregel) • $f(x) < g(x)$ für alle $x\in[a;\ b] \Rightarrow \int_a^b f(x)\,dx < \int_a^b g(x)\,dx$ (Monotonie)
Mittelwertsatz der Integralrechnung	Ist f in $[a;\ b]$ stetig, dann existiert mindestens eine Stelle c zwischen a und b, sodass gilt: $\frac{\int_a^b f(x)\,dx}{b-a} = f(c)$ bzw. $\int_a^b f(x)\,dx = f(c)\cdot(b-a)$ 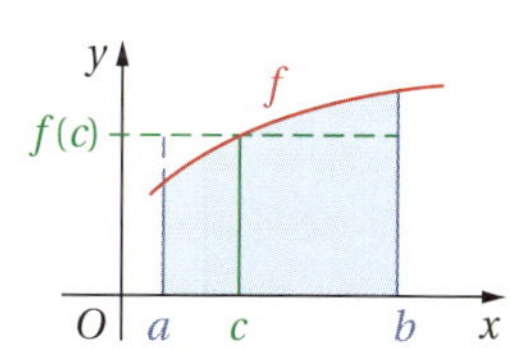

Ma

Anwendungen der Integralrechnung

Flächenberechnung

f in $[a;\, b]$ stetig

Flächeninhalt zwischen Graph und x-Achse

$f(x) \geq 0$ für alle $x \in [a;\, b]$

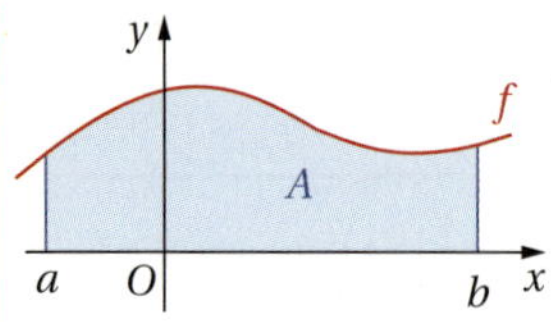

$$A = \int_a^b f(x)\,\mathrm{d}x$$

$f(x) \leq 0$ für alle $x \in [a;\, b]$

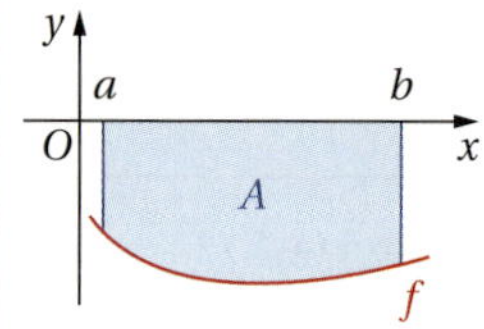

$$A = \left|\int_a^b f(x)\,\mathrm{d}x\right| = -\int_a^b f(x)\,\mathrm{d}x$$

f besitzt in $[a;\, b]$ Nullstellen $x_1, x_2, \ldots, x_{n-1}$

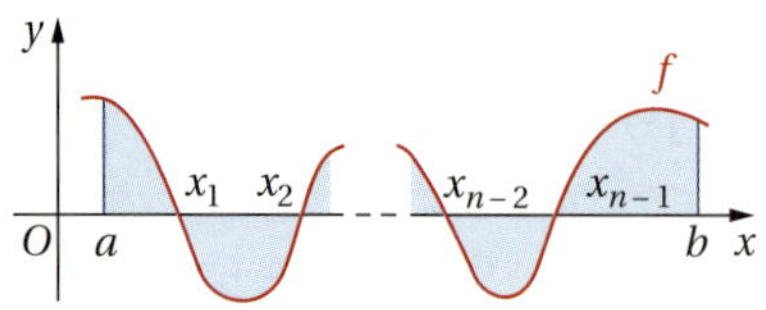

$$A = \left|\int_a^{x_1} f(x)\,\mathrm{d}x\right| + \left|\int_{x_1}^{x_2} f(x)\,\mathrm{d}x\right| + \ldots + \left|\int_{x_{n-1}}^{b} f(x)\,\mathrm{d}x\right|$$

Flächeninhalt zwischen zwei Graphen

$f(x) \geq g(x)$ für alle $x \in [a;\, b]$

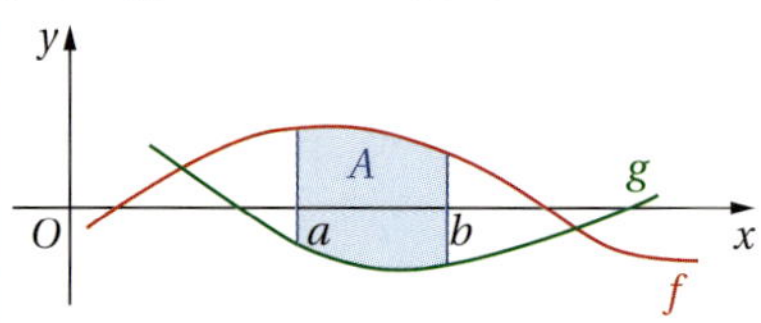

$$A = \int_a^b [f(x) - g(x)]\,\mathrm{d}x$$

(unabhängig davon, ob f oder g in $[a;\, b]$ Nullstellen besitzt)

Graphen von f und g schneiden einander in $[a;\, b]$

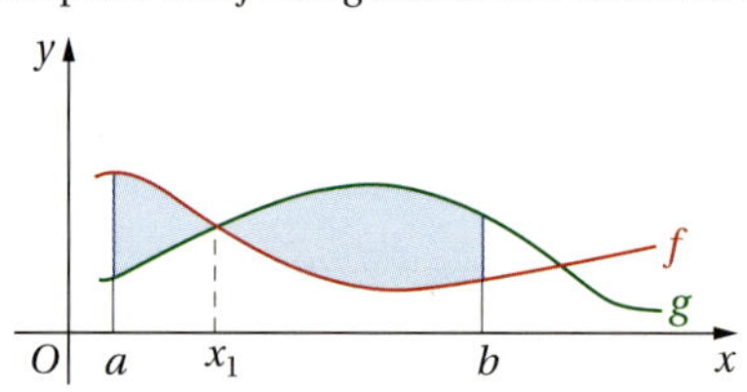

$$A = \int_a^{x_1} [f(x) - g(x)]\,\mathrm{d}x + \int_{x_1}^{b} [g(x) - f(x)]\,\mathrm{d}x$$

Allgemein:

$$A = \left|\int_a^{x_1} [f(x) - g(x)]\,\mathrm{d}x\right| + \left|\int_{x_1}^{b} [f(x) - g(x)]\,\mathrm{d}x\right|$$

Näherungsweises Berechnen bestimmter Integrale

Für die näherungsweise Berechnung des bestimmten Integrals $\int_a^b f(x)\,\mathrm{d}x$ (und der entsprechenden Flächeninhalte) wird das Intervall $[a;\, b]$ in n Teile der Länge $d = \frac{b-a}{n}$ zerlegt.

Die Teilpunkte sind dann $x_0 = a,\ x_1 = a + d,\ x_2 = a + 2d,\ \ldots,\ x_{n-1} = a + (n-1)d$ und $x_n = a + nd = b$.

Rechteckformel

Die Fläche A wird durch Rechtecke mit der Fläche $A_i = d \cdot f(x_i) = d \cdot y_i \quad (i = 0, 1, \ldots, (n-1))$ angenähert.

$$A = \int_a^b f(x)\,\mathrm{d}x \approx d \cdot (y_0 + y_1 + \ldots + y_{n-1})$$

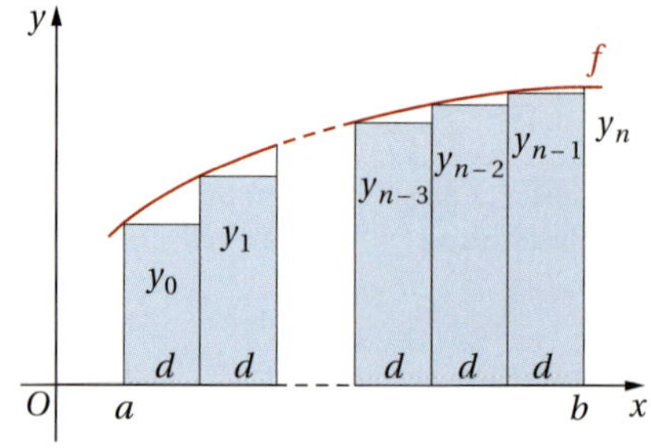

Trapezformel (Sekantenformel)	Die Fläche A wird durch Trapeze mit der Fläche $A_i = \frac{y_i + y_{i+1}}{2} d \quad (i = 0, 1, \ldots, (n-1))$ angenähert. $A = \int_a^b f(x)\,\mathrm{d}x \approx \frac{d}{2}\,(y_0 + 2y_1 + 2y_2 + \ldots + 2y_{n-1} + y_n)$ 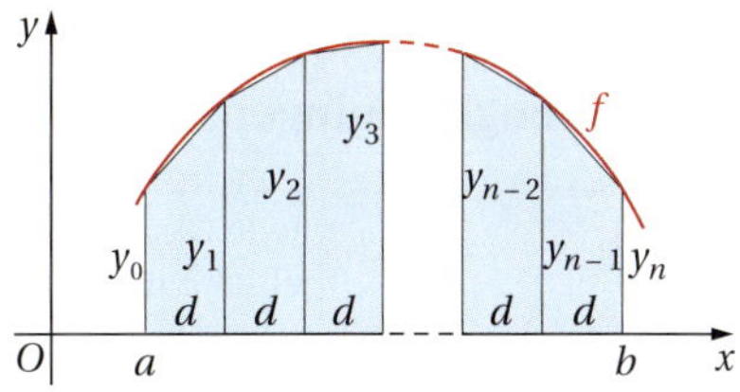
Parabelformel (simpsonsche Regel)	Die zu berechnende Fläche wird durch Teilflächen unter Parabelbögen angenähert. Man teilt $[a; b]$ in n Intervalle und legt durch jeweils drei aufeinander folgende Punkte $(x_{i-1}; y_{i-1})$, $(x_i; y_i)$ und $(x_{i+1}; y_{i+1})$ mit $i = 1, \ldots, (n-1)$ einen Parabelbogen. $A = \int_a^b f(x)\,\mathrm{d}x \approx \frac{d}{3}\,[(y_0 + 4y_1 + y_2) + (y_2 + 4y_3 + y_4) + \ldots + (y_{n-2} + 4y_{n-1} + y_n)]$ bzw. $A = \int_a^b f(x)\,\mathrm{d}x \approx \frac{d}{3}\,(y_0 + 4y_1 + 2y_2 + 4y_3 + 2y_4 + \ldots + 2y_{n-2} + 4y_{n-1} + y_n)$ (n gerade)
keplersche Fassregel	Man verwendet für die Bestimmung der Näherungsparabel nur die Punkte $(a; f(a))$, $(x_m; f(x_m))$ und $(b; f(b))$ mit $x_m = \frac{1}{2}(a + b)$. $A = \int_a^b f(x)\,\mathrm{d}x \approx \frac{b-a}{6}\,(f(a) + 4f(x_m) + f(b))$ 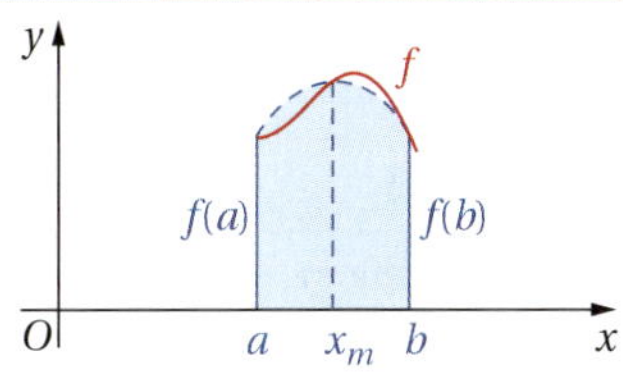

Bogenlänge ebener Kurven

Für $a \le x \le b$ hat der entsprechende Abschnitt des Graphen von f die Bogenlänge $s = \int_a^b \sqrt{1 + [f'(x)]^2}\,\mathrm{d}x$.

Berechnung von Rotationskörpern

f in $[a; b]$ stetig und streng monoton

Rotiert das Flächenstück, das zwischen dem Graphen der Funktion

$y = f(x)$ für $a \le x \le b$, den Parallelen zur y-Achse durch $x_1 = a$ und $x_2 = b$ und der x-Achse liegt, um die x-Achse, so gilt für **Volumen** V_x bzw. **Mantelfläche** M_x des entstehenden Rotationskörpers:

$$V_x = \pi \int_a^b y^2\,\mathrm{d}x = \pi \int_a^b [f(x)]^2\,\mathrm{d}x$$

$$M_x = 2\pi \int_a^b y\sqrt{1 + y'^2}\,\mathrm{d}x = 2\pi \int_a^b f(x)\sqrt{1 + [f'(x)]^2}\,\mathrm{d}x$$

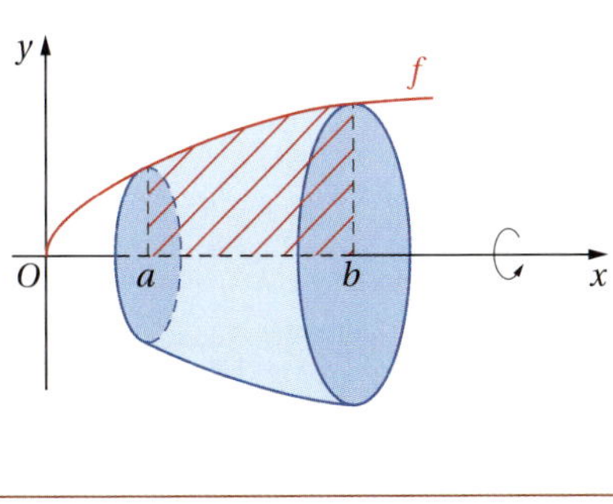

$x = g(y)$ für $c \le y \le d$ (mit $c = f(a)$ und $d = f(b)$), den Parallelen zur x-Achse durch $y_1 = c$ und $y_2 = d$ und der y-Achse liegt, um die y-Achse, so gilt für **Volumen** V_y bzw. **Mantelfläche** M_y des entstehenden Rotationskörpers:

$$V_y = \pi \int_c^d x^2\,\mathrm{d}y = \pi \int_c^d [g(y)]^2\,\mathrm{d}y = \left|\pi \int_a^b x^2 f'(x)\,\mathrm{d}x\right|$$

$$M_y = 2\pi \int_c^d x\sqrt{1 + x'^2}\,\mathrm{d}y = 2\pi \int_c^d g(y)\sqrt{1 + [g'(y)]^2}\,\mathrm{d}y$$

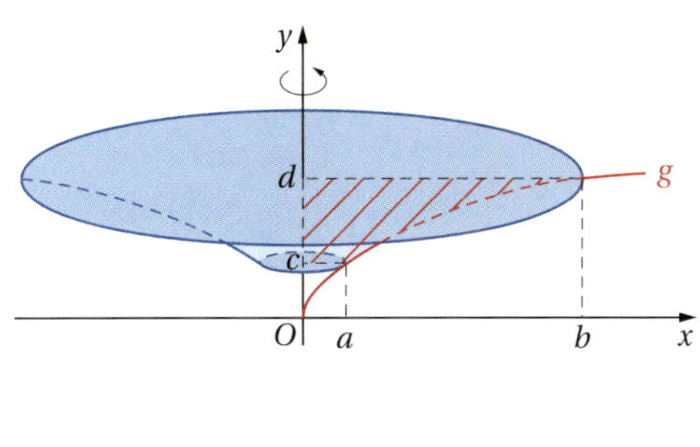

Differenzen- und Differenzialgleichungen

Differenzengleichungen

$a, b, c, y_n \in \mathbb{R};\ k, n \in \mathbb{N}$

Begriff	Jede Gleichung, die eine Beziehung zwischen den Gliedern $y_n, y_{n-1}, y_{n-2}, \ldots, y_{n-k}$ einer Zahlenfolge (y_n) herstellt, heißt **Differenzengleichung.**
lineare Differenzengleichung *k*-ter Ordnung	$f_0(n)y_n + f_1(n)y_{n-1} + \ldots + f_k(n)y_{n-k} = s(n)$ Die **Ordnung** ist gleich der Differenz aus dem größten und dem kleinsten in der Gleichung auftretenden Index i von y_i. Eine Differenzengleichung heißt **homogen,** wenn $s(n) = 0$, und **inhomogen,** wenn $s(n) \neq 0$ gilt. Sind die Koeffizienten $f_0, f_1, \ldots, f_k$ unabhängig von n, so spricht man von einer **linearen Differenzengleichung mit konstanten Koeffizienten.**
Lösung einer Differenzengleichung	Lösungen von Differenzengleichungen sind alle Zahlenfolgen (y_n), die diese Gleichungen erfüllen. • **allgemeine Lösung** Lösungsschar, die die Menge aller Lösungen der Gleichung ausschöpft • **partikuläre Lösung** Lösung, die durch Festlegen des Scharparameters entstanden ist
Anfangswertproblem	Aufgabenstellung, einen speziellen Parameter derart zu suchen, dass ein Folgeglied y_0 einen vorgegebenen Anfangswert annimmt

Lineare Differenzengleichungen 1. Ordnung mit konstanten Koeffizienten

Gleichung	$y_{n+1} = a \cdot y_n + b$	
allgemeine Lösung (Lösungsschar)	$a = 1$	$a \neq 1$
	$y_n = c + n \cdot b$	$y_n = c \cdot a^n - \frac{b}{a-1}$
Eigenschaften	• $b > 0$: monoton wachsend • $b < 0$: monoton fallend • $b = 0$: $y_n = c$ (konstante Folge)	• $\lvert a \rvert < 1$: beschränkt, konvergent gegen $-\frac{b}{a-1}$ • $\lvert a \rvert > 1$: unbeschränkt • $a \geq 0$: monoton • $a < 0$: alternierend

Homogene lineare Differenzengleichungen 1. Ordnung mit konstanten Koeffizienten

Gleichung	$y_{n+1} = a \cdot y_n$
Lösung	$y_n = c \cdot a^n$
Eigenschaften	• $\lvert a \rvert < 1$: beschränkt, konvergent gegen 0 • $\lvert a \rvert > 1$: unbeschränkt • $a \geq 0$: monoton • $a < 0$: alternierend

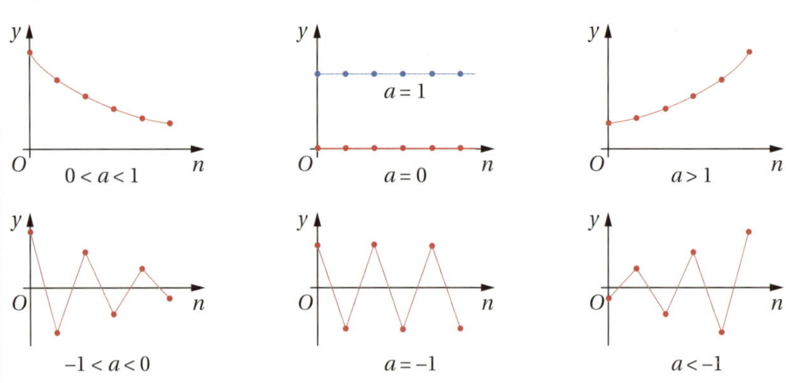

Differenzialgleichungen

Begriff	Jede Gleichung über einer Variablen x, mit der eine Funktion $y = f(x)$ gesucht wird und die mindestens eine Ableitung der Funktion f nach der Variablen x enthält, heißt (gewöhnliche) **Differenzialgleichung;** eine Gleichung mit mehreren unabhängigen Variablen wird **partielle Differenzialgleichung** genannt. Unter der **Ordnung** n einer Differenzialgleichung versteht man den Grad der höchsten auftretenden Ableitung $f^{(n)}(x)$ bzw. $y^{(n)}$.	
lineare Differenzialgleichungen	**1. Ordnung**	**2. Ordnung**
	$f'(x) + Q \cdot f(x) = S$ bzw. $y' + Q \cdot y = S$	$f''(x) + Q \cdot f'(x) + R \cdot f(x) = S$ bzw. $y'' + Q \cdot y' + R \cdot y = S$
	Q, R und S können Funktionen von x oder Konstanten sein. Konstante Koeffizienten werden i. Allg. mit kleinen Buchstaben bezeichnet. S wird auch **Inhomogenität** der Differenzialgleichung genannt. Eine Differenzialgleichung ist **homogen,** wenn $S = 0$ ist.	
Lösung einer Differenzialgleichung	• **allgemeine Lösung** Lösungsschar aller Funktionen, die mit ihren Ableitungen die Gleichung erfüllen • **partikuläre Lösung** Lösung, die durch Festlegen des freien Parameters entstanden ist	
Anfangswertproblem	Aufgabenstellung, eine spezielle Lösungsfunktion zu finden, die durch ein vorgegebenes Wertepaar $(x_0; y_0)$ erfüllt wird	

Lineare Differenzialgleichungen 1. Ordnung mit konstanten Koeffizienten			$q, s \in \mathbb{R}$
Gleichung	$f'(x) + q \cdot f(x) = s$ bzw. $y' + q \cdot y = s$		
Lösung	$q = 0;\ s \neq 0$	$q \neq 0;\ s = 0$	$q \neq 0;\ s \neq 0$
	$y = s \cdot x + c \quad (c \neq 0)$	$y = c \cdot e^{-qx} \quad (c \neq 0)$	$y = c \cdot e^{-qx} + \frac{s}{q} \quad (c \neq 0)$
Richtungsfeld mit partikulären Lösungen für $q \neq 0;\ s \neq 0$	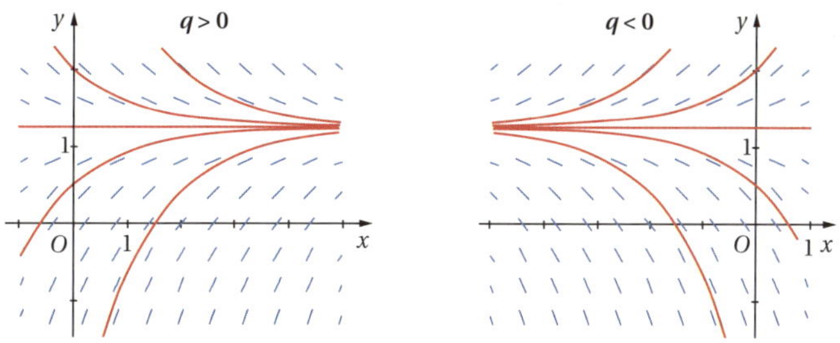 		

Lösen spezieller Typen linearer Differenzialgleichungen 1. Ordnung	
Gleichungstyp	**Lösungsansatz/Lösung**
$y' = f'(x) = k \cdot f(x)$	$\ln(f(x)) = kx + C \quad \Rightarrow \quad y = f(x) = e^{kx + C} = e^C \cdot e^{kx} = \lambda e^{kx}$
$y' = f'(x) = h(x) \cdot f(x)$	$\ln(f(x)) = H(x) + C \Rightarrow \quad y = f(x) = e^{H(x) + C} = e^C \cdot e^{H(x)} = \lambda e^{H(x)}$ (H ist Stammfunktion von h.)
$y' = g(x) \cdot h(y) \quad (h(y) \neq 0)$	$\frac{1}{h(y)}\,\mathrm{d}y = g(x)\,\mathrm{d}x \quad \Rightarrow \quad \int \frac{1}{h(y)}\,\mathrm{d}y = \int g(x)\,\mathrm{d}x + C$
$y' = f(ax + by + c)$	$x = \int \frac{1}{a + b \cdot f(z)}\,\mathrm{d}z + C \quad$ mit $z = ax + by + c$
$y' = f\left(\frac{y}{x}\right)$	$x = k \cdot e^{\int \frac{1}{f(z) - z}\,\mathrm{d}z} \quad$ mit $y = z \cdot x;\ y' = z' \cdot x + z$

Lineare Differenzialgleichungen 2. Ordnung mit konstanten Koeffizienten $c_1, c_2, q, r, s \in \mathbb{R}$	
Gleichung	$f''(x) + q \cdot f'(x) + r \cdot f(x) = s$ bzw. $y'' + q \cdot y' + r \cdot y = s$
allgemeine Lösung für homogene Gleichungen	Mit dem Lösungsansatz $y = e^{kx}$ und den Lösungen k_1, k_2 der charakteristischen Gleichung $k^2 + q \cdot k + r = 0$ sind drei Fälle zu unterscheiden: • $r < \frac{q^2}{4} \Rightarrow y = c_1 \cdot e^{k_1 x} + c_2 \cdot e^{k_2 x}$ mit $k_{1;2} = -\frac{q}{2} \pm \sqrt{\frac{q^2}{4} - r}$ • $r = \frac{q^2}{4} \Rightarrow y = c_1 \cdot e^{kx} + c_2 \cdot x \cdot e^{kx}$ mit $k_1 = k_2 = k = -\frac{q}{2}$ • $r > \frac{q^2}{4} \Rightarrow y = c_1 \cdot e^{-\frac{q}{2}x} \cos \omega x + c_2 \cdot e^{-\frac{q}{2}x} \sin \omega x$ mit $\omega = \sqrt{r - \frac{q^2}{4}}$

Sonderfälle			$a, b, c, c_1, c_2 \in \mathbb{R}$
Differenzialgleichung	**allgemeine Lösung**	**Differenzialgleichung**	**allgemeine Lösung**
$y'' = 0$	$y = ax + b$	$y'' - a^2 y = 0$	$y = c_1 e^{ax} + c_2 e^{-ax}$
$y'' = a$	$y = \frac{1}{2} ax^2 + bx + c$	$y'' + a^2 y = 0$	$y = c_1 \sin ax + c_2 \cos ax$

Anwendungen

	Differenzialgleichung	**allgemeine Lösung**
Wachstumsprozesse		
exponentielles Wachstum $N'(t) \sim N(t)$	$N'(t) = \lambda \cdot N(t)$	$N(t) = N_0 \cdot e^{\lambda t}$
hyperbolisches Wachstum $N'(t) \sim N^2(t)$	$N'(t) = \lambda \cdot N^2(t) \quad (\lambda > 0)$	$N(t) = \frac{N_0}{1 - N_0 kx}$
beschränktes Wachstum $N'(t) \sim (G - N(t))$	$N'(t) = \lambda \cdot (G - N(t))$	$N(t) = G + (N_0 - G) \cdot e^{-\lambda t}$
logistisches Wachstum $N'(t) \sim N(t)$ und $N'(t) \sim (G - N(t))$	$N'(t) = \lambda \cdot N(t) \cdot (G - N(t))$	$N(t) = \frac{N_0 \cdot G}{N_0 + (G - N_0) e^{-\lambda G t}}$
N Bestand λ Wachstumsrate	N_0 Anfangswert t Zeit	G Wachstumsgrenze
Schwingungen		
ungedämpfte harmonische Schwingung	$y'' + {\omega_0}^2 y = 0$	$y = c_1 \sin \omega_0 t + c_2 \cos \omega_0 t$ $= y_{max} \sin(\omega_0 t + \varphi_0)$
gedämpfte harmonische Schwingung	$y'' + 2\delta y' + {\omega_0}^2 y = 0$	• $y = y_{max}\, e^{-\delta t} \sin(\omega t + \varphi_0)$ mit $\omega = \sqrt{\omega_0^2 - \delta^2}$ (für $\delta^2 < {\omega_0}^2$) • $y = e^{-\delta t}(c_1 + c_2 t)$ (für $\delta^2 = {\omega_0}^2$) • $y = c_1 \cdot e^{\lambda_1 t} + c_2 \cdot e^{\lambda_2 t}$ mit $\lambda_{1;2} = -\delta \pm \sqrt{\delta^2 - \omega_0^2}$ (für $\delta^2 > {\omega_0}^2$)
erzwungene ungedämpfte Schwingung	$y'' + {\omega_0}^2 y = \varphi_0 \sin \omega t$	$y = \frac{\varphi_0}{\omega_0^2 - \omega^2} \sin \omega t + c_1 \sin \omega_0 t + c_2 \cos \omega_0 t$
y Auslenkung ω_0 Kreisfrequenz der ungedämpften Schwingung	y_{max} Amplitude δ Abklingkoeffizient	ω Kreisfrequenz φ_0 Phasenwinkel

Ebene Koordinatengeometrie (Analytische Geometrie der Ebene)

Koordinatensysteme

kartesisches Koordinatensystem	x_1, y_1 Koordinaten von P_1 x_1 Abszisse y_1 Ordinate O Koordinatenursprung	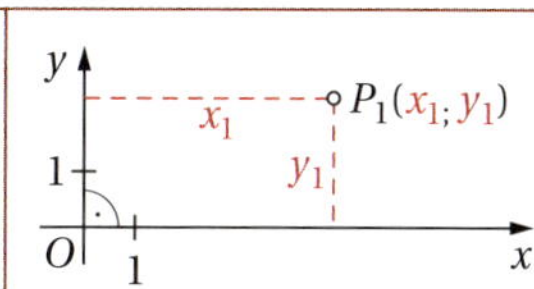
Polarkoordinatensystem	r_1, φ_1 Polarkoordinaten von P_1 r_1 Radius φ_1 Polarwinkel (Phase, Anomalie)	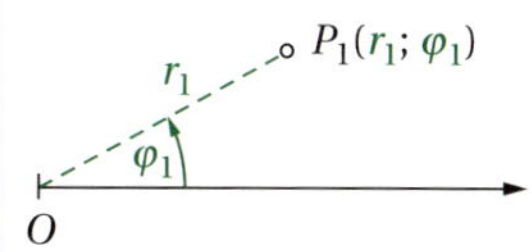
Koordinatentransformationen		
Transformation von kartesischen Koordinaten in Polarkoordinaten (und umgekehrt)	$x = r \cdot \cos\varphi$ $\quad r = \sqrt{x^2 + y^2}$ $y = r \cdot \sin\varphi$ $\quad \tan\varphi = \frac{y}{x}$ $\quad \cos\varphi = \frac{x}{\sqrt{x^2 + y^2}}$ $\sin\varphi = \frac{y}{\sqrt{x^2 + y^2}}$	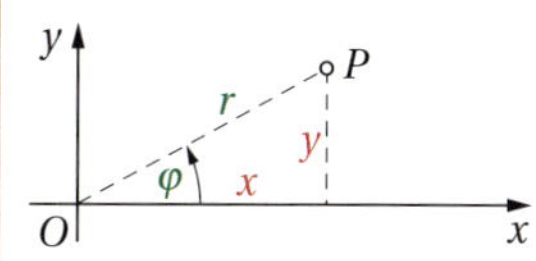
Parallelverschiebung (Translation) eines kartesischen Koordinatensystems	x, y Koordinaten von P im ursprünglichen System x', y' Koordinaten von P im neuen System $x = x' + c$ $\quad x' = x - c$ $y = y' + d$ $\quad y' = y - d$	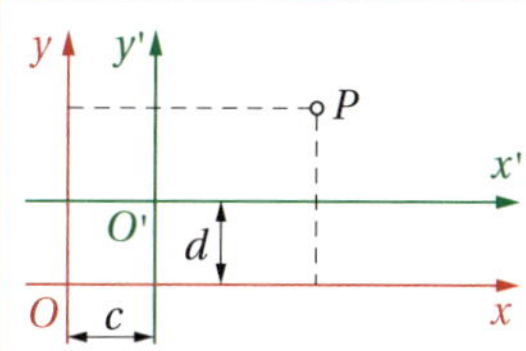
Drehung (Rotation) eines kartesischen Koordinatensystems	x, y Koordinaten von P im ursprünglichen System x', y' Koordinaten von P im neuen System $O = O'$ $\quad \varphi$ Drehwinkel $x = x' \cdot \cos\varphi - y' \cdot \sin\varphi$ $\quad x' = x \cdot \cos\varphi + y \cdot \sin\varphi$ $y = x' \cdot \sin\varphi + y' \cdot \cos\varphi$ $\quad y' = -x \cdot \sin\varphi + y \cdot \cos\varphi$	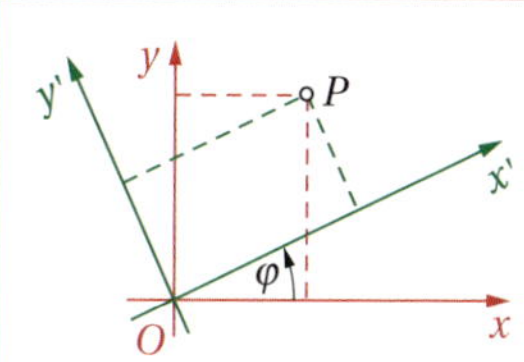

Strecken

Länge *s* einer Strecke Abstand zweier Punkte	$s = \overline{P_1P_2} = \sqrt{(x_2 - x_1)^2 + (y_2 - y_1)^2}$	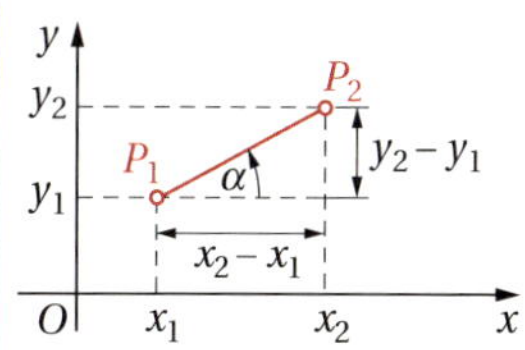
Anstieg *m* einer Strecke	$m = \tan\alpha = \frac{y_2 - y_1}{x_2 - x_1}$ $\quad (x_1 \neq x_2)$	
Teilung (Teilpunkt *T*) einer Strecke	Für einen **Teilpunkt** T mit $\overrightarrow{P_1T} = \lambda \overrightarrow{TP_2}$ gilt: $x_T = \frac{x_1 + \lambda x_2}{1 + \lambda}$; $\quad y_T = \frac{y_1 + \lambda y_2}{1 + \lambda}$ (λ **Teilverhältnis** mit $\lambda \in \mathbb{R}$ und $\lambda \neq -1$)	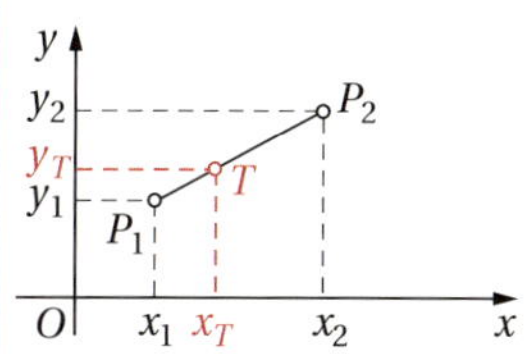
Mittelpunkt *M* einer Strecke	*Spezialfall:* $\lambda = 1$ $x_M = \frac{x_1 + x_2}{2}$ $\quad y_M = \frac{y_1 + y_2}{2}$	$\lambda > 0$: innerer Teilpunkt T $\lambda < 0$: äußerer Teilpunkt T

Ma

Dreiecke

Flächeninhalt A eines Dreiecks (↗ S. 38)	Für ein Dreieck mit den Eckpunkten $P_1(x_1; y_1)$, $P_2(x_2; y_2)$ und $P_3(x_3; y_3)$ gilt: $A = \frac{1}{2} \lvert x_1(y_2 - y_3) + x_2(y_3 - y_1) + x_3(y_1 - y_2) \rvert$	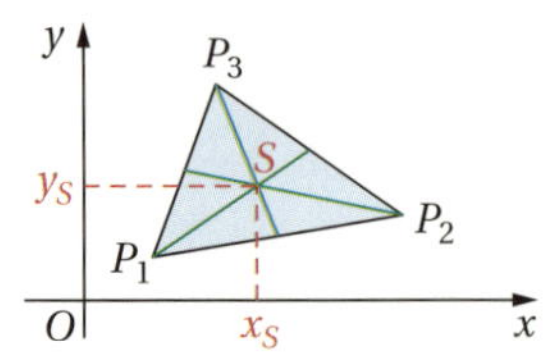
Schwerpunkt S eines Dreiecks	Koordinaten des Schwerpunktes S (als Schnittpunkt der Seitenhalbierenden) des Dreiecks $P_1P_2P_3$: $x_S = \frac{x_1 + x_2 + x_3}{3}$; $y_S = \frac{y_1 + y_2 + y_3}{3}$	

Geraden

$m, n, A, B, C \in \mathbb{R}$

Punktrichtungsgleichung	$y - y_0 = m(x - x_0)$ $m = \tan\alpha$ $(\alpha \neq 90°)$ Gerade durch $P_0(x_0; y_0)$ mit dem Anstieg m	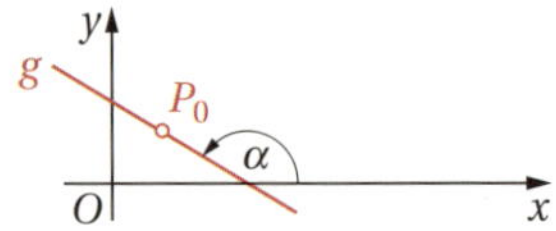
Zweipunktegleichung	$y - y_1 = \frac{y_2 - y_1}{x_2 - x_1}(x - x_1)$ $m = \tan\alpha = \frac{y_2 - y_1}{x_2 - x_1}$ $(x_2 \neq x_1)$ Gerade durch $P_1(x_1; y_1)$ und $P_2(x_2; y_2)$	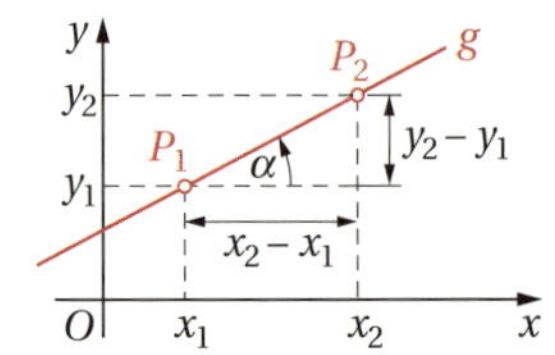
kartesische Normalform (der Geradengleichung)	$y = mx + n$ $m = \tan\alpha$ $(\alpha \neq 90°)$ Gerade mit dem Anstieg m, die die y-Achse in $S_y(0; n)$ schneidet	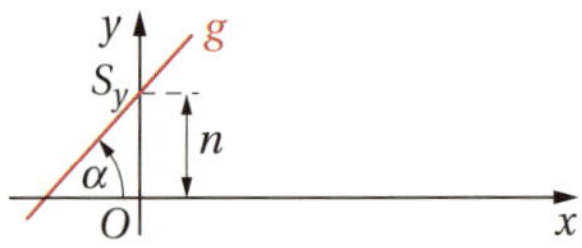
Achsenabschnittsgleichung	$\frac{x}{a} + \frac{y}{b} = 1$ $(a, b \neq 0)$ Gerade, die die Achsen in $S_x(a; 0)$ bzw. $S_y(0; b)$ schneidet	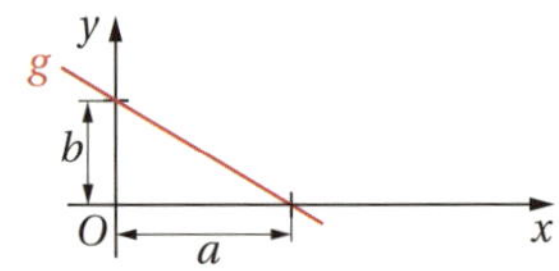
allgemeine Form (der Geradengleichung)	$Ax + By + C = 0$ $(A^2 + B^2 > 0)$	$A = 0 \Rightarrow g$ parallel zur x-Achse $B = 0 \Rightarrow g$ parallel zur y-Achse
hessesche Normal(en)form (der Geradengleichung)	$x \cdot \cos\varphi + y \cdot \sin\varphi - p = 0$ p Abstand der Geraden vom Ursprung O φ Winkel zwischen positiver x-Achse und Lot p $\cos\varphi = \frac{A}{\sqrt{A^2 + B^2}}$; $\sin\varphi = \frac{B}{\sqrt{A^2 + B^2}}$; $p = \frac{-C}{\sqrt{A^2 + B^2}}$	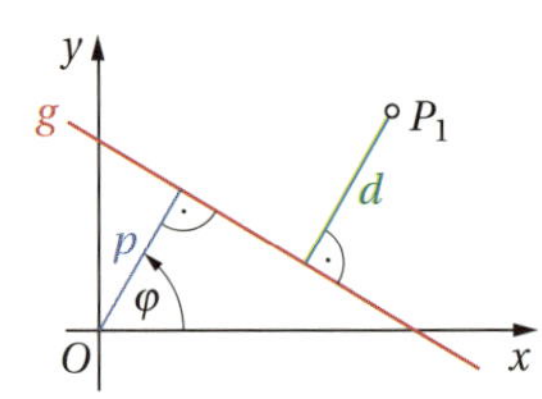
Abstand des Punktes P_1 von der Geraden g	$d = \lvert x_1 \cdot \cos\varphi + y_1 \cdot \sin\varphi - p \rvert = \frac{\lvert Ax_1 + By_1 + C \rvert}{\sqrt{A^2 + B^2}}$	
Lagebeziehung zweier Geraden	g_1: $y = m_1x + n_1$ g_2: $y = m_2x + n_2$ $m_1 = m_2 \Leftrightarrow g_1 \parallel g_2$ $m_1 = -\frac{1}{m_2} \Leftrightarrow g_1 \perp g_2$ $(m_2 \neq 0)$ **Schnittwinkel** ψ $(\psi \neq 90°)$: $\tan\psi = \frac{m_2 - m_1}{1 + m_1 m_2}$ $(m_1 m_2 \neq -1)$	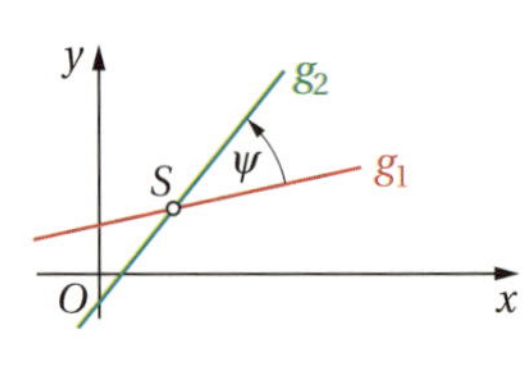

Kreis

$c, d, r \in \mathbb{R};\ r > 0$

allgemeine Kreisgleichung	$(x-c)^2 + (y-d)^2 = r^2$ Kreis mit Mittelpunkt $M(c; d)$ und Radius r	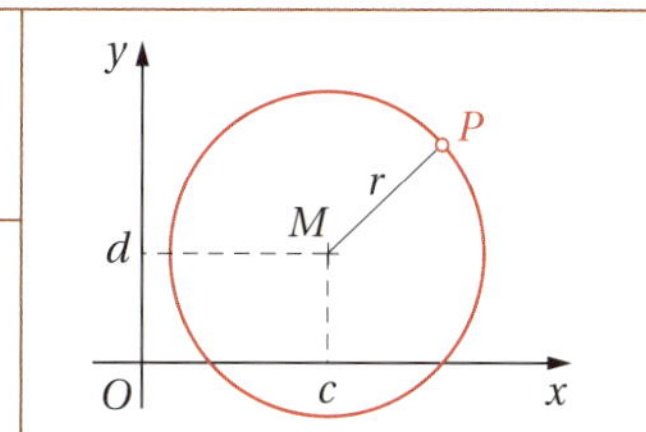
Mittelpunktsgleichung	$x^2 + y^2 = r^2$ Kreis mit Mittelpunkt $M(0; 0)$ und Radius r	
Tangente t im Punkt P_1	$(x-c)(x_1-c) + (y-d)(y_1-d) = r^2$ $\quad M(c; d)$ $x x_1 + y y_1 = r^2$ $\quad M(0; 0)$	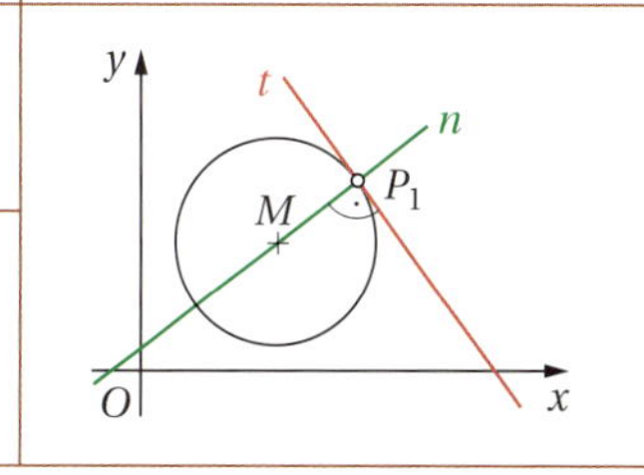
Normale n im Punkt P_1	$y - y_1 = \frac{y_1 - d}{x_1 - c} \cdot (x - x_1)$ $\quad M(c; d)$ $y - y_1 = \frac{y_1}{x_1} \cdot (x - x_1)$ $\quad M(0; 0)$	

Kegelschnitte

$a, b, c, d, p \in \mathbb{R};\ a, b > 0$

Wird ein doppelter Kreiskegel mit einer Ebene zum Schnitt gebracht, so werden die Schnittflächen von Kurven berandet, die man als **Kegelschnitte** bezeichnet.

Abhängig vom Verhältnis des Schnittwinkels α ($\alpha \leq 90°$), den die Schnittebene mit der Kegelachse einschließt, zum (halben) Öffnungswinkel φ des Kegels ist die entstehende Kurve eine **Ellipse** ($\alpha > \varphi$), eine **Parabel** ($\alpha = \varphi$) oder eine **Hyperbel** ($\alpha < \varphi$).

Der **Kreis** ist ein Sonderfall der Ellipse ($\alpha = 90°$).
Beim Schnitt durch S entstehen entartete Kegelschnitte (Geradenpaar bzw. Punkt).

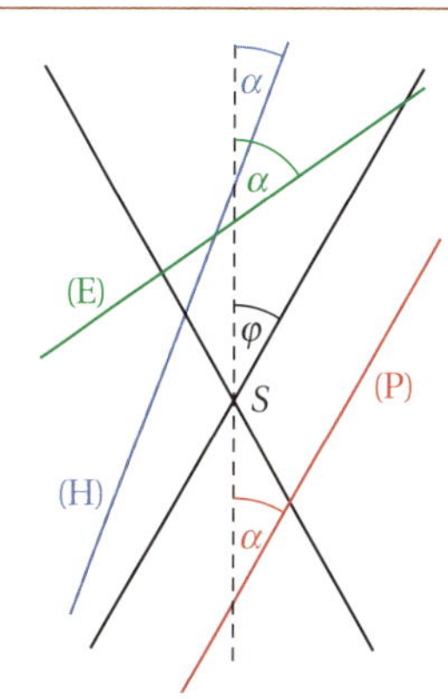

Definition und Darstellung im Koordinatensystem (Mittelpunkts- bzw. Scheitelpunktslage)

Die **Ellipse** ist die Menge aller der Punkte P der Ebene, für die die Summe der Abstände von zwei festen Punkten, den *Brennpunkten* F_1 und F_2, konstant ist.

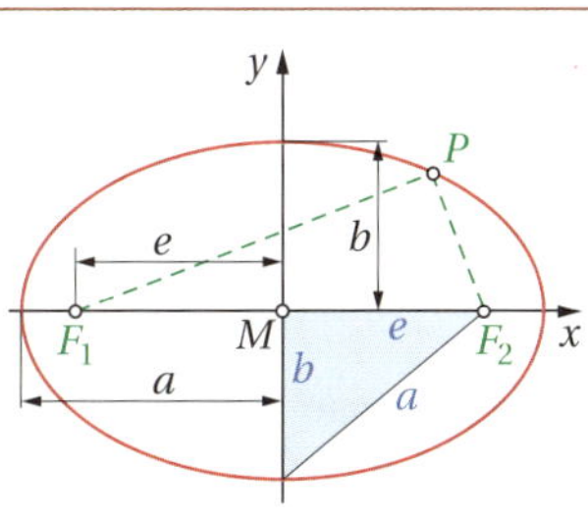

Es gilt: $\overline{PF_1} + \overline{PF_2} = 2a$

Die **Hyperbel** ist die Menge aller der Punkte P der Ebene, für die die Differenz der Abstände von zwei festen Punkten, den *Brennpunkten* F_1 und F_2, konstant ist.

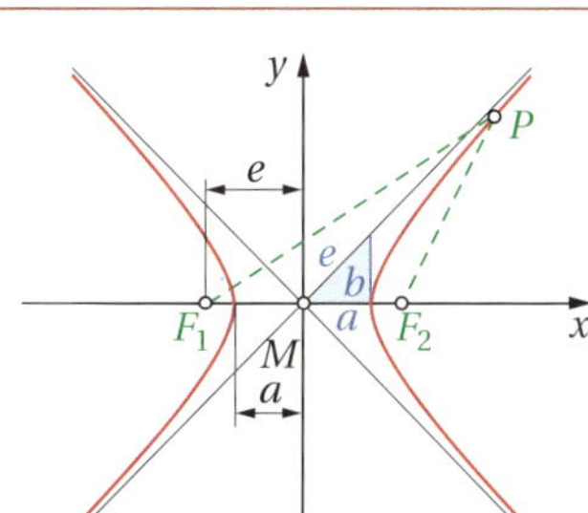

Es gilt: $\left| \overline{PF_1} - \overline{PF_2} \right| = 2a$

Die **Parabel** ist die Menge aller der Punkte P der Ebene, die von einem festen Punkt, dem *Brennpunkt F*, und einer festen Geraden, der *Leitlinie l*, gleichen Abstand haben.

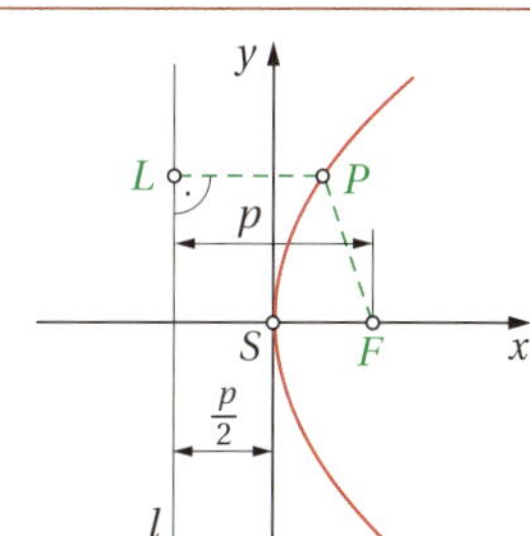

Es gilt: $\overline{PF} = \overline{PL}$

Ma

	Ellipse $a, b, c, d \in \mathbb{R};\ a, b > 0$	**Hyperbel** $a, b, c, d \in \mathbb{R};\ a, b > 0$
Mittelpunktsgleichung	$\frac{x^2}{a^2} + \frac{y^2}{b^2} = 1$ $M(0; 0)$	$\frac{x^2}{a^2} - \frac{y^2}{b^2} = 1$ $M(0; 0)$
lineare Exzentrizität	$e = \sqrt{a^2 - b^2}$	$e = \sqrt{a^2 + b^2}$
numerische Exzentrizität	$\varepsilon = \frac{e}{a} < 1$	$\varepsilon = \frac{e}{a} > 1$
Brennpunkte	$F_{1;2}\ (\pm e; 0)$	$F_{1;2}\ (\pm e; 0)$
Tangente *t* (und Anstieg) in P_1	$\frac{x x_1}{a^2} + \frac{y y_1}{b^2} = 1$ $m_t = -\frac{b^2 x_1}{a^2 y_1}$	$\frac{x x_1}{a^2} - \frac{y y_1}{b^2} = 1$ $m_t = \frac{b^2 x_1}{a^2 y_1}$
Normale durch P_1	$y - y_1 = \frac{a^2 y_1}{b^2 x_1}\ (x - x_1)$	$y - y_1 = -\frac{a^2 y_1}{b^2 x_1}\ (x - x_1)$
Asymptoten	–	$\frac{x}{a} \pm \frac{y}{b} = 0$ bzw. $y = \pm \frac{b}{a} x$
allgemeine Gleichung (achsenparallele Lage)	$\frac{(x-c)^2}{a^2} + \frac{(y-d)^2}{b^2} = 1$ $M(c; d)$	$\frac{(x-c)^2}{a^2} - \frac{(y-d)^2}{b^2} = 1$ $M(c; d)$
Sonderfall ($a = b$)	Kreis	gleichseitige Hyperbel

Parabel		$p, c, d \in \mathbb{R}$
	***x*-Achse als Symmetrieachse**	***y*-Achse als Symmetrieachse**
Scheitelgleichung	$y^2 = 2px$ $S(0; 0)$ $p > 0$: Öffnung nach rechts $p < 0$: Öffnung nach links	$x^2 = 2py$ $S(0; 0)$ $p > 0$: Öffnung nach oben $p < 0$: Öffnung nach unten
Brennpunkt und Leitlinie	$F(\frac{p}{2}; 0)$ $x = -\frac{p}{2}$	$F(0; \frac{p}{2})$ $y = -\frac{p}{2}$
Tangente *t* (und Anstieg) in P_1	$y y_1 = p(x + x_1)$ $m_t = \frac{p}{y_1}$	$x x_1 = p(y + y_1)$ $m_t = \frac{x_1}{p}$
Normale *n* durch P_1	$y - y_1 = -\frac{y_1}{p}\ (x - x_1)$	$x - x_1 = -\frac{x_1}{p}\ (y - y_1)$
allgemeine Gleichung (achsenparallele Lage)	$(y-d)^2 = 2p(x-c)$ $S(c; d)$	$(x-c)^2 = 2p(y-d)$ $S(c; d)$

Gemeinsame Kegelschnittgleichnungen $a, b, p, A, B, C, D, E, F \in \mathbb{R};\ a, b > 0$

gemeinsame Scheitelgleichung	$y^2 = 2px - (1 - \varepsilon^2)x^2$ $2p$ Sehne senkrecht durch den (bzw. einen) Brennpunkt $y^2 = 2px \mp \frac{p}{a} x^2$ $p = \frac{b^2}{a}$ *Anmerkung:* Das obere Rechenzeichen in der zweiten Gleichung gilt für die Ellipse, das untere für die Hyperbel. Für die Parabel ist $\frac{p}{a} = 0$ bzw. $\varepsilon = 1$.
allgemeine Kegelschnittgleichung	$Ax^2 + By^2 + Cx + Dy + Exy + F = 0$ Für $E = 0$ ergeben sich Kegelschnitte in achsenparalleler Lage. • $A \cdot B > 0$ **Ellipse** (für $A = B$ **Kreis**) • $A \cdot B < 0$ **Hyperbel** • $A \cdot B = 0$ $(A \neq B)$ **Parabel** (für $A = 0$ Symmetrieachse parallel zur x-Achse; für $B = 0$ Symmetrieachse parallel zur y-Achse)

Vektorrechnung und analytische Geometrie des Raumes

Vektorräume

Begriff des Vektorraumes	Eine nichtleere Menge V, für deren Elemente eine Addition sowie eine Vervielfachung mit reellen Zahlen definiert sind, nennt man (reeller) **Vektorraum** und ihre Elemente **Vektoren** genau dann, wenn für alle $\vec{a}, \vec{b}, \vec{c} \in V$ und alle $r, s \in \mathbb{R}$ gilt: (1) $\vec{a} + \vec{b} = \vec{b} + \vec{a}$ (Kommutativgesetz) (2) $(\vec{a} + \vec{b}) + \vec{c} = \vec{a} + (\vec{b} + \vec{c})$ (Assoziativgesetz) (3) Es gibt ein Element $\vec{o} \in V$, sodass für alle $\vec{a} \in V$ gilt: $\vec{a} + \vec{o} = \vec{a}$ (Existenz eines Nullelements) (4) Zu jedem $\vec{a} \in V$ gibt es in V ein Element $-\vec{a}$ mit $\vec{a} + (-\vec{a}) = \vec{o}$. (Existenz eines entgegengesetzten Elements) (5) $r(s\vec{a}) = (rs)\vec{a}$ (7) $(r+s)\vec{a} = r\vec{a} + s\vec{a}$ (6) $r(\vec{a} + \vec{b}) = r\vec{a} + r\vec{b}$ (8) $1\vec{a} = \vec{a}$ (Rechengesetze der Vielfachbildung)
Unterraum	Eine Teilmenge $U \subset V$, die bezüglich der Addition und Vervielfachung ein Vektorraum ist, heißt **Unterraum** von V. Eine nichtleere Teilmenge U eines Vektorraumes V ist genau dann Unterraum von V, wenn für alle $\vec{a}, \vec{b} \in U$ und alle $r \in \mathbb{R}$ gilt: • $\vec{a} + \vec{b} \in U$ • $r\vec{a} \in U$
Linearkombination	Ein Vektor $\vec{b}$ heißt **Linearkombination** der Vektoren $\vec{a}_1, \vec{a}_2, \ldots, \vec{a}_n$, wenn es reelle Zahlen $r_1, r_2, \ldots, r_n$ gibt, sodass gilt: $\vec{b} = r_1\vec{a}_1 + r_2\vec{a}_2 + \ldots + r_n\vec{a}_n$ Die Menge aller Linearkombinationen der Vektoren $\vec{a}_1, \vec{a}_2, \ldots, \vec{a}_k \in V$ $(k \leq n)$ bilden einen Unterraum U von V, die von $\vec{a}_1, \vec{a}_2, \ldots, \vec{a}_k$ aufgespannte **lineare Hülle.** Die Menge $\{\vec{a}_1, \vec{a}_2, \ldots, \vec{a}_k\}$ wird **Erzeugendensystem** von U genannt.
lineare Unabhängigkeit	Die Vektoren $\vec{a}_1, \vec{a}_2, \ldots, \vec{a}_n$ heißen **linear unabhängig** genau dann, wenn die Gleichung $r_1\vec{a}_1 + r_2\vec{a}_2 + \ldots + r_n\vec{a}_n = \vec{o}$ $(r_i \in \mathbb{R})$ nur für $r_1 = r_2 = \ldots = r_n = 0$ lösbar ist. Anderenfalls heißen die Vektoren $\vec{a}_1, \vec{a}_2, \ldots, \vec{a}_n$ **linear abhängig.**
Basis $\{\vec{a}_1, \vec{a}_2, \ldots, \vec{a}_n\}$	Die Vektoren $\vec{a}_1, \vec{a}_2, \ldots, \vec{a}_n$ heißen **Basis** des Vektorraumes V genau dann, wenn sie linear unabhängig sind und jeder Vektor $\vec{x} \in V$ als Linearkombination dieser Vektoren darstellbar ist, d.h., wenn gilt: $\vec{x} = r_1\vec{a}_1 + r_2\vec{a}_2 + \ldots + r_n\vec{a}_n$ $(r_i \in \mathbb{R})$ Die reellen Zahlen $r_1, r_2, \ldots, r_n$ werden die **Koordinaten** und die Vektoren $r_1\vec{a}_1$, $r_2\vec{a}_2, \ldots, r_n\vec{a}_n$ die **Komponenten** von $\vec{x}$ bezüglich der Basis $\{\vec{a}_1, \vec{a}_2, \ldots, \vec{a}_n\}$ genannt.
Dimension	Die Anzahl der Vektoren einer Basis (d.h. die maximale Anzahl linear unabhängiger Vektoren) des Vektorraumes V nennt man dessen **Dimension.**
Koordinatensystem	Ein Punkt O sowie eine Basis $\{\vec{a}_1, \vec{a}_2, \ldots \vec{a}_n\}$ legen ein **Koordinatensystem** fest.

Vektorraum der Menge der Verschiebungen

Die zu einer Verschiebung (des Raumes bzw. einer Ebene) gehörende Menge (Äquivalenzklasse) gleich langer, zueinander paralleler und gleich orientierter Pfeile wird als **Schubvektor** bzw. **geometrischer Vektor** bezeichnet. Jeder Pfeil der Menge ist ein Repräsentant des Vektors.
Ein (Schub-)Vektor ist eine durch Betrag (Länge), Richtung und Orientierung (Durchlaufsinn) gekennzeichnete Größe (vereinfachter Vektorbegriff).

Unter dem **Nullvektor** $\vec{o}$ versteht man einen Vektor mit dem Betrag 0 und unbestimmter Richtung (identische Abbildung in der Menge der Verschiebungen), unter dem **Einheitsvektor** einen Vektor mit dem Betrag 1.
Der **entgegengesetzte Vektor** von $\vec{a}$ ist ein Vektor mit gleichem Betrag und gleicher Richtung, aber entgegengesetzter Orientierung wie $\vec{a}$.

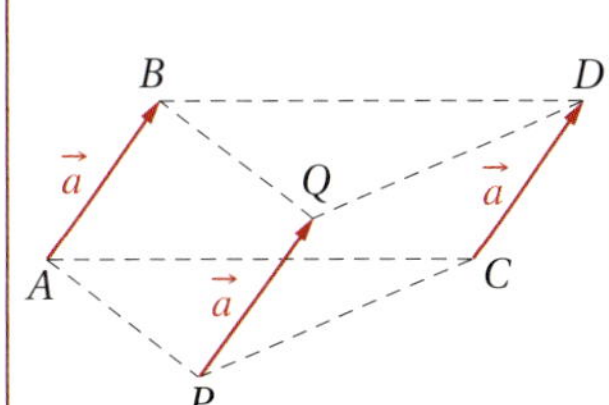

$\vec{a} = \overrightarrow{AB} = \overrightarrow{CD} = \overrightarrow{PQ}$

Vektoren im kartesischen Koordinatensystem

Begriff des kartesischen Koordinatensystems	Ein Koordinatensystem $(O; \vec{i}; \vec{j}; \vec{k})$ heißt **kartesisches** (orthonormiertes) **Koordinatensystem** genau dann, wenn gilt: • $\lvert\vec{i}\rvert = \lvert\vec{j}\rvert = \lvert\vec{k}\rvert = 1$ • $\sphericalangle(\vec{i}; \vec{j}) = \sphericalangle(\vec{j}; \vec{k}) = \sphericalangle(\vec{k}; \vec{i}) = 90°$ • $\vec{i}$, $\vec{j}$ und $\vec{k}$ bilden in dieser Reihenfolge ein Rechtssystem (Rechte-Hand-Regel). 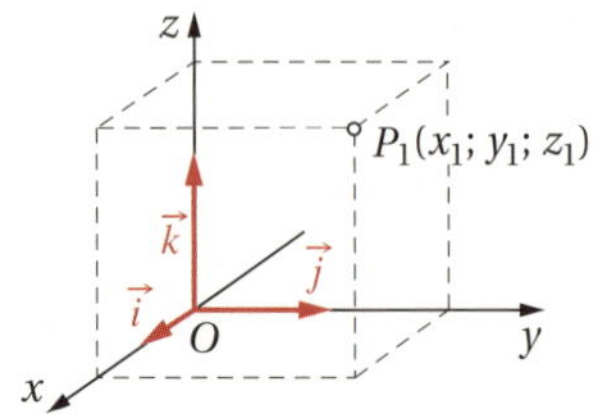
Komponenten- bzw. Koordinatendarstellung eines Vektors $\vec{a}$	$\vec{a} = a_x\vec{i} + a_y\vec{j} + a_z\vec{k} = \begin{pmatrix} a_x \\ a_y \\ a_z \end{pmatrix} = (a_x; a_y; a_z)$ $a_x\vec{i}, a_y\vec{j}, a_z\vec{k}$ Komponenten von $\vec{a}$ a_x, a_y, a_z Koordinaten von $\vec{a}$
Ortsvektor $\vec{p}_1$ eines Punktes $P_1(x_1; y_1; z_1)$	$\vec{p}_1 = \overrightarrow{OP_1} = x_1\vec{i} + y_1\vec{j} + z_1\vec{k}$
Vektor durch zwei Punkte P_1 und P_2	$\overrightarrow{P_1P_2} = \vec{p}_2 - \vec{p}_1 = (x_2 - x_1)\vec{i} + (y_2 - y_1)\vec{j} + (z_2 - z_1)\vec{k} = \begin{pmatrix} x_2 - x_1 \\ y_2 - y_1 \\ z_2 - z_1 \end{pmatrix}$
Betrag eines Vektors $\vec{a}$	$\lvert\vec{a}\rvert = a = \sqrt{a_x^2 + a_y^2 + a_z^2}$
Länge einer Strecke s	$s = \overline{P_1P_2} = \lvert\overrightarrow{P_1P_2}\rvert = \sqrt{(x_2 - x_1)^2 + (y_2 - y_1)^2 + (z_2 - z_1)^2}$

Operationen mit Vektoren

$a_i, b_k \in \mathbb{R}$

Addition	$\vec{a} + \vec{b} = (a_x + b_x)\vec{i} + (a_y + b_y)\vec{j} + (a_z + b_z)\vec{k} = \begin{pmatrix} a_x + b_x \\ a_y + b_y \\ a_z + b_z \end{pmatrix}$ 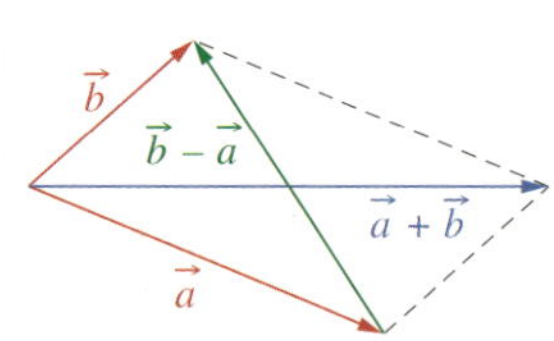
Subtraktion	$\vec{a} - \vec{b} = \vec{a} + (-\vec{b})$ $\vec{b} - \vec{a} = \vec{b} + (-\vec{a})$
Vielfachbildung (Multiplikation mit einem Skalar)	$r\vec{a} = ra_x\vec{i} + ra_y\vec{j} + ra_z\vec{k} = \begin{pmatrix} ra_x \\ ra_y \\ ra_z \end{pmatrix} = r\begin{pmatrix} a_x \\ a_y \\ a_z \end{pmatrix}$ $(r \in \mathbb{R})$
Skalarprodukt (Punktprodukt; inneres Produkt)	Unter dem **Skalarprodukt** $\vec{a} \cdot \vec{b}$ zweier Vektoren $\vec{a}$ und $\vec{b}$ versteht man eine reelle Zahl c, für die gilt: $\vec{a} \cdot \vec{b} = \lvert\vec{a}\rvert\,\lvert\vec{b}\rvert \cos\sphericalangle(\vec{a}; \vec{b})$ bzw. $c = ab\cos\gamma$ mit $\gamma = \sphericalangle(\vec{a}; \vec{b})$ Für die Einheitsvektoren $\vec{i}$, $\vec{j}$ und $\vec{k}$ gilt: $\vec{i} \cdot \vec{i} = \vec{j} \cdot \vec{j} = \vec{k} \cdot \vec{k} = 1$ $\vec{i} \cdot \vec{j} = \vec{i} \cdot \vec{k} = \vec{j} \cdot \vec{k} = 0$ Eigenschaften des Skalarprodukts: $\vec{a} \cdot \vec{b} = \vec{b} \cdot \vec{a}$ (Kommutativgesetz) $\vec{a} \cdot (\vec{b} + \vec{c}) = \vec{a} \cdot \vec{b} + \vec{a} \cdot \vec{c}$ (Distributivgesetz) $r(\vec{a} \cdot \vec{b}) = (r\vec{a}) \cdot \vec{b} = \vec{a} \cdot (r\vec{b})$ (Multiplikation mit einer reellen Zahl r) $\vec{a} \perp \vec{b} \Rightarrow \vec{a} \cdot \vec{b} = 0$ Berechnung des Skalarprodukts mithilfe der Koordinaten der Vektoren $\vec{a}$ und $\vec{b}$: $\vec{a} \cdot \vec{b} = a_xb_x + a_yb_y + a_zb_z$
Winkel zwischen Vektoren	$\cos\sphericalangle(\vec{a}; \vec{b}) = \frac{\vec{a} \cdot \vec{b}}{\lvert\vec{a}\rvert\,\lvert\vec{b}\rvert} = \frac{a_xb_x + a_yb_y + a_zb_z}{\sqrt{a_x^2 + a_y^2 + a_z^2}\,\sqrt{b_x^2 + b_y^2 + b_z^2}}$

Vektorprodukt (Kreuzprodukt; äußeres Produkt)

Unter dem **Vektorprodukt** $\vec{a} \times \vec{b}$ zweier Vektoren $\vec{a}$ und $\vec{b}$ versteht man einen Vektor $\vec{c}$ mit folgenden Eigenschaften:

(1) $|\vec{c}| = |\vec{a}|\,|\vec{b}| \sin\sphericalangle(\vec{a};\vec{b})$ bzw. $c = ab\sin\gamma$ mit $\gamma = \sphericalangle(\vec{a};\vec{b})$

(2) $\vec{c} \perp \vec{a}$ und $\vec{c} \perp \vec{b}$

(3) $\vec{a}$, $\vec{b}$ und $\vec{c}$ bilden in dieser Reihenfolge ein Rechtssystem (falls $\vec{a}$ und $\vec{b}$ linear unabhängig).

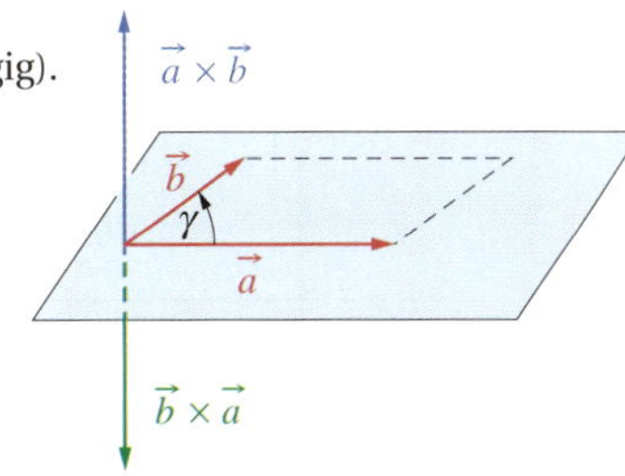

Das Vektorprodukt ist dem Betrage nach gleich dem Flächeninhalt des von den Vektorn $\vec{a}$ und $\vec{b}$ aufgespannten Parallelogramms.

Für die Einheitsvektoren $\vec{i}$, $\vec{j}$ und $\vec{k}$ gilt:

$\vec{i} \times \vec{i} = \vec{j} \times \vec{j} = \vec{k} \times \vec{k} = \vec{o}$

$\vec{i} \times \vec{j} = \vec{k}; \quad \vec{i} \times \vec{k} = -\vec{j}; \quad \vec{j} \times \vec{k} = \vec{i}$

Eigenschaften des Vektorprodukts:

$\vec{a} \times \vec{b} = -(\vec{b} \times \vec{a})$ (Alternativgesetz)

$\vec{a} \times (\vec{b} + \vec{c}) = \vec{a} \times \vec{b} + \vec{a} \times \vec{c}$ (Distributivgesetz)

$r(\vec{a} \times \vec{b}) = (r\vec{a}) \times \vec{b} = \vec{a} \times (r\vec{b})$ (Multiplikation mit einer reellen Zahl r)

$\vec{a}$, $\vec{b}$ kollinear $\Rightarrow$ $\vec{a} \times \vec{b} = \vec{o}$

Berechnung des Vektorprodukts mithilfe der Koordinaten von $\vec{a}$ und $\vec{b}$ (Komponenten- bzw. Koordinatendarstellung von $\vec{a} \times \vec{b}$):

$$\vec{a} \times \vec{b} = \begin{vmatrix} \vec{i} & \vec{j} & \vec{k} \\ a_x & a_y & a_z \\ b_x & b_y & b_z \end{vmatrix} = (a_y b_z - a_z b_y)\,\vec{i} + (a_z b_x - a_x b_z)\,\vec{j} + (a_x b_y - a_y b_x)\,\vec{k} = \begin{pmatrix} a_y b_z - a_z b_y \\ a_z b_x - a_x b_z \\ a_x b_y - a_y b_x \end{pmatrix}$$

Flächeninhalte

Flächeninhalt des von den Vektoren $\vec{a}$ und $\vec{b}$ aufgespannten **Parallelogramms** *ABCD:*

$A = |\vec{a} \times \vec{b}| = ab\sin\gamma$

Flächeninhalt des von $\vec{a}$ und $\vec{b}$ aufgespannten **Dreiecks** *ABD:*

$A = \frac{1}{2}\,|\vec{a} \times \vec{b}| = \frac{1}{2}\,ab\sin\gamma$

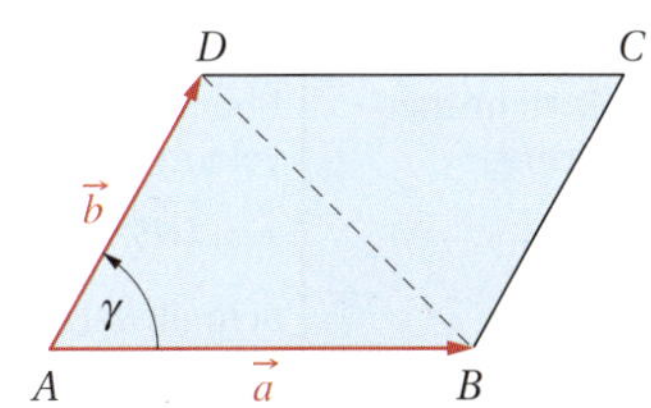

Weitere Produkte von Vektoren

Spatprodukt

$$(\vec{a} \times \vec{b}) \cdot \vec{c} = \vec{a} \cdot (\vec{b} \times \vec{c}) = \begin{vmatrix} a_x & a_y & a_z \\ b_x & b_y & b_z \\ c_x & c_y & c_z \end{vmatrix} = (a_y b_z - a_z b_y)\,c_x + (a_z b_x - a_x b_z)\,c_y + (a_x b_y - a_y b_x)\,c_z$$

Das Spatprodukt ist eine reelle Zahl. Sind die Vektoren $\vec{a}$, $\vec{b}$ und $\vec{c}$ komplanar (d.h., liegen sie in einer Ebene), so ist es gleich null.

Volumen eines Spates

Das Spatprodukt ist dem Betrage nach gleich dem Volumen des von $\vec{a}$, $\vec{b}$ und $\vec{c}$ aufgespannten Spates (Parallelepipeds).

Für dessen Volumen gilt:

$V = |(\vec{a} \times \vec{b}) \cdot \vec{c}|$

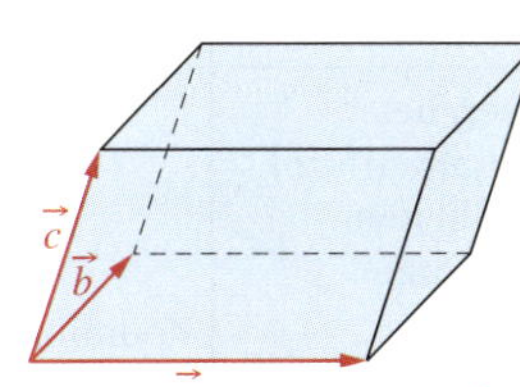

doppeltes Vektorprodukt

$\vec{a} \times (\vec{b} \times \vec{c}) = (\vec{a} \cdot \vec{c})\,\vec{b} - (\vec{a} \cdot \vec{b})\,\vec{c}$

Das doppelte Vektorprodukt ergibt einen Vektor, der in der Ebene der Vektoren $\vec{b}$ und $\vec{c}$ liegt.

Ma

Geraden

$a_i, b_k, t \in \mathbb{R}$

Punktrichtungsgleichung	Gerade durch den Punkt P_0 mit dem Richtungsvektor $\vec{a}$: $\vec{x} = \overrightarrow{OP_0} + t\vec{a} = \vec{p}_0 + t\vec{a}$ (t Parameter) Schreibweise unter Verwendung von Koordinaten (im Raum bzw. in der xy-Ebene): $\begin{pmatrix} x \\ y \\ z \end{pmatrix} = \begin{pmatrix} x_0 \\ y_0 \\ z_0 \end{pmatrix} + t \begin{pmatrix} a_x \\ a_y \\ a_z \end{pmatrix}$ bzw. $\begin{pmatrix} x \\ y \end{pmatrix} = \begin{pmatrix} x_0 \\ y_0 \end{pmatrix} + t \begin{pmatrix} a_x \\ a_y \end{pmatrix}$	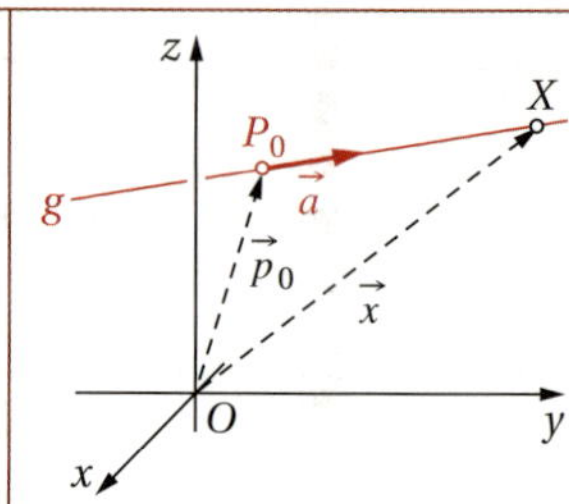
Zweipunktegleichung	Gerade durch die Punkte P_1 und P_2: $\vec{x} = \overrightarrow{OP_1} + t\,\overrightarrow{P_1P_2} = \vec{p}_1 + t(\vec{p}_2 - \vec{p}_1)$ (t Parameter) Schreibweise unter Verwendung von Koordinaten (im Raum bzw. in der xy-Ebene): $\begin{pmatrix} x \\ y \\ z \end{pmatrix} = \begin{pmatrix} x_1 \\ y_1 \\ z_1 \end{pmatrix} + t \begin{pmatrix} x_2 - x_1 \\ y_2 - y_1 \\ z_2 - z_1 \end{pmatrix}$ bzw. $\begin{pmatrix} x \\ y \end{pmatrix} = \begin{pmatrix} x_1 \\ y_1 \end{pmatrix} + t \begin{pmatrix} x_2 - x_1 \\ y_2 - y_1 \end{pmatrix}$	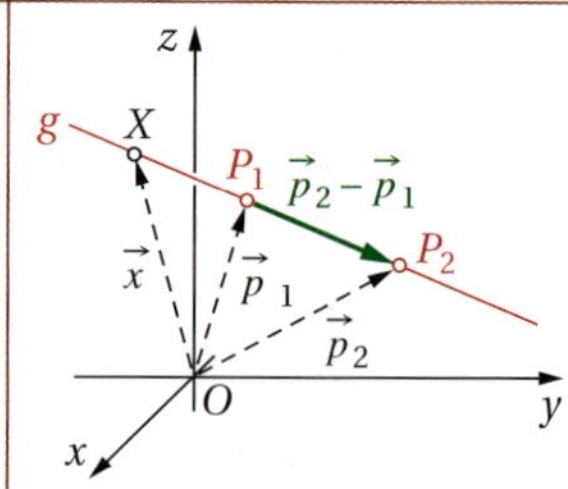
hessesche Normal(en)form (der Geradengleichung)	In der xy-Ebene gilt: $(\vec{x} - \vec{p}_0) \cdot \vec{n}^{\,0} = 0$ mit $\vec{n}^{\,0} = \frac{\vec{n}}{\lvert\vec{n}\rvert}$ ($P_0 \in g$; $\vec{n} \perp g$)	$\vec{n}$ Normalenvektor der Geraden g $\vec{n}^{\,0}$ Normaleneinheitsvektor

Ebenen

$a_i, b_k, r, s, A, B, C, D \in \mathbb{R}$

Punktrichtungsgleichung	Ebene durch den Punkt P_0 und mit den Richtungsvektoren $\vec{a}$ und $\vec{b}$: $\vec{x} = \overrightarrow{OP_0} + r\vec{a} + s\vec{b} = \vec{p}_0 + r\vec{a} + s\vec{b}$ (r, s Parameter) Schreibweise unter Verwendung von Koordinaten: $\begin{pmatrix} x \\ y \\ z \end{pmatrix} = \begin{pmatrix} x_0 \\ y_0 \\ z_0 \end{pmatrix} + r \begin{pmatrix} a_x \\ a_y \\ a_z \end{pmatrix} + s \begin{pmatrix} b_x \\ b_y \\ b_z \end{pmatrix}$	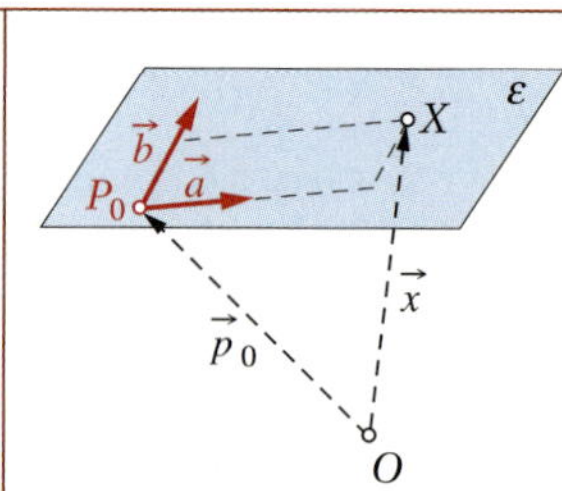
Dreipunktegleichung	Ebene durch die Punkte P_1, P_2 und P_3: $\vec{x} = \overrightarrow{OP_1} + r\,\overrightarrow{P_1P_2} + s\,\overrightarrow{P_1P_3} = \vec{p}_1 + r(\vec{p}_2 - \vec{p}_1) + s(\vec{p}_3 - \vec{p}_1)$ (r, s Parameter)	
allgemeine Form (der Ebenengleichung)	Parameterfreie Darstellung (Koordinatendarstellung): $Ax + By + Cz + D = 0$ ($A, B, C, D \in \mathbb{R}$; $A^2 + B^2 + C^2 > 0$)	
hessesche Normal(en)form (der Ebenengleichung)	$(\vec{x} - \vec{p}_0) \cdot \vec{n}^{\,0} = 0$ mit $\vec{n}^{\,0} = \frac{\vec{n}}{\lvert\vec{n}\rvert}$; $P_0 \in \varepsilon$ $\vec{n}$ Normalenvektor der Ebene ε $\vec{n}^{\,0}$ Normaleneinheitsvektor Koordinatendarstellung: $\frac{Ax + By + Cz + D}{\sqrt{A^2 + B^2 + C^2}} = 0$ $\vec{n} = \begin{pmatrix} A \\ B \\ C \end{pmatrix}$	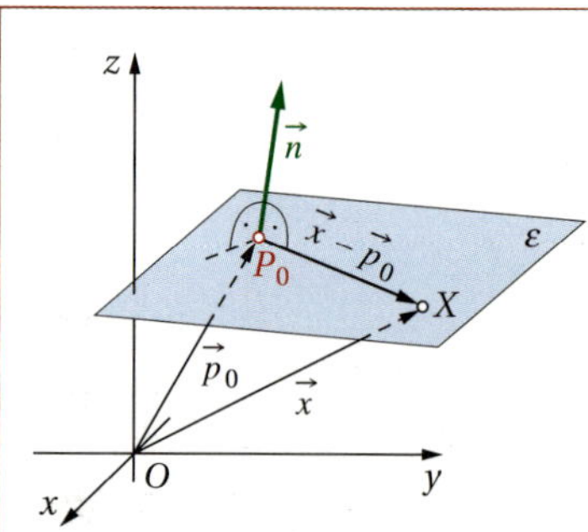

Lagebeziehungen

$a_i, b_k, r, t \in \mathbb{R}$

Lagebeziehung zweier Geraden	Für Geraden g und h mit $g\colon \vec{x} = \vec{p}_0 + t\vec{a}$ und $h\colon \vec{x} = \vec{p}_1 + r\vec{b}$ gibt es folgende Lagebeziehungen: 1. g und h liegen in einer Ebene genau dann, wenn die Vektoren $\vec{a}, \vec{b}$ und $\vec{p}_1 - \vec{p}_0$ linear abhängig sind a) g und h sind zueinander **parallel** ($\vec{a}$ und $\vec{b}$ linear abhängig) b) g und h **schneiden** einander in genau einem Punkt S ($\vec{a}$ und $\vec{b}$ linear unabhängig) 2. g und h sind zueinander **windschief** genau dann, wenn die Vektoren $\vec{a}, \vec{b}$ und $\vec{p}_1 - \vec{p}_0$ linear unabhängig sind.	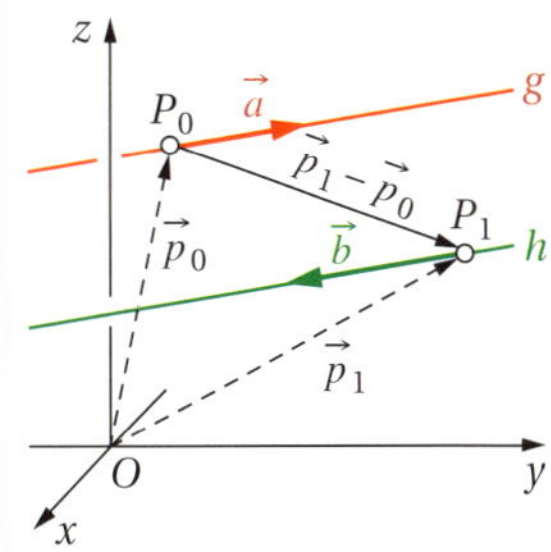
Schnittpunkt zweier Geraden	Die Koordinaten des **Schnittpunktes** S lassen sich folgendermaßen berechnen: $\begin{pmatrix} x_S \\ y_S \\ z_S \end{pmatrix} = \begin{pmatrix} x_0 \\ y_0 \\ z_0 \end{pmatrix} + t_S \begin{pmatrix} a_x \\ a_y \\ a_z \end{pmatrix} = \begin{pmatrix} x_1 \\ y_1 \\ z_1 \end{pmatrix} + r_S \begin{pmatrix} b_x \\ b_y \\ b_z \end{pmatrix}$	
Schnittwinkel φ ($0 \le \varphi \le 90°$)	Winkel zwischen (einander schneidenden) Geraden g und h: $\cos\varphi = \frac{\lvert \vec{a} \cdot \vec{b} \rvert}{ab}$ ($\vec{a}, \vec{b}$ Richtungsvektoren von g, h)	
	Winkel zwischen Gerade g und Ebene ε: $\sin\varphi = \frac{\lvert \vec{a} \cdot \vec{n} \rvert}{an}$ ($\vec{a}$ Richtungsvektor von g; $\vec{n}$ Normalenvektor von ε)	
	Winkel zwischen Ebenen ε_1 und ε_2: $\cos\varphi = \frac{\vec{m} \cdot \vec{n}}{mn}$ ($\vec{m}, \vec{n}$ Normalenvektor von $\varepsilon_1, \varepsilon_2$)	
Abstände	Abstand eines Punktes P_1 von einer Geraden g bzw. Ebene ε: $d = \lvert (\vec{p}_1 - \vec{p}_0) \cdot \vec{n}^{\,0} \rvert$ (mit $(\vec{x} - \vec{p}_0) \cdot \vec{n}^{\,0} = 0$ hessesche Normalenform von g bzw. ε)	
	Abstand windschiefer Geraden g, h: $d = \lvert (\vec{p}_0 - \vec{q}_0) \cdot \vec{n}^{\,0} \rvert$ ($P_0 \in g$, $Q_0 \in h$; $\vec{n}^{\,0}$ Normaleneinheitsvektor von g (oder h))	

Kugel (und Kreis)

$c, d, e, r \in \mathbb{R};\ r > 0$

allgemeine Gleichung	Kugel k mit Mittelpunkt $M(c; d; e)$ und Radius r: $(\vec{x} - \vec{m})^2 = r^2$ bzw. $(x-c)^2 + (y-d)^2 + (z-e)^2 = r^2$ In der xy-Ebene beschreibt die vektorielle Gleichung $(\vec{x} - \vec{m})^2 = r^2$ einen **Kreis** mit dem Mittelpunkt $M(c; d)$ und dem Radius r. (Koordinatendarstellung des Kreises ↗ S. 59)	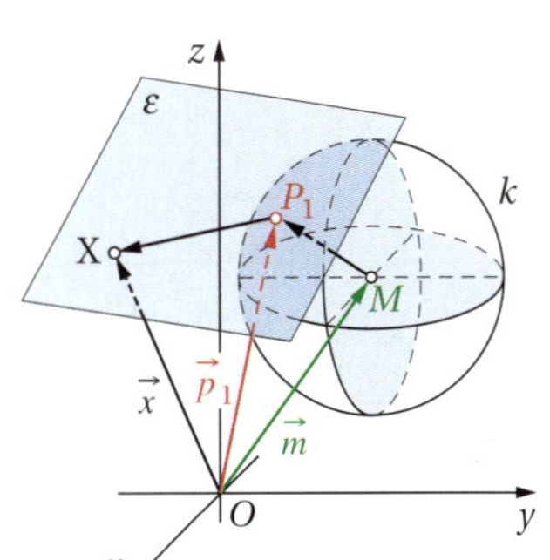
Mittelpunktsgleichung	Kugel k mit Mittelpunkt $M(0; 0; 0)$ und Radius r: $\vec{x}^{\,2} = r^2$ bzw. $x^2 + y^2 + z^2 = r^2$	
Tangentialebene in P_1	Tangentialebene ε im Berührungspunkt P_1 an die Kugel k mit Mittelpunkt $M(c; d; e)$ und Radius r: $(\vec{x} - \vec{m}) \cdot (\vec{x}_1 - \vec{m}) = r^2$ bzw. $(x-c)(x_1-c) + (y-d)(y_1-d) + (z-e)(z_1-e) = r^2$ Darstellung in hessescher Normalenform (mit dem Radiusvektor $\vec{p}_1 - \vec{m}$ als Normalenvektor): $(\vec{x} - \vec{p}_1) \cdot (\vec{p}_1 - \vec{m}) = 0$	

Kombinatorik

Grundbegriffe

$n, k \in \mathbb{N};\ a, b \in \mathbb{R}$

Fakultät

$n! = 1 \cdot 2 \cdot 3 \cdot \ldots \cdot (n-1) \cdot n = \prod_{k=1}^{n} k \quad (n > 1)$ (*Sprechweise:* *n* Fakultät)

$0! = 1 \quad 1! = 1$

Es gilt: $(n+1)! = (n+1) \cdot n!$

Zahlenwerte für $n!$

n	$n!$	n	$n!$	n	$n!$
1	1	11	$\approx 3{,}992 \cdot 10^{7}$	25	$\approx 1{,}551 \cdot 10^{25}$
2	2	12	$\approx 4{,}790 \cdot 10^{8}$	30	$\approx 2{,}653 \cdot 10^{32}$
3	6	13	$\approx 6{,}227 \cdot 10^{9}$	35	$\approx 1{,}033 \cdot 10^{40}$
4	24	14	$\approx 8{,}718 \cdot 10^{10}$	40	$\approx 8{,}159 \cdot 10^{47}$
5	120	15	$\approx 1{,}308 \cdot 10^{12}$	50	$\approx 3{,}041 \cdot 10^{64}$
6	720	16	$\approx 2{,}092 \cdot 10^{13}$	60	$\approx 8{,}321 \cdot 10^{81}$
7	5 040	17	$\approx 3{,}557 \cdot 10^{14}$	70	$\approx 1{,}198 \cdot 10^{100}$
8	40 320	18	$\approx 6{,}402 \cdot 10^{15}$	80	$\approx 7{,}157 \cdot 10^{118}$
9	362 880	19	$\approx 1{,}216 \cdot 10^{17}$	90	$\approx 1{,}486 \cdot 10^{138}$
10	3 628 800	20	$\approx 2{,}433 \cdot 10^{18}$	100	$\approx 9{,}333 \cdot 10^{157}$

Binomialkoeffizienten

$\binom{n}{k} = \frac{n \cdot (n-1) \cdot (n-2) \cdot \ldots \cdot [n-(k-1)]}{1 \cdot 2 \cdot 3 \cdot \ldots \cdot k} = \frac{n!}{k!(n-k)!} \quad (0 < k \leq n)$ (*Sprechweise:* *n* über *k*)

$\binom{n}{0} = 1$

Rechenregeln:

- $\binom{n}{k} = \binom{n}{n-k}$
- $\binom{n}{k} + \binom{n}{k+1} = \binom{n+1}{k+1}$

Zahlenwerte für $\binom{n}{k}$

k \ n	4	5	6	7	8	9	10	11	12	13	14	15
2	6	10	15	21	28	36	45	55	66	78	91	105
3			20	35	56	84	120	165	220	286	364	455
4					70	126	210	330	495	715	1 001	1 365
5							252	462	792	1 287	2 002	3 003
6									924	1 716	3 003	5 005
7											3 432	6 435

Potenzen von Binomen (binomischer Satz)

$$(a+b)^n = \binom{n}{0} a^n + \binom{n}{1} a^{n-1}b + \binom{n}{2} a^{n-2}b^2 + \ldots + \binom{n}{n-1} ab^{n-1} + \binom{n}{n} b^n = \sum_{k=0}^{n} \binom{n}{k} a^{n-k}b^k$$

$(a \pm b)^0 = 1$

$(a \pm b)^1 = a \pm b$

$(a \pm b)^2 = a^2 \pm 2ab + b^2$

$(a \pm b)^3 = a^3 \pm 3a^2b + 3ab^2 \pm b^3$

$(a \pm b)^4 = a^4 \pm 4a^3b + 6a^2b^2 \pm 4ab^3 + b^4$

$(a \pm b)^5 = a^5 \pm 5a^4b + 10a^3b^2 \pm 10a^2b^3 + 5ab^4 \pm b^5$

…

1
1 1
1 2 1
1 3 3 1
1 4 6 4 1
1 5 10 10 5 1
…

pascalsches Zahlendreieck

Anordnungen

$n, k, n_k \in \mathbb{N}^*$

Permutationen	Jede mögliche Anordnung von n Elementen, in der alle Elemente verwendet werden, heißt **Permutation** dieser Elemente.
	Anzahl der **Permutationen** von n Elementen **ohne Wiederholung** (der Elemente): $P_n = n!$ *Interpretation mithilfe des Urnenmodells:* Anzahl der Möglichkeiten, eine geordnete Stichprobe *ohne Zurücklegen* vom Umfang n aus einer Urne mit n unterscheidbaren Kugeln zu entnehmen
	Anzahl der **Permutationen** von n verschiedenen Elementen **mit Wiederholung** (der Elemente): ${}^{W}P_n = \frac{n!}{n_1! \cdot n_2! \cdot \ldots \cdot n_k!}$ (mit $n_1 + n_2 + \ldots + n_k = n$) *Interpretation mithilfe des Urnenmodells:* Anzahl der Möglichkeiten, eine geordnete Stichprobe *mit Zurücklegen* vom Umfang n aus einer Urne mit k unterscheidbaren Kugeln so zu entnehmen, dass diese Kugeln jeweils mit einer Häufigkeit von n_1, n_2, … bzw. n_k gezogen werden
Variationen	Jede mögliche Anordnung (mit Berücksichtigung der Reihenfolge) aus je k von n Elementen heißt **Variation** dieser Elemente (Variation von n Elementen zur k-ten Klasse).
	Anzahl der **Variationen** k-ter Klasse von n verschiedenen Elementen **ohne Wiederholung** (der Elemente): $V_n^{\,k} = \frac{n!}{(n-k)!} = \binom{n}{k} \cdot k!$ $(k \leq n)$ *Interpretation mithilfe des Urnenmodells:* Anzahl der Möglichkeiten, eine geordnete Stichprobe *ohne Zurücklegen* vom Umfang k aus einer Urne mit n unterscheidbaren Kugeln zu entnehmen *Spezialfall* $(k = n)$: $V_n^{\,n} = n! = P_n$
	Anzahl der **Variationen** k-ter Klasse von n verschiedenen Elementen **mit Wiederholung** (der Elemente): ${}^{W}V_n^{\,k} = n^k$ *Interpretation mithilfe des Urnenmodells:* Anzahl der Möglichkeiten, eine geordnete Stichprobe *mit Zurücklegen* vom Umfang k aus einer Urne mit n unterscheidbaren Kugeln zu entnehmen
Kombinationen	Jede mögliche Anordnung (ohne Berücksichtigung der Reihenfolge) aus je k von n Elementen heißt **Kombination** dieser Elemente (Kombination von n Elementen zur k-ten Klasse).
	Anzahl der **Kombinationen** k-ter Klasse von n verschiedenen Elementen **ohne Wiederholung** (der Elemente): $C_n^{\,k} = \binom{n}{k} = \frac{n!}{k!(n-k)!}$ $(k \leq n)$ *Interpretation mithilfe des Urnenmodells:* Anzahl der Möglichkeiten, eine ungeordnete Stichprobe *ohne Zurücklegen* vom Umfang k aus einer Urne mit n unterscheidbaren Kugeln zu entnehmen
	Anzahl der **Kombinationen** k-ter Klasse von n verschiedenen Elementen **mit Wiederholung** (der Elemente): ${}^{W}C_n^{\,k} = \binom{n+k-1}{k}$ *Interpretation mithilfe des Urnenmodells:* Anzahl der Möglichkeiten, eine ungeordnete Stichprobe *mit Zurücklegen* vom Umfang k aus einer Urne mit n unterscheidbaren Kugeln zu entnehmen

Beschreibende Statistik

Lagemaße statistischer Untersuchungen

$n, k \in \mathbb{N}^*;\ n \geq 2$

Modalwert (Modus) m	häufigster Wert unter den Ergebnissen $x_1, x_2, \ldots, x_n$ einer Stichprobe
Mittelwert (arithmetisches Mittel) $\bar{x}$	Für eine Stichprobe vom Umfang n aus einer Grundgesamtheit gilt: $\bar{x} = \frac{x_1 + x_2 + \ldots + x_n}{n} = \frac{1}{n} \sum_{i=1}^{n} x_i$ (↗ S. 18)
gewogenes arithmetisches Mittel	Für die bei einer Stichprobe vom Umfang n mit den absoluten Häufigkeiten $H_1, H_2, \ldots$ bzw. H_k auftretenden Werte (Ergebnisse) $x_1, x_2, \ldots, x_k$ gilt: $\bar{x} = \frac{H_1 \cdot x_1 + H_2 \cdot x_2 + \ldots + H_k \cdot x_k}{n} = h_1 \cdot x_1 + h_2 \cdot x_2 + \ldots + h_k \cdot x_k$ $(k \leq n)$ ($h_1, h_2, \ldots, h_k$ relativen Häufigkeiten)
geometrisches Mittel g	$g = \sqrt[n]{x_1 \cdot x_2 \cdot \ldots \cdot x_n}$ $(x_i > 0$ für $i = 1, 2, \ldots, n)$ (↗ S. 18)
harmonisches Mittel h	$h = \frac{n}{\frac{1}{x_1} + \frac{1}{x_2} + \ldots + \frac{1}{x_n}} = \frac{n}{\sum_{i=1}^{n} \frac{1}{x_i}}$ $(x_i > 0$ für $i = 1, 2, \ldots, n)$ (↗ S. 18)
Zentralwert (Median) z	in der Mitte stehender Wert der nach der Größe geordneten Ergebnisse einer Stichprobe (gegebenenfalls Mittelwert der zwei in der Mitte stehenden Ergebnisse)

Streumaße statistischer Untersuchungen

$n \in \mathbb{N}^*$

Spannweite (Streu- oder Variationsbreite) w	Differenz zwischen größtem und kleinstem Ergebnis einer Stichprobe: $w = x_{max} - x_{min}$
mittlere (lineare) Abweichung d vom Mittelwert	$d = \frac{\lvert x_1 - \bar{x} \rvert + \lvert x_2 - \bar{x} \rvert + \ldots + \lvert x_n - \bar{x} \rvert}{n} = \frac{1}{n} \sum_{i=1}^{n} \lvert x_i - \bar{x} \rvert$
(empirische) Varianz (Streuung) s^2 **Standardabweichung s**	Für Stichproben vom Umfang n gilt: $s^2 = \frac{(x_1 - \bar{x})^2 + (x_2 - \bar{x})^2 + \ldots + (x_n - \bar{x})^2}{n-1} = \frac{1}{n-1} \sum_{i=1}^{n} (x_i - \bar{x})^2$ $s = \sqrt{s^2}$ $(s \geq 0)$
Varianz (Streuung) σ^2	Für Grundgesamtheiten vom Umfang N gilt: $\sigma^2 = \frac{(x_1 - \mu)^2 + (x_2 - \mu)^2 + \ldots + (x_N - \mu)^2}{N} = \frac{1}{N} \sum_{i=1}^{N} (x_i - \mu)^2$ (μ Mittelwert)
Korrelationskoeffizient	Der Grad des Zusammenhangs der Zufallsgrößen X und Y, für die n Paare von Einzelwerten $(x_i; y_i)$ vorliegen, wird durch den **Korrelationskoeffizienten** r_{xy} beschrieben: $r_{xy} = \frac{\sum_{i=1}^{n} (x_i - \bar{x})(y_i - \bar{y})}{\sqrt{\sum_{i=1}^{n} (x_i - \bar{x})^2 \cdot \sum_{i=1}^{n} (y_i - \bar{y})^2}} = \frac{\sum_{i=1}^{n} x_i y_i - \frac{1}{n} \sum_{i=1}^{n} x_i \sum_{i=1}^{n} y_i}{\sqrt{\sum_{i=1}^{n} x_i^2 - \frac{1}{n}\left(\sum_{i=1}^{n} x_i\right)^2} \cdot \sqrt{\sum_{i=1}^{n} y_i^2 - \frac{1}{n}\left(\sum_{i=1}^{n} y_i\right)^2}}$
Regressionsgerade	Gleichung der zur Vorhersage von y-Werten dienenden **Regressionsgeraden:** $y - \bar{y} = \frac{r_{xy} s_y}{s_x} (x - \bar{x})$ ($\bar{x}, \bar{y}$ Mittelwerte von x_i bzw. y_i; s_x, s_y Standardabweichungen von x_i bzw. y_i) 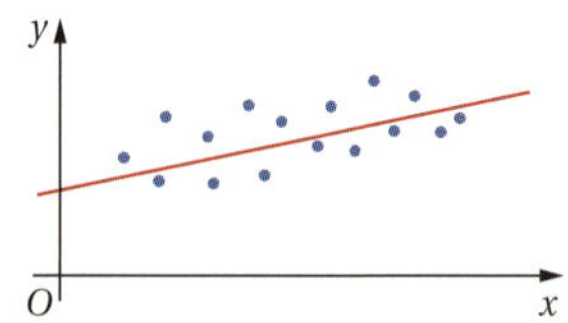

Wahrscheinlichkeitsrechnung

Grundlegende Begriffe

Zufallsversuch (Zufallsexperiment)	Versuch mit mehreren möglichen Ergebnissen $x_1, x_2, \ldots, x_n$, von denen bei jeder Versuchsdurchführung genau eines eintritt (wobei nicht voraussagbar ist, welches Ergebnis das sein wird)
Ergebnismenge (Stichprobenraum) Ω	Menge aller möglichen Ergebnisse $\Omega = \{x_1, x_2, \ldots, x_n\}$
Ereignis E **Ereignismenge**	Teilmenge der Ergebnismenge Ω $(E \subseteq \Omega)$ Menge aller Teilmengen von Ω (**Potenzmenge** 2^Ω)
spezielle Ereignisse	**Sicheres Ereignis:** Ereignis, das bei jeder Versuchsdurchführung eintritt $(E = \Omega)$ **Unmögliches Ereignis:** Ereignis, das bei keiner Versuchsdurchführung eintritt $(E = \emptyset)$ **Elementarereignis (atomares Ereignis):** Ereignis mit genau einem Ergebnis x $(E = \{x\})$
Gegenereignis $\bar{E}$	Komplementärmenge von E (Ereignis, das genau dann eintritt, wenn E nicht eintritt)
absolute Häufigkeit $H_n(x_i)$ **bzw.** $H_n(E)$	Anzahl des Eintretens des Ergebnisses x_i bzw. des Ereignisses E bei n Versuchsdurchführungen
relative Häufigkeit $h_n(x_i)$ **bzw.** $h_n(E)$	$h_n(x_i) = \frac{H_n(x_i)}{n}$ bzw. $h_n(E) = \frac{H_n(E)}{n}$
Bernoulli-Versuch (Bernoulli-Experiment)	Zufallsversuch mit genau zwei möglichen Ergebnissen, d.h. Vorgang mit zufälligem Ergebnis, bei dem nur zwischen *Erfolg* und *Misserfolg* unterschieden wird

Wahrscheinlichkeit und ihre grundlegenden Eigenschaften

$A, E, E_1, E_2 \subseteq \Omega$

Bei einer hinreichend großen Anzahl von Versuchen kann die relative Häufigkeit des Eintretens eines Ereignisses E als Maß für dessen **Wahrscheinlichkeit** gewählt werden.
Der Zahlenwert für die Wahrscheinlichkeit des Ereignisses E wird mit $P(E)$ bezeichnet.

Gleichverteilung (klassische Wahrscheinlichkeit)

Ein Zufallsversuch (Zufallsexperiment), bei dem alle Elementarereignisse die gleiche Wahrscheinlichkeit haben, heißt **Laplace-Experiment.**
Für jedes $E \subseteq \Omega$ gilt:

$$P(E) = \frac{\text{Anzahl der für } E \text{ günstigen Ergebnisse}}{\text{Anzahl der möglichen Ergebnisse}}$$

Regeln und Sätze für das Rechnen mit Wahrscheinlichkeiten

(1) $0 \le P(E) \le 1$

(2) $A = \{x_1, x_2, \ldots, x_k\} \subseteq \Omega$ (Summenregel für Elementarereignisse)
$\Rightarrow P(A) = P(\{x_1\}) + P(\{x_2\}) + \ldots + P(\{x_k\})$

(3) $P(\Omega) = 1$ (Wahrscheinlichkeit des sicheren Ereignisses)

(4) $P(\emptyset) = 0$ (Wahrscheinlichkeit des unmöglichen Ereignisses)

(5) $P(\bar{E}) = 1 - P(E)$ (Wahrscheinlichkeit des Gegenereignisses)

(6) $E_1 \subseteq E_2 \Rightarrow P(E_1) \le P(E_2)$

(7) $P(E_1 \cup E_2) = P(E_1) + P(E_2) - P(E_1 \cap E_2)$ (Additionssatz für zwei Ereignisse)

Mehrstufige Zufallsversuche; bedingte Wahrscheinlichkeit

$A, B, E_i, F_i \subseteq \Omega$

n-stufiger Zufallsversuch	Zusammenfassung von n (Teil-)Zufallsversuchen zu einem Zufallsversuch
Pfadregeln	**1. Pfadregel (Produktregel):** Die Wahrscheinlichkeit eines Ergebnisses (eines Elementarereignisses) in einem mehrstufigen Zufallsversuch ist gleich dem Produkt der Wahrscheinlichkeiten längs des zugehörigen Pfades im Baumdiagramm. 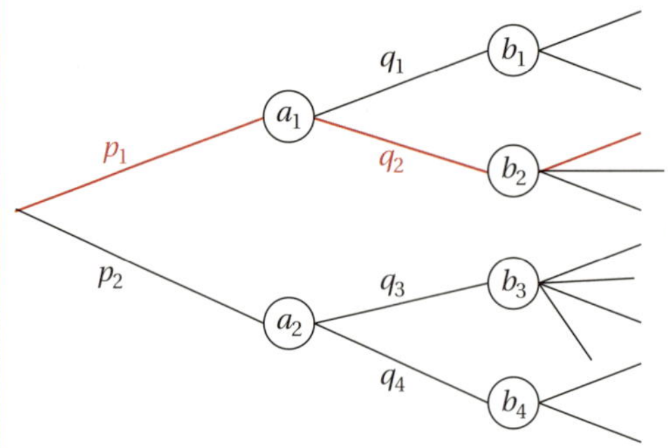 $P(\{a_1; b_2; \ldots\}) = p_1 \cdot q_2 \cdot \ldots$ **2. Pfadregel (Summenregel):** Die Wahrscheinlichkeit eines beliebigen Ereignisses in einem Zufallsversuch ist gleich der Summe der Wahrscheinlichkeiten der für dieses Ereignis günstigen Pfade (d.h. der Pfade, bei denen das Ereignis eintritt).
Bernoulli-Kette	Wird ein Bernoulli-Versuch insgesamt n-mal unabhängig voneinander (nacheinander) durchgeführt, so spricht man von einer Bernoulli-Kette der Länge n.
bernoullische Formel	Für die Wahrscheinlichkeit des Auftretens von genau k Erfolgen bei einer Bernoulli-Kette der Länge n gilt: $P(\text{genau } k \text{ Erfolge}) = \binom{n}{k} \cdot p^k \cdot (1-p)^{n-k}$ (↗ Binomialverteilung, S. 72)
bedingte Wahrscheinlichkeit $P_B(A)$	Wahrscheinlichkeit des Ereignisses A unter Voraussetzung, dass das Ereignis B mit einer bestimmten Wahrscheinlichkeit bereits eingetreten ist: $P_B(A) = \frac{P(A \cap B)}{P(B)}$ (für $P(B) > 0$)
unabhängige Ereignisse	Zwei Ereignisse A und B heißen genau dann voneinander (stochastisch) **unabhängig,** wenn gilt: $P_B(A) = P(A)$ bzw. $P_A(B) = P(B)$ (für $P(A), P(B) > 0$)
Multiplikationssatz (Verallgemeinerung der 1. Pfadregel)	Für die Wahrscheinlichkeit, dass sowohl A als auch B eintritt, gilt: $P(A \cap B) = P(A) \cdot P_A(B) = P(B) \cdot P_B(A)$ (für $P(A), P(B) > 0$) *Spezialfall für unabhängige Ereignisse A und B:* $P(A \cap B) = P(A) \cdot P(B)$
Satz der totalen Wahrscheinlichkeit (Verallgemeinerung der 2. Pfadregel)	Bilden die Ereignisse $B_1, B_2, \ldots, B_n$ eine **Zerlegung** von Ω, d.h., ist $B_1 \cup B_2 \cup \ldots \cup B_n = \Omega$ und $B_i \cap B_j = \emptyset$ (für $i \neq j$), so gilt für jedes Ereignis $A \in 2^{\Omega}$: $P(A) = P(B_1) \cdot P_{B_1}(A) + P(B_2) \cdot P_{B_2}(A) + \ldots + P(B_n) \cdot P_{B_n}(A)$
bayessche Formel	Bilden die Ereignisse $B_1, B_2, \ldots, B_n$ eine **Zerlegung** von Ω und ist A ein beliebiges Ereignis aus 2^{Ω}, so gilt für jedes i (mit $i = 1, 2, \ldots, n$): $P_A(B_i) = \frac{P(B_i) \cdot P_{B_i}(A)}{P(A)} = \frac{P(B_i) \cdot P_{B_i}(A)}{P(B_1) \cdot P_{B_1}(A) + P(B_2) \cdot P_{B_2}(A) + \ldots + P(B_n) \cdot P_{B_n}(A)}$

Zufallsgrößen und ihre Verteilung

Zufallsgröße (Zufallsvariable) X	Größe, die bei verschiedenen, unter gleichen Bedingungen durchgeführten Zufallsversuchen verschiedene Werte $x_1, x_2, \ldots$ annehmen kann Eine **diskrete Zufallsgröße** kann in einem Intervall nur endliche viele (bzw. abzählbar unendlich viele), eine **stetige Zufallsgröße** dagegen beliebig viele Werte annehmen.
Wahrscheinlichkeitsverteilung	Funktion, die jedem Wert x einer Zufallsgröße X seine Wahrscheinlichkeit $P(X = x) = p$ zuordnet Diskrete Zufallsgrößen werden durch die **Wahrscheinlichkeitsfunktion** f mit $f(x_i) = P(X = x_i) = p_i$ und $\sum_{i=1}^{n} f(x_i) = 1$, stetige Zufallsgrößen durch die **Dichtefunktion** φ mit $\int_{-\infty}^{\infty} \varphi(x)\,dx = 1$ charakterisiert. Die **Verteilungsfunktion Φ** mit $\Phi(x) = P(X \leq x) = \sum_{x_i < x} f(x_i)$ bzw. $\Phi(x) = P(X \leq x) = \int_{-\infty}^{x} \varphi(z)\,dz$ gibt die **summierte Wahrscheinlichkeitsverteilung** der Zufallsgröße X an.
Maße von Verteilungen	
Erwartungswert $E(X)$ (Mittelwert μ)	**Erwartungswert einer diskreten Zufallsgröße:** $E(X) = \mu = x_1 \cdot p_1 + x_2 \cdot p_2 + \ldots + x_n \cdot p_n = \sum_{i=1}^{n} x_i \cdot p_i$ (x_i Werte der Zufallsgröße X; p_i Wahrscheinlichkeit für $X = x_i$) **Erwartungswert einer stetigen Zufallsgröße:** $E(X) = \mu = \int_{-\infty}^{\infty} x \cdot \varphi(x)\,dx$ (φ Dichtefunktion bzw. Wahrscheinlichkeitsdichte)
Varianz $V(X)$ (Streuung σ^2)	$V(X) = \sigma^2 = E([X - E(X)]^2) = E(X^2) - [E(X)]^2$ **Varianz einer diskreten Zufallsgröße:** $V(X) = \sigma^2 = [x_1 - E(X)]^2 \cdot p_1 + [x_2 - E(X)]^2 \cdot p_2 + \ldots + [x_n - E(X)]^2 \cdot p_n$ $= \sum_{i=1}^{n} [x_i - E(X)]^2 \cdot p_i = \sum_{i=1}^{n} (x_i - \mu)^2 \cdot p_i$ **Varianz einer stetigen Zufallsgröße:** $V(X) = \sigma^2 = \int_{-\infty}^{\infty} [x - E(X)]^2 \cdot \varphi(x)\,dx = \int_{-\infty}^{\infty} (x - \mu)^2 \cdot \varphi(x)\,dx$
Standardabweichung	$\sigma = \sqrt{V(X)}$
tschebyschewsche Ungleichung	$P(\lvert X - E(X) \rvert \geq \alpha) \leq \frac{V(X)}{\alpha^2}$ (für $\alpha \in \mathbb{R}$ und $\alpha \geq 0$)
Spezielle Verteilungen diskreter Zufallsgrößen	
Gleichverteilung	Es gibt n verschiedene Werte $x_1, x_2, \ldots, x_n$, für die gilt: $P(X = x_i) = \frac{1}{n}$ (für alle $i = 1, 2, \ldots, n$) *Mögliche Interpretation:* Ziehen aus einer Urne mit genau n (durchnummerierten, aber sonst nicht unterscheidbaren) Kugeln **Erwartungswert** und **Varianz:** $E(X) = \mu = \frac{n+1}{2}$ $V(X) = \sigma^2 = \frac{n^2 - 1}{12}$

hypergeometrische Verteilung	$P(X=k)=\frac{\binom{M}{k}\cdot\binom{N-M}{n-k}}{\binom{N}{n}}$ (N, M, n Parameter) *Mögliche Interpretation:* Ziehen aus einer Urne mit weißen und schwarzen Kugeln *ohne Zurücklegen* N Anzahl der Kugeln in der Urne; M Anzahl der weißen Kugeln in der Urne n Anzahl der gezogenen Kugeln; k Anzahl der gezogenen weißen Kugeln **Erwartungswert** und **Standardabweichung:** $\mu = n \cdot p$ $\sigma^2 = n \cdot p \cdot (1-p) \cdot \frac{N-n}{N-1}$ (mit $p = \frac{M}{N}$)
Binomialverteilung (bernoullische oder newtonsche Verteilung)	$b(n; p; k) = B_{n;p}(\{k\}) = P(X=k) = \binom{n}{k} \cdot p^k \cdot (1-p)^{n-k}$ (n, p Parameter) *Mögliche Interpretation:* Ziehen aus einer Urne mit weißen und schwarzen Kugeln *mit Zurücklegen* p Anteil der weißen Kugeln in der Urne; n Anzahl der gezogenen Kugeln k Anzahl der gezogenen weißen Kugeln Es gilt: $b(n; p; k) = b(n; 1-p; n-k)$ **Erwartungswert** und **Standardabweichung:** $\mu = n \cdot p$ $\sigma = \sqrt{n \cdot p \cdot (1-p)}$ **Summierte binomiale Wahrscheinlichkeiten:** $B(n; p; k) = B_{n;p}(\{0; 1; 2; \ldots; k\}) = P(X \le k) = \sum_{i=0}^{k} \binom{n}{i} \cdot p^i \cdot (1-p)^{n-i}$

Normalverteilung (stetiger Zufallsgrößen)
Eine **Normalverteilung (Gauss-Verteilung)** einer stetigen Zufallsgröße X liegt vor, wenn für deren Dichtefunktion φ gilt: $\varphi(x) = \frac{1}{\sqrt{2\pi\sigma^2}} \cdot e^{-\frac{1}{2}\left(\frac{x-\mu}{\sigma}\right)^2}$ (μ Erwartungswert; σ^2 Varianz; e eulersche Zahl, ↗ S. 4)
Werden insbesondere $\mu = 0$ und $\sigma^2 = 1$ gewählt, so spricht man von einer **Standardnormalverteilung.** In diesem Fall gilt für die Dichtefunktion: $\varphi(x) = \frac{1}{\sqrt{2\pi}} \cdot e^{-\frac{1}{2}x^2}$

Näherungsformeln für die Binomialverteilung

Für den Fall, dass bei einer Binomialverteilung n sehr groß und p sehr klein ist, gilt folgende **Näherungsformel von Poisson:**

$b(n; p; k) = P(X=k) \approx \frac{\mu^k \cdot e^{-\mu}}{k!}$ (e eulersche Zahl, ↗ S. 4)

Für große n kann eine Annäherung (Approximation) der Binomialverteilung durch die (Standard-)Normalverteilung erfolgen.

Werden $\mu = 0$ und $\sigma^2 = 1$ gewählt, so gelten die folgenden **Näherungsformeln von Laplace:**

(1) lokale Näherung

$b(n; p; k) = P(X=k) \approx \frac{1}{\sigma} \cdot \varphi\left(\frac{k-\mu}{\sigma}\right)$ mit $\varphi(z) = \frac{1}{\sqrt{2\pi}} e^{-\frac{1}{2}z^2}$ und $z = \frac{k-\mu}{\sigma}$

(2) globale Näherung

$B(n; p; k) = P(X \le k) \approx \Phi\left(\frac{k+0{,}5-\mu}{\sigma}\right)$ mit $\Phi(X) = \int_{-\infty}^{x} \varphi(z)\,dz$

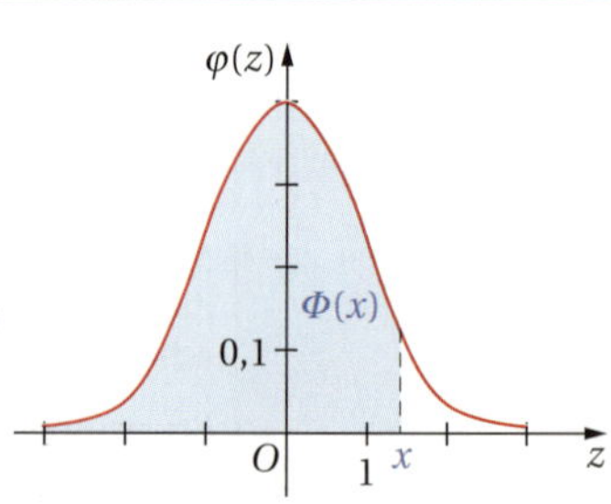

Zufallszahlen (Zufallsziffern)

	1	2	3	4	5	6	7	8	9	10
1	15417	74829	98508	69237	70467	34085	49284	97138	93989	14949
2	83541	78590	79977	76459	34698	24757	68161	59220	38860	27550
3	83363	57671	82647	01759	08377	43949	09336	91279	73510	94567
4	31376	08426	01496	05707	94894	51621	17306	72636	71629	65120
5	65922	79156	22950	71072	80501	93759	85577	84671	99144	71309
6	44623	21571	22510	26078	22919	38014	74812	75848	14865	50707
7	65805	75499	92585	36047	08728	64845	56179	30677	13952	17741
8	93688	06385	99106	44950	47682	71020	63928	07473	53143	55538
9	36787	35165	41625	81646	10310	18362	67818	15497	41543	68104
10	15064	84305	26024	71232	77282	57088	66469	20092	17124	70810
11	73781	85945	09081	98055	11526	90691	15615	44830	97017	51826
12	26695	95847	07129	28755	21654	98159	84790	02153	33476	10877
13	92757	35124	39446	30201	90983	42613	50124	74041	92437	45890
14	92185	74853	27243	31847	74204	32685	96841	84106	47671	14727
15	74354	56786	84156	93849	83624	23295	97223	26876	02040	63305
16	59197	20737	18935	21679	94861	04571	56572	75516	57795	48323
17	00301	81564	88863	39162	51300	15466	18098	65846	32016	03620
18	79322	69113	50376	37006	39588	17941	64241	03042	54301	76495
19	46896	84356	67893	61217	22292	19955	36594	99542	15739	82020
20	94311	89493	04724	34761	58674	03370	17343	26488	94584	46804
21	50139	41011	19852	14712	60801	27399	53433	69217	37252	89608
22	45743	91990	91000	17480	50573	15265	91344	09868	74933	62735
23	64269	55393	37855	01869	02917	41863	10742	37109	41323	47310
24	14329	42915	01173	78025	73717	67185	18782	76148	61642	54586
25	49164	91933	42306	12947	01680	45921	88522	76925	16524	13480
26	63507	03320	12293	81871	22119	18613	96294	01829	03841	12788
27	31103	31984	50959	85256	56765	26668	31216	90250	52790	14013
28	87752	40845	96402	26261	18016	31328	95484	70209	78843	49634
29	34521	61518	86842	34276	64020	93595	76699	52993	42374	80862
30	60134	98695	05002	46655	66145	24412	88072	66297	79074	68815
31	06229	07384	52698	19903	35072	80833	77731	32709	10017	57464
32	97059	41147	74463	97601	67734	87007	24499	60309	99660	83221
33	46371	28520	24589	60795	36960	23796	31257	24457	83745	44343
34	36473	18603	18977	92183	12326	22106	98444	22002	84542	16639
35	30237	29527	99532	55131	81820	29715	39847	04796	12701	42349
36	85103	14708	27584	63442	78297	59167	66366	27044	64303	36958
37	25504	74076	31828	91636	76100	09238	08552	22605	50630	87013
38	96337	29252	08527	81256	02940	50825	10377	25971	61687	84186
39	56182	11865	71079	42516	97923	78872	42229	85906	56823	18838
40	90510	47483	96598	80450	30750	23532	55980	07279	83210	37192
41	26941	53548	17715	25011	21995	34264	07656	16232	34813	85433
42	13867	18774	01197	56723	35424	34840	15440	36266	25140	63227
43	15506	06973	81097	06518	25041	90625	58504	94562	29230	80827
44	08853	11983	82717	43617	57257	51678	90141	15501	90364	28763
45	73816	06882	91562	90555	49994	59448	03989	57337	17294	04923
46	70690	10003	56510	65010	16265	67211	03482	32463	07107	73883
47	68116	60841	10401	84722	60367	02492	20459	45129	23698	28483
48	90170	43107	71912	82744	94495	03554	53599	39307	68249	61059
49	80718	79591	75982	59376	63561	29768	26545	58682	97275	83963
50	57437	92583	48514	37163	60580	79939	22006	43375	64739	23795

Dichtefunktionswerte $\varphi(x)$ der Standardnormalverteilung

$$\varphi(x) = \frac{1}{\sqrt{2\pi}} \cdot e^{-\frac{1}{2}x^2}$$

x	0	1	2	3	4	5	6	7	8	9
0,0	0,3989	3989	3989	3988	3986	3984	3982	3980	3977	3973
0,1	0,3970	3965	3961	3956	3951	3945	3939	3932	3925	3918
0,2	0,3910	3902	3894	3885	3876	3867	3857	3847	3836	3825
0,3	0,3814	3802	3790	3778	3765	3752	3739	3725	3712	3697
0,4	0,3683	3668	3653	3637	3621	3605	3589	3572	3555	3538
0,5	0,3521	3503	3485	3467	3448	3429	3410	3391	3372	3352
0,6	0,3332	3312	3292	3271	3251	3230	3209	3187	3166	3144
0,7	0,3123	3101	3079	3056	3034	3011	2989	2966	2943	2920
0,8	0,2897	2874	2850	2827	2803	2780	2756	2732	2709	2685
0,9	0,2661	2637	2613	2589	2565	2541	2516	2492	2468	2444
1,0	0,2420	2396	2371	2347	2323	2299	2275	2251	2227	2203
1,1	0,2179	2155	2131	2107	2083	2059	2036	2012	1989	1965
1,2	0,1942	1919	1895	1872	1849	1826	1804	1781	1758	1736
1,3	0,1714	1691	1669	1647	1626	1604	1582	1561	1539	1518
1,4	0,1497	1476	1456	1435	1415	1394	1374	1354	1334	1315
1,5	0,1295	1276	1257	1238	1219	1200	1182	1163	1145	1127
1,6	0,1109	1092	1074	1057	1040	1023	1006	0989	0973	0957
1,7	0,0940	0925	0909	0893	0878	0863	0848	0833	0818	0804
1,8	0,0790	0775	0761	0748	0734	0721	0707	0694	0681	0669
1,9	0,0656	0644	0632	0620	0608	0596	0584	0573	0562	0551
2,0	0,0540	0529	0519	0508	0498	0488	0478	0468	0459	0449
2,1	0,0440	0431	0422	0413	0404	0396	0387	0379	0371	0363
2,2	0,0355	0347	0339	0332	0325	0317	0310	0303	0297	0290
2,3	0,0283	0277	0270	0264	0258	0252	0246	0241	0235	0229
2,4	0,0224	0219	0213	0208	0203	0198	0194	0189	0184	0180
2,5	0,0175	0171	0167	0163	0158	0154	0151	0147	0143	0139
2,6	0,0136	0132	0129	0126	0122	0119	0116	0113	0110	0107
2,7	0,0104	0101	0099	0096	0093	0091	0088	0086	0084	0081
2,8	0,0079	0077	0075	0073	0071	0069	0067	0065	0063	0061
2,9	0,0060	0058	0056	0055	0053	0051	0050	0048	0047	0046
3,0	0,0044	0043	0042	0040	0039	0038	0037	0036	0035	0034
3,1	0,0033	0032	0031	0030	0029	0028	0027	0026	0025	0025
3,2	0,0024	0023	0022	0022	0021	0020	0020	0019	0018	0018
3,3	0,0017	0017	0016	0016	0015	0015	0014	0014	0013	0013
3,4	0,0012	0012	0012	0011	0011	0010	0010	0010	0009	0009
3,5	0,0009	0008	0008	0008	0008	0007	0007	0007	0007	0006
3,6	0,0006	0006	0006	0005	0005	0005	0005	0005	0005	0004
3,7	0,0004	0004	0004	0004	0004	0004	0003	0003	0003	0003
3,8	0,0003	0003	0003	0003	0002	0002	0002	0002	0002	0002
3,9	0,0002	0002	0002	0002	0002	0002	0002	0002	0001	0001
4,0	0,0001	0001	0001	0001	0001	0001	0001	0001	0001	0001
4,1	0,0001	0001	0001	0001	0001	0001	0001	0001	0001	0001
4,2	0,0001	0001	0001	0001						

Es gilt: $\varphi(-x) = \varphi(x)$

Anmerkung: Alle nicht aufgeführten Werte sind (auf vier Dezimalstellen gerundet) 0,0000.
$\varphi(1{,}24) = 0{,}1849$ $\quad$ $\varphi(-0{,}96) = \varphi(0{,}96) = 0{,}2516$

Funktionswerte $\Phi(x)$ der Standardnormalverteilung

$$\Phi(x) = \int_{-\infty}^{x} \varphi(z)\,dz$$

x	0	1	2	3	4	5	6	7	8	9
0,0	0,5000	5040	5080	5120	5160	5200	5239	5279	5319	5359
0,1	0,5398	5438	5478	5517	5557	5596	5636	5675	5714	5754
0,2	0,5793	5832	5871	5910	5948	5987	6026	6064	6103	6141
0,3	0,6179	6217	6255	6293	6331	6368	6406	6443	6480	6517
0,4	0,6555	6591	6628	6664	6700	6736	6772	6808	6844	6879
0,5	0,6915	6950	6985	7019	7054	7088	7123	7157	7190	7224
0,6	0,7258	7291	7324	7357	7389	7422	7454	7486	7518	7549
0,7	0,7580	7612	7642	7673	7704	7734	7764	7794	7823	7852
0,8	0,7881	7910	7939	7967	7996	8023	8051	8079	8106	8133
0,9	0,8159	8186	8212	8238	8264	8289	8315	8340	8365	8389
1,0	0,8413	8438	8461	8485	8508	8531	8554	8577	8599	8621
1,1	0,8643	8665	8686	8708	8729	8749	8770	8790	8810	8830
1,2	0,8849	8869	8888	8907	8925	8944	8962	8980	8997	9015
1,3	0,9032	9049	9066	9082	9099	9115	9131	9147	9162	9177
1,4	0,9192	9207	9222	9236	9251	9265	9279	9292	9306	9319
1,5	0,9332	9345	9357	9370	9382	9394	9406	9418	9430	9441
1,6	0,9452	9463	9474	9485	9495	9505	9515	9525	9535	9545
1,7	0,9554	9564	9573	9582	9591	9599	9608	9616	9625	9633
1,8	0,9641	9649	9656	9664	9671	9678	9686	9693	9700	9706
1,9	0,9713	9719	9726	9732	9738	9744	9750	9756	9762	9767
2,0	0,9773	9778	9783	9788	9793	9798	9803	9808	9812	9817
2,1	0,9821	9826	9830	9834	9838	9842	9846	9850	9854	9857
2,2	0,9861	9865	9868	9871	9875	9878	9881	9884	9887	9890
2,3	0,9893	9896	9898	9901	9904	9906	9909	9911	9913	9916
2,4	0,9918	9920	9922	9925	9927	9929	9931	9932	9934	9936
2,5	0,9938	9940	9941	9943	9945	9946	9948	9949	9951	9952
2,6	0,9953	9955	9956	9957	9959	9960	9961	9962	9963	9964
2,7	0,9965	9966	9967	9968	9969	9970	9971	9972	9973	9974
2,8	0,9974	9975	9976	9977	9977	9978	9979	9980	9980	9981
2,9	0,9981	9982	9983	9983	9984	9984	9985	9985	9986	9986
3,0	0,9987	9987	9987	9988	9988	9989	9989	9989	9990	9990
3,1	0,9990	9991	9991	9991	9992	9992	9992	9992	9993	9993
3,2	0,9993	9993	9994	9994	9994	9994	9994	9995	9995	9995
3,3	0,9995	9995	9995	9996	9996	9996	9996	9996	9996	9997
3,4	0,9997	9997	9997	9997	9997	9997	9997	9997	9997	9998
3,5	0,9998	9998	9998	9998	9998	9998	9998	9998	9998	9998
3,6	0,9998	9998	9999	9999	9999	9999	9999	9999	9999	9999
3,7	0,9999	9999	9999	9999	9999	9999	9999	9999	9999	9999
3,8	0,9999	9999	9999	9999	9999	9999	9999	9999	9999	9999
3,9	1,0000									

Es gilt: $\Phi(-x) = 1 - \Phi(x)$

Anmerkung: Alle nicht aufgeführten Werte sind (auf vier Dezimalstellen gerundet) 1,0000.
$\Phi(1{,}24) = 0{,}8925$ $\Phi(-0{,}96) = 1 - \Phi(0{,}96) = 1 - 0{,}8315 = 0{,}1685$

Binomiale Wahrscheinlichkeiten

$$b(n;p;k) = P(X=k) = \binom{n}{k} \cdot p^k \cdot (1-p)^{n-k}$$

n	k	p										k	n
		0,05	**0,10**	$\frac{1}{6}$	**0,20**	**0,25**	**0,30**	$\frac{1}{3}$	**0,40**	**0,45**	**0,50**		
5	0	0,7738	5905	4019	3277	2373	1681	1317	0778	0503	0313	5	5
	1	0,2036	3281	4019	4096	3955	3602	3292	2592	2059	1563	4	
	2	0,0214	0729	1608	2048	2637	3087	3292	3456	3369	3125	3	
	3	0,0011	0081	0322	0512	0879	1323	1646	2304	2757	3125	2	
	4		0005	0032	0064	0146	0284	0412	0768	1128	1563	1	
	5			0001	0003	0010	0024	0041	0102	0185	0313	0	
10	0	0,5987	3487	1615	1074	0563	0282	0173	0060	0025	0010	10	10
	1	0,3151	3874	3230	2684	1877	1211	0867	0403	0207	0098	9	
	2	0,0746	1937	2907	3020	2816	2335	1951	1209	0763	0439	8	
	3	0,0105	0574	1550	2013	2503	2668	2601	2150	1665	1172	7	
	4	0,0010	0112	0543	0881	1460	2001	2276	2508	2384	2051	6	
	5	0,0001	0015	0130	0264	0584	1029	1366	2007	2340	2461	5	
	6		0001	0022	0055	0162	0368	0569	1115	1596	2051	4	
	7			0002	0008	0031	0090	0163	0425	0746	1172	3	
	8				0001	0004	0014	0030	0106	0229	0439	2	
	9						0001	0003	0016	0042	0098	1	
	10								0001	0003	0010	0	
15	0	0,4633	2059	0649	0352	0134	0047	0023	0005	0001	0000	15	15
	1	0,3658	3432	1947	1319	0668	0305	0171	0047	0016	0005	14	
	2	0,1348	2669	2726	2309	1559	0916	0599	0219	0090	0032	13	
	3	0,0307	1285	2363	2501	2252	1700	1299	0634	0318	0139	12	
	4	0,0049	0428	1418	1876	2252	2186	1948	1268	0780	0417	11	
	5	0,0006	0105	0624	1032	1651	2061	2143	1859	1404	0916	10	
	6		0019	0208	0430	0917	1472	1786	2066	1914	1527	9	
	7		0003	0053	0138	0393	0811	1148	1771	2013	1964	8	
	8			0011	0035	0131	0348	0574	1181	1647	1964	7	
	9			0002	0007	0034	0116	0223	0612	1048	1527	6	
	10				0001	0007	0030	0067	0245	0515	0916	5	
	11					0001	0006	0015	0074	0191	0417	4	
	12						0001	0003	0016	0052	0139	3	
	13								0003	0010	0032	2	
	14									0001	0005	1	
20	0	3585	1216	0261	0115	0032	0008	0003	0000	0000	0000	20	20
	1	3774	2702	1043	0576	0211	0068	0030	0005	0001	0000	19	
	2	1887	2852	1982	1369	0669	0278	0143	0031	0008	0002	18	
	3	0596	1901	2379	2054	1339	0716	0429	0123	0040	0011	17	
	4	0133	0898	2022	2182	1897	1304	0911	0350	0139	0046	16	
	5	0022	0319	1294	1746	2023	1789	1457	0746	0365	0148	15	
	6	0003	0089	0647	1091	1686	1916	1821	1244	0746	0370	14	
	7		0020	0259	0545	1124	1643	1821	1659	1221	0739	13	
	8		0004	0084	0222	0609	1144	1480	1797	1623	1201	12	
	9		0001	0022	0074	0271	0654	0987	1597	1771	1602	11	
	10			0005	0020	0099	0308	0543	1171	1593	1762	10	
	11			0001	0005	0030	0120	0247	0710	1185	1602	9	
	12				0001	0008	0039	0092	0355	0727	1201	8	
n	k	**0,95**	**0,90**	$\frac{5}{6}$	**0,80**	**0,75**	**0,70**	$\frac{2}{3}$	**0,60**	**0,55**	**0,50**	k	n
		p											

Binomiale Wahrscheinlichkeiten

$b(n;p;k) = P(X=k) = \binom{n}{k} \cdot p^k \cdot (1-p)^{n-k}$

n	k	p										k	n
		0,05	**0,10**	$\frac{1}{6}$	**0,20**	**0,25**	**0,30**	$\frac{1}{3}$	**0,40**	**0,45**	**0,50**		
20	**13**					0002	0010	0028	0146	0366	0739	**7**	20
	14						0002	0007	0049	0150	0370	**6**	
	15							0001	0013	0049	0148	**5**	
	16								0003	0013	0046	**4**	
	17									0002	0011	**3**	
	18										0002	**2**	
50	**0**	0,0769	0052	0001	0000	0000	0000	0000	0000	0000	0000	**50**	50
	1	0,2025	0286	0011	0002	0000	0000	0000	0000	0000	0000	**49**	
	2	0,2611	0779	0054	0011	0001	0000	0000	0000	0000	0000	**48**	
	3	0,2199	1386	0172	0044	0004	0000	0000	0000	0000	0000	**47**	
	4	0,1360	1809	0405	0128	0016	0001	0000	0000	0000	0000	**46**	
	5	0,0658	1849	0745	0295	0049	0006	0001	0000	0000	0000	**45**	
	6	0,0260	1541	1118	0554	0123	0018	0004	0000	0000	0000	**44**	
	7	0,0086	1076	1405	0870	0259	0048	0012	0000	0000	0000	**43**	
	8	0,0024	0643	1510	1169	0463	0110	0033	0002	0000	0000	**42**	
	9	0,0006	0333	1410	1364	0721	0220	0077	0005	0000	0000	**41**	
	10	0,0001	0152	1156	1398	0985	0386	0157	0014	0001	0000	**40**	
	11		0061	0841	1271	1194	0602	0286	0035	0004	0000	**39**	
	12		0022	0546	1033	1294	0838	0465	0076	0011	0001	**38**	
	13		0007	0319	0755	1261	1050	0679	0147	0027	0003	**37**	
	14		0002	0169	0499	1110	1189	0898	0260	0059	0008	**36**	
	15		0001	0081	0299	0888	1223	1077	0415	0116	0020	**35**	
	16			0035	0164	0648	1147	1178	0606	0207	0044	**34**	
	17			0014	0082	0432	0983	1178	0808	0339	0087	**33**	
	18			0005	0037	0264	0772	1080	0987	0508	0160	**32**	
	19			0002	0016	0148	0558	0910	1109	0700	0270	**31**	
	20			0001	0006	0077	0370	0705	1146	0888	0419	**30**	
	21				0002	0036	0227	0503	1091	1038	0598	**29**	
	22				0001	0016	0128	0332	0959	1119	0788	**28**	
	23					0006	0067	0202	0778	1115	0960	**27**	
	24					0002	0032	0114	0584	1026	1080	**26**	
	25					0001	0014	0059	0405	0873	1123	**25**	
	26						0006	0028	0259	0687	1080	**24**	
	27						0002	0013	0154	0500	0960	**23**	
	28						0001	0005	0084	0336	0788	**22**	
	29							0002	0043	0208	0598	**21**	
	30							0001	0020	0119	0419	**20**	
	31								0009	0063	0270	**19**	
	32								0003	0031	0160	**18**	
	33								0001	0014	0087	**17**	
	34									0006	0044	**16**	
	35									0002	0020	**15**	
	36									0001	0008	**14**	
	37										0003	**13**	
	38										0001	**12**	
n	k	**0,95**	**0,90**	$\frac{5}{6}$	**0,80**	**0,75**	**0,70**	$\frac{2}{3}$	**0,60**	**0,55**	**0,50**	k	n
		p											

Anmerkung: Alle nicht aufgeführten Werte sind (bei Rundung auf vier Dezimalstellen) 0,0000.
$b(50; 0{,}3; 13) = 0{,}1050$ $b(50; 0{,}7; 37) = 0{,}1050$

Summierte binomiale Wahrscheinlichkeiten

$$B(n;p;k) = P(X \leq k) = \sum_{i=0}^{k} \binom{n}{i} \cdot p^i \cdot (1-p)^{n-i}$$

n	k	p: 0,05	0,10	$\frac{1}{6}$	0,20	0,25	0,30	$\frac{1}{3}$	0,40	0,45	0,50	k	n
5	0	0,7738	5905	4019	3277	2373	1681	1317	0778	0503	0313	4	5
	1	0,9774	9185	8038	7373	6328	5282	4609	3370	2562	1875	3	
	2	0,9988	9914	9645	9421	8965	8369	7901	6826	5931	5000	2	
	3		9995	9967	9933	9844	9692	9547	9130	8688	8125	1	
	4			9999	9997	9990	9976	9959	9898	9815	9688	0	
10	0	0,5987	3487	1615	1074	0563	0282	0173	0060	0025	0010	9	10
	1	0,9139	7361	4845	3758	2440	1493	1040	0464	0233	0107	8	
	2	0,9885	9298	7752	6778	5256	3828	2991	1673	0996	0547	7	
	3	0,9990	9872	9303	8791	7759	6496	5593	3823	2660	1719	6	
	4	0,9999	9984	9845	9672	9219	8497	7869	6331	5044	3770	5	
	5		9999	9976	9936	9803	9527	9234	8338	7384	6230	4	
	6			9997	9991	9965	9894	9803	9452	8980	8281	3	
	7				9999	9996	9984	9966	9877	9726	9453	2	
	8						9999	9996	9983	9955	9893	1	
	9								9999	9997	9990	0	
15	0	0,4633	2059	0649	0352	0134	0047	0023	0005	0001	0000	14	15
	1	0,8290	5490	2596	1671	0802	0353	0194	0052	0017	0005	13	
	2	0,9638	8159	5322	3980	2361	1268	0794	0271	0107	0037	12	
	3	0,9945	9444	7685	6482	4613	2969	2092	0905	0424	0176	11	
	4	0,9994	9873	9102	8358	6865	5155	4041	2173	1204	0592	10	
	5	0,9999	9978	9726	9389	8516	7216	6184	4032	2608	1509	9	
	6		9997	9934	9819	9434	8689	7970	6098	4522	3036	8	
	7			9987	9958	9827	9500	9118	7869	6535	5000	7	
	8			9998	9992	9958	9848	9692	9050	8182	6964	6	
	9				9999	9992	9963	9915	9662	9231	8491	5	
	10					9999	9993	9982	9907	9745	9408	4	
	11						9999	9997	9981	9937	9824	3	
	12								9997	9989	9963	2	
	13									9999	9995	1	
20	0	0,3585	1216	0261	0115	0032	0008	0003	0000	0000	0000	19	20
	1	0,7358	3917	1304	0692	0243	0076	0033	0005	0001	0000	18	
	2	0,9245	6769	3287	2061	0913	0355	0176	0036	0009	0002	17	
	3	0,9841	8670	5665	4114	2252	1071	0604	0160	0049	0013	16	
	4	0,9974	9568	7687	6296	4148	2375	1515	0510	0189	0059	15	
	5	0,9997	9887	8982	8042	6172	4164	2972	1256	0553	0207	14	
	6		9976	9629	9133	7858	6080	4793	2500	1299	0577	13	
	7		9996	9887	9679	8982	7723	6615	4159	2520	1316	12	
	8		9999	9972	9900	9591	8867	8095	5956	4143	2517	11	
	9			9994	9974	9861	9520	9081	7553	5914	4119	10	
	10			9999	9994	9961	9829	9624	8725	7507	5881	9	
	11				9999	9991	9949	9870	9435	8692	7483	8	
	12					9998	9987	9963	9790	9420	8684	7	
	13						9997	9991	9935	9786	9423	6	
	14							9998	9984	9936	9793	5	
	15								9997	9985	9941	4	
	16									9997	9987	3	
	17										9998	2	
n	k	0,95	0,90	$\frac{5}{6}$	0,80	0,75	0,70	$\frac{2}{3}$	0,60	0,55	0,50	k	n
		p											

Summierte binomiale Wahrscheinlichkeiten

$$B(n;p;k) = P(X \le k) = \sum_{i=0}^{k} \binom{n}{i} \cdot p^i \cdot (1-p)^{n-i}$$

n	k	p										k	n
		0,05	0,10	$\frac{1}{6}$	0,20	0,25	0,30	$\frac{1}{3}$	0,40	0,45	0,50		
25	0	0,2774	0718	0105	0038	0008	0001	0000	0000	0000	0000	24	25
	1	0,6424	2712	0629	0274	0070	0016	0005	0001	0000	0000	23	
	2	0,8729	5371	1887	0982	0321	0090	0035	0004	0001	0000	22	
	3	0,9659	7636	3816	2340	0962	0332	0149	0024	0005	0001	21	
	4	0,9928	9020	5937	4207	2137	0905	0462	0095	0023	0005	20	
	5	0,9988	9666	7720	6167	3783	1935	1120	0294	0086	0020	19	
	6	0,9998	9905	8908	7800	5611	3407	2215	0736	0258	0073	18	
	7		9977	9553	8909	7265	5118	3703	1536	0639	0216	17	
	8		9995	9843	9532	8506	6769	5376	2735	1340	0539	16	
	9		9999	9953	9827	9287	8106	6956	4246	2424	1148	15	
	10			9988	9944	9703	9022	8220	5858	3843	2122	14	
	11			9997	9985	9893	9558	9082	7323	5426	3450	13	
	12			9999	9996	9966	9825	9585	8462	6937	5000	12	
	13				9999	9991	9940	9836	9222	8173	6550	11	
	14					9998	9982	9944	9656	9040	7878	10	
	15						9995	9984	9868	9560	8852	9	
	16						9999	9996	9957	9826	9461	8	
	17							9999	9988	9942	9784	7	
	18								9997	9984	9927	6	
	19								9999	9996	9980	5	
	20									9999	9995	4	
	21										9999	3	
50	0	0,0769	0052	0001	0000	0000	0000	0000	0000	0000	0000	49	50
	1	0,2794	0338	0012	0002	0000	0000	0000	0000	0000	0000	48	
	2	0,5405	1117	0066	0013	0001	0000	0000	0000	0000	0000	47	
	3	0,7604	2503	0238	0057	0005	0000	0000	0000	0000	0000	46	
	4	0,8964	4312	0643	0185	0021	0002	0000	0000	0000	0000	45	
	5	0,9622	6161	1388	0480	0070	0007	0001	0000	0000	0000	44	
	6	0,9882	7702	2506	1034	0194	0025	0005	0000	0000	0000	43	
	7	0,9968	8779	3911	1904	0453	0073	0017	0000	0000	0000	42	
	8	0,9992	9421	5421	3073	0916	0183	0050	0002	0000	0000	41	
	9	0,9998	9755	6830	4437	1637	0402	0127	0008	0001	0000	40	
	10		9906	7986	5836	2622	0789	0284	0022	0002	0000	39	
	11		9968	8827	7107	3816	1390	0570	0057	0006	0000	38	
	12		9990	9373	8139	5110	2229	1035	0133	0018	0002	37	
	13		9997	9693	8894	6370	3279	1715	0280	0045	0005	36	
	14		9999	9862	9393	7481	4468	2612	0540	0104	0013	35	
	15			9943	9692	8369	5692	3690	0955	0220	0033	34	
	16			9978	9856	9017	6839	4868	1561	0427	0077	33	
	17			9992	9937	9449	7822	6046	2369	0765	0164	32	
	18			9997	9975	9713	8594	7126	3356	1273	0325	31	
n	k	0,95	0,90	$\frac{5}{6}$	0,80	0,75	0,70	$\frac{2}{3}$	0,60	0,55	0,50	k	n
		p											

Rekursionsformel: $B(n;p;k) = B(n;p;k-1) + b(n;p;k)$

Anmerkungen: Alle nicht aufgeführten Werte sind (bei Rundung auf vier Dezimalstellen) 1,0000.
Für schwächer unterlegte Tabelleneingänge ($p \ge 0{,}5$) gilt: $B(n;p;k) = 1 -$ (angegebener Wert)

$B(25; 0{,}25; 7) = 0{,}7265$ $\quad$ $B(20; 0{,}70; 11) = 1 - 0{,}8867 = 0{,}1133$

Ma

Summierte binomiale Wahrscheinlichkeiten

$$B(n;p;k) = P(X \leq k) = \sum_{i=0}^{k} \binom{n}{i} \cdot p^i \cdot (1-p)^{n-i}$$

n	k	p: 0,05	0,10	$\frac{1}{6}$	0,20	0,25	0,30	$\frac{1}{3}$	0,40	0,45	0,50	k	n
50	19			9999	9991	9861	9152	8036	4465	1974	0595	30	50
	20				9997	9937	9522	8741	5610	2862	1013	29	
	21				9999	9974	9749	9244	6701	3900	1611	28	
	22					9990	9877	9576	7660	5019	2399	27	
	23					9996	9944	9778	8438	6134	3359	26	
	24					9999	9976	9892	9022	7160	4439	25	
	25						9991	9951	9427	8034	5561	24	
	26						9997	9979	9686	8721	6641	23	
	27						9999	9992	9840	9220	7601	22	
	28							9997	9924	9556	8389	21	
	29							9999	9966	9765	8987	20	
	30								9986	9884	9405	19	
	31								9995	9947	9675	18	
	32								9998	9978	9836	17	
	33								9999	9991	9923	16	
	34									9997	9967	15	
	35									9999	9987	14	
	36										9995	13	
	37										9998	12	
100	0	0,0059	0000	0000	0000	0000	0000	0000	0000	0000	0000	99	100
	1	0,0371	0003	0000	0000	0000	0000	0000	0000	0000	0000	98	
	2	0,1183	0019	0000	0000	0000	0000	0000	0000	0000	0000	97	
	3	0,2578	0078	0000	0000	0000	0000	0000	0000	0000	0000	96	
	4	0,4360	0237	0001	0000	0000	0000	0000	0000	0000	0000	95	
	5	0,6160	0576	0004	0000	0000	0000	0000	0000	0000	0000	94	
	6	0,7660	1172	0013	0001	0000	0000	0000	0000	0000	0000	93	
	7	0,8720	2061	0038	0003	0000	0000	0000	0000	0000	0000	92	
	8	0,9369	3209	0095	0009	0000	0000	0000	0000	0000	0000	91	
	9	0,9718	4513	0231	0023	0000	0000	0000	0000	0000	0000	90	
	10	0,9885	5832	0427	0057	0001	0000	0000	0000	0000	0000	89	
	11	0,9957	7030	0777	0126	0004	0000	0000	0000	0000	0000	88	
	12	0,9985	8018	1297	0253	0010	0000	0000	0000	0000	0000	87	
	13	0,9995	8761	2000	0469	0025	0001	0000	0000	0000	0000	86	
	14	0,9999	9274	2874	0804	0054	0002	0000	0000	0000	0000	85	
	15		9601	3877	1285	0111	0004	0000	0000	0000	0000	84	
	16		9794	4942	1923	0211	0010	0001	0000	0000	0000	83	
	17		9900	5994	2712	0376	0022	0002	0000	0000	0000	82	
	18		9954	6965	3621	0630	0045	0005	0000	0000	0000	81	
	19		9980	7803	4602	0995	0089	0011	0000	0000	0000	80	
	20		9992	8481	5595	1488	0165	0024	0000	0000	0000	79	
	21		9997	8998	6540	2114	0288	0048	0000	0000	0000	78	
	22		9999	9370	7389	2864	0479	0091	0001	0000	0000	77	
	23			9621	8109	3711	0755	0164	0003	0000	0000	76	
	24			9783	8686	4617	1136	0281	0006	0000	0000	75	
	25			9881	9125	5535	1631	0458	0012	0000	0000	74	
	26			9938	9442	6417	2244	0715	0024	0001	0000	73	
	27			9969	9658	7224	2964	1066	0046	0002	0000	72	
	28			9985	9800	7925	3768	1524	0084	0004	0000	71	
n	k	0,95	0,90	$\frac{5}{6}$	0,80	0,75	0,70	$\frac{2}{3}$	0,60	0,55	0,50	k	n
		p											

Summierte binomiale Wahrscheinlichkeiten

$$B(n;\, p;\, k) = P(X \leq k) = \sum_{i=0}^{k} \binom{n}{i} \cdot p^i \cdot (1-p)^{n-i}$$

n	k	p										k	n
		0,05	0,10	$\frac{1}{6}$	0,20	0,25	0,30	$\frac{1}{3}$	0,40	0,45	0,50		
100	**29**			9993	9888	8505	4623	2093	0148	0008	0000	**70**	100
	30			9997	9939	8962	5491	2766	0248	0015	0000	**69**	
	31			9999	9969	9307	6331	3525	0398	0030	0001	**68**	
	32				9985	9554	7107	4344	0615	0055	0002	**67**	
	33				9993	9724	7793	5188	0913	0098	0004	**66**	
	34				9997	9836	8371	6019	1303	0166	0009	**65**	
	35				9999	9906	8839	6803	1795	0272	0018	**64**	
	36				9999	9948	9201	7511	2386	0429	0033	**63**	
	37					9973	9470	8123	3068	0651	0060	**62**	
	38					9986	9660	8630	3822	0951	0105	**61**	
	39					9993	9790	9034	4621	1343	0176	**60**	
	40					9997	9875	9341	5433	1831	0284	**59**	
	41					9999	9928	9566	6225	2415	0443	**58**	
	42					9999	9960	9724	6967	3087	0666	**57**	
	43						9979	9831	7635	3828	0967	**56**	
	44						9989	9900	8211	4613	1356	**55**	
	45						9995	9943	8689	5413	1841	**54**	
	46						9997	9969	9070	6196	2421	**53**	
	47						9999	9983	9362	6931	3087	**52**	
	48						9999	9991	9577	7596	3822	**51**	
	49							9996	9729	8173	4602	**50**	
	50							9998	9832	8654	5398	**49**	
	51							9999	9900	9040	6178	**48**	
	52								9942	9338	6914	**47**	
	53								9968	9559	7579	**46**	
	54								9983	9716	8159	**45**	
	55								9991	9824	8644	**44**	
	56								9996	9894	9033	**43**	
	57								9998	9939	9334	**42**	
	58								9999	9966	9557	**41**	
	59									9982	9716	**40**	
	60									9991	9824	**39**	
	61									9995	9895	**38**	
	62									9998	9940	**37**	
	63									9999	9967	**36**	
	64										9982	**35**	
	65										9991	**34**	
	66										9996	**33**	
	67										9998	**32**	
	68										9999	**31**	
n	k	0,95	0,90	$\frac{5}{6}$	0,80	0,75	0,70	$\frac{2}{3}$	0,60	0,55	0,50	k	n
		p											

Rekursionsformel: $B(n;\, p;\, k) = B(n;\, p;\, k-1) + b(n;\, p;\, k)$

Anmerkungen: Für $B(n;\, p;\, k)$ ist auch die Schreibweise $B_{n;\, p}(\{0;\, 1;\, 2;\, \ldots;\, k\})$ gebräuchlich.

Alle nicht aufgeführten Werte sind (bei Rundung auf vier Dezimalstellen) 1,0000.

Für schwächer unterlegte Tabelleneingänge ($p \geq 0{,}5$) gilt: $B(n;\, p;\, k) = 1 -$ (angegebener Wert)

$B(50;\, 0{,}40;\, 21) = 0{,}6701$ $\quad B(100;\, \frac{2}{3};\, 66) = 1 - 0{,}5188 = 0{,}4812$

Ma

Summierte binomiale Wahrscheinlichkeiten

$$B(n;p;k) = P(X \leq k) = \sum_{i=0}^{k} \binom{n}{i} \cdot p^i \cdot (1-p)^{n-i}$$

n	k	p: 0,05	0,10	$\frac{1}{6}$	0,20	0,25	0,30	$\frac{1}{3}$	0,40	0,45	0,50	k	n
200	5	0,0623	0000	0000	0000	0000	0000	0000	0000	0000	0000	194	200
	9	0,4547	0035	0000	0000	0000	0000	0000	0000	0000	0000	190	
	10	0,5831	0081	0000	0000	0000	0000	0000	0000	0000	0000	189	
	14	0,9219	0929	0000	0000	0000	0000	0000	0000	0000	0000	185	
	15	0,9556	1431	0001	0000	0000	0000	0000	0000	0000	0000	184	
	19	0,9973	4655	0027	0000	0000	0000	0000	0000	0000	0000	180	
	20	0,9988	5591	0052	0001	0000	0000	0000	0000	0000	0000	179	
	24		8551	0426	0020	0000	0000	0000	0000	0000	0000	175	
	25		8995	0468	0036	0000	0000	0000	0000	0000	0000	174	
	29		9837	2366	0283	0002	0000	0000	0000	0000	0000	170	
	30		9905	3007	0430	0004	0000	0000	0000	0000	0000	169	
	34		9992	5943	1656	0044	0000	0000	0000	0000	0000	165	
	35		9996	6658	2151	0073	0000	0000	0000	0000	0000	164	
	39			8777	4718	0405	0005	0000	0000	0000	0000	160	
	40			9106	5422	0578	0009	0000	0000	0000	0000	159	
	44			9801	7887	1852	0072	0003	0000	0000	0000	155	
	45			9872	8349	2331	0111	0005	0000	0000	0000	154	
	49			9983	9506	4729	0506	0042	0000	0000	0000	150	
	50			9990	9655	5379	0695	0067	0000	0000	0000	149	
	54			9999	9934	7707	1988	0323	0001	0000	0000	145	
	55				9959	8162	2455	0453	0002	0000	0000	144	
	59				9995	9375	4733	1409	0013	0000	0000	140	
	60				9997	9546	5348	1778	0021	0000	0000	139	
	64					9897	7579	3755	0119	0001	0000	135	
	65					9932	8028	4338	0173	0002	0000	134	
	69					9990	9272	6670	0639	0016	0000	130	
	70					9994	9458	7192	0844	0026	0000	129	
	74					9999	9862	8794	2142	0133	0001	125	
	75						9906	9065	2590	0191	0003	124	
	79						9984	9716	4732	0673	0018	120	
	80						9990	9799	5307	0881	0028	119	
	84						9999	9958	7428	2175	0141	115	
	85						9999	9973	7868	2617	0200	114	
	89							9996	9143	4726	0687	110	
	90							9998	9345	5293	0894	109	
	94								9812	7392	2184	105	
	95								9869	7831	2623	104	
	99								9974	9113	4718	100	
	100								9983	9319	5282	99	
	104								9998	9801	7377	95	
	105								9999	9860	7816	94	
	109									9971	9105	90	
	110									9982	9313	89	
	114									9997	9800	85	
	115									9998	9859	84	
	120										9982	79	
	124										9998	75	
n	k	0,95	0,90	$\frac{5}{6}$	0,80	0,75	0,70	$\frac{2}{3}$	0,60	0,55	0,50	k	n
		p											

Anmerkung: Die Tabelle für $n = 200$ umfasst nur Werte für ausgewählte k.

Beurteilende Statistik

Testen von Hypothesen

Testverfahren	Verfahren zur Überprüfung von Hypothesen über einen unbekannten Parameter einer Grundgesamtheit mithilfe von Stichproben
Nullhypothese H_0	zu überprüfende Annahme, die mit möglichst kleiner Irrtumswahrscheinlichkeit α abgelehnt werden soll Die Alternative zur Nullhypothese H_0 wird als **Gegenhypothese** H_1 bezeichnet.
Ablehnungsbereich $\bar{A}$	Menge der Werte der Zufallsgröße X, bei deren Eintreten H_0 abgelehnt wird
Entscheidungsregel	Liegt der für eine Stichprobe ermittelte Wert der zu prüfenden Zufallsgröße (Testgröße) im Ablehnungsbereich, so wird H_0 abgelehnt und H_1 angenommen, anderenfalls wird H_0 beibehalten und H_1 abgelehnt.
Fehler	• H_0 wird abgelehnt, obwohl H_0 wahr ist **(Fehler 1. Art)** • H_0 wird beibehalten, obwohl H_0 falsch ist **(Fehler 2. Art)** Die Wahrscheinlichkeit für einen Fehler 1. Art heißt **Irrtumswahrscheinlichkeit** α.
Signifikanztest	Ein Test heißt **signifikant** mit der Irrtumswahrscheinlichkeit α, wenn seine Aussage auf dem **Signifikanzniveau** α gesichert ist.
allgemeine Schrittfolge	(1) Aufstellen der Nullhypothese H_0 und der Gegenhypothese H_1 (2) Wahl einer geeigneten Testgröße X mit bekannter Wahrscheinlichkeitsverteilung (3) Festlegen des Stichprobenumfangs n und der Irrtumswahrscheinlichkeit α (4) Festlegen des Ablehnungsbereichs $\bar{A}$ (5) Anwenden der Entscheidungsregel

Signifikanztest für eine Wahrscheinlichkeit p	(X binomialverteilt mit den Parametern n und p_0)	
zweiseitiger Signifikanztest	H_0: $p = p_0$ H_1: $p \neq p_0$ Zweiseitiger Ablehnungsbereich für H_0: $\bar{A} = \{0; 1; \ldots; k_1\} \cup \{k_2; k_2 + 1; \ldots; n\}$ mit $B_{n;\,p_0}(\bar{A}) \leq \alpha$ (mit k_1 ist die größte und mit k_2 die kleinste ganze Zahl zu bestimmen, für die $B_{n;\,p_0}(\{0; 1; \ldots; k_1\}) \leq \frac{\alpha}{2}$ bzw. $B_{n;\,p_0}(\{k_2; \ldots; n\}) \leq \frac{\alpha}{2}$ gilt) Wahrscheinlichkeit, H_0 abzulehnen: $B_{n;\,p_0}(\bar{A})$	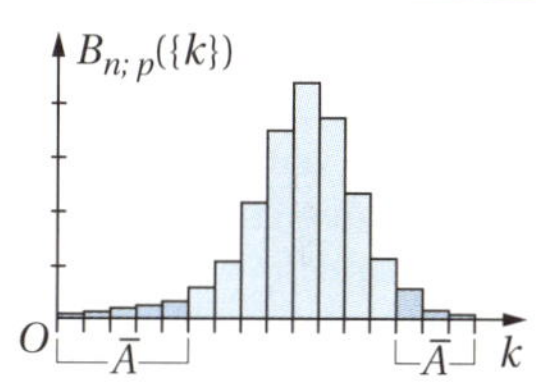 Ablehnung von H_0 für sehr kleine und sehr große Werte von X
linksseitiger Signifikanztest	H_0: $p \geq p_0$ H_1: $p < p_0$ Linksseitiger Ablehnungsbereich für H_0: $\bar{A} = \{0; 1; \ldots; k\}$ mit $B_{n;\,p}(\bar{A}) \leq B_{n;\,p_0}(\bar{A}) \leq \alpha$ (k wird so bestimmt, dass $B_{n;\,p_0}(\{0; 1; \ldots; k\}) \leq \alpha$) Wahrscheinlichkeit, H_0 abzulehnen: $B_{n;\,p}(\bar{A})$ mit $B_{n;\,p}(\bar{A}) \leq B_{n;\,p_0}(\bar{A})$	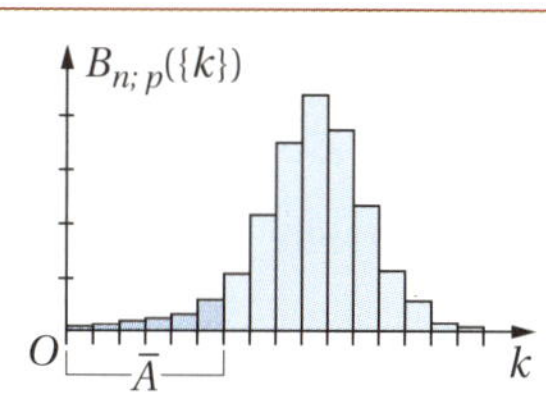 Ablehnung für sehr kleine Werte von X
rechtsseitiger Signifikanztest	H_0: $p \leq p_0$ H_1: $p > p_0$ Rechtsseitiger Ablehnungsbereich für H_0: $\bar{A} = \{k; k + 1; \ldots; n\}$ mit $B_{n;\,p}(\bar{A}) \leq B_{n;\,p_0}(\bar{A}) \leq \alpha$; ($k$ wird so gewählt, dass $B_{n;\,p_0}(\{k; k + 1; \ldots; n\}) \leq \alpha$) Wahrscheinlichkeit, H_0 abzulehnen: $B_{n;\,p}(\bar{A})$ mit $B_{n;\,p}(\bar{A}) \leq B_{n;\,p_0}(\bar{A})$	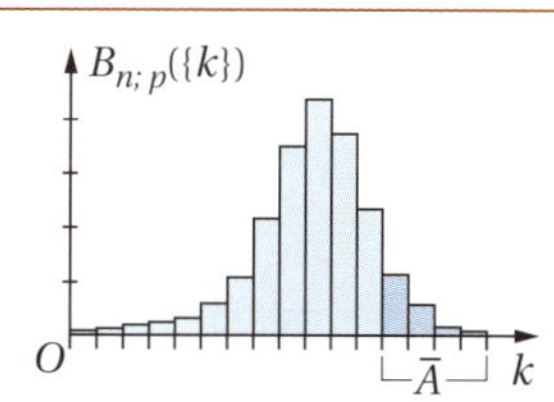 Ablehnung für sehr große Werte von X

Signifikanztest für einen Erwartungswert μ	(X normalverteilt mit Varianz σ^2)
Zufallsgröße $\bar{X}$ einer Stichprobe	Die Zufallsgröße $\bar{X} = \frac{1}{n}(X_1 + X_2 + \ldots + X_n)$ einer Stichprobe vom Umfang n ist normalverteilt mit $\mu = E(\bar{X})$ und $V(\bar{X}) = \frac{\sigma^2}{n}$.
zweiseitiger Signifikanztest	H_0: $\mu = \mu_0$ H_1: $\mu \neq \mu_0$ Zweiseitiger Ablehnungsbereich für H_0: $\bar{A} = \{\bar{x} \mid \bar{x} < g_1 \cup \bar{x} > g_2\}$ (wobei $g_1 = \mu_0 - k\frac{\sigma}{\sqrt{n}}$ und $g_2 = \mu_0 + k\frac{\sigma}{\sqrt{n}}$ mit $\Phi(k) = 1 - \frac{\alpha}{2}$) 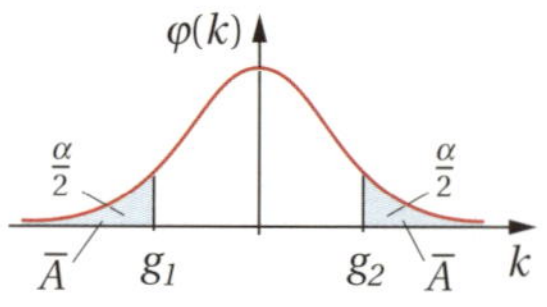
linksseitiger Signifikanztest	H_0: $\mu \geq \mu_0$ H_1: $\mu < \mu_0$ Linksseitiger Ablehnungsbereich für H_0: $\bar{A} = \{\bar{x} \mid \bar{x} < g\}$ (wobei $g = \mu_0 - k\frac{\sigma}{\sqrt{n}}$ mit $\Phi(k) = 1 - \alpha$)
rechtsseitiger Signifikanztest	H_0: $\mu \leq \mu_0$ H_1: $\mu > \mu_0$ Rechtsseitiger Ablehnungsbereich für H_0: $\bar{A} = \{\bar{x} \mid \bar{x} > g\}$ (wobei $g = \mu_0 + k\frac{\sigma}{\sqrt{n}}$ mit $\Phi(k) = 1 - \alpha$)
Sonderfälle	• **σ unbekannt** (aber n hinreichend groß) Für $n \geq 30$ kann σ durch die Standardabweichung s der Stichprobe ersetzt werden. • **X nicht normalverteilt** (aber n hinreichend groß) Für $n \geq 100$ wird die Verteilung der Zufallsgröße $\bar{X}$ durch eine Normalverteilung mit dem Erwartungswert $\mu = E(\bar{X})$ und der Varianz $V(\bar{X}) = \frac{\sigma^2}{n}$ approximiert.

Schätzen von Wahrscheinlichkeiten

Konfidenzintervall (Vertrauensintervall, Vertrauensbereich)	Intervall $[p_1; p_2]$, welches eine (unbekannte) Wahrscheinlichkeit p auf dem **Konfidenzniveau** (Vertrauensniveau) $1 - \alpha$ überdeckt Es gilt: $P(p_1 \leq p \leq p_2) = 1 - \alpha$
Ermitteln des Konfidenzintervalls (Schließen von der Stichprobe auf die Grundgesamtheit)	Ist p^* ein Schätzwert für p aus einer Stichprobe vom Umfang n, so gilt: $p^* - k \cdot \sigma \leq p \leq p^* + k \cdot \sigma$ Ist die Standardabweichung σ unbekannt, kann sie mithilfe der Standardabweichung s der Stichprobe geschätzt werden. Es gilt $\sigma \approx \frac{s}{\sqrt{n}}$. ($k$ ergibt sich aus der zugehörigen Verteilung und aus dem Konfidenzniveau $1 - \alpha$.)
für normalverteilte Größen	(1) Erfassen des Stichprobenumfangs n, eines Schätzwertes p^* und des Konfidenzniveaus $1 - \alpha$ (2) Bestimmen von k aus $\Phi(k) = 1 - \frac{\alpha}{2}$ mithilfe der Tabelle der Standardnormalverteilung (↗ S. 75), z. B. $k = 1{,}96$ für $\alpha = 5\,\%$ (3) Bestimmen der Intervallgrenzen p_1 und p_2 aus der Ungleichung $(p^* - p)^2 \leq k^2 \cdot \frac{p(1-p)}{n}$
für binomialverteilte Größen	Für große Stichproben und $n \cdot p^* \cdot (1 - p^*) > 9$ ist die Testgröße näherungsweise standardisiert normalverteilt; k, p_1 und p_2 werden wie für normalverteilte Größen ermittelt.
Mindestgröße des Stichprobenumfangs	Für die Mindestgröße des Stichprobenumfangs n bei gegebener Länge d des Konfidenzintervalls gilt näherungsweise $n \geq \frac{k^2}{d^2}$.

Informatik

Technische Realisierung logischer Verknüpfungen

Bestandteile und Bedeutung der Symbole (logische Operatoren ↗ S. 11):
E, E_1, E_2 Eingänge — 0 keine Spannung vorhanden; Strom fließt nicht; low $A \triangleq 0$ Volt; falsch
A Ausgang — 1 Spannung vorhanden; Strom fließt; high $A \triangleq 5$ Volt; wahr

Verknüpfung	**elektrische Schaltungen**	**Symbol nach DIN 40900**	**Funktionstabelle**
Buffer (Zwischenspeicher, Identität)	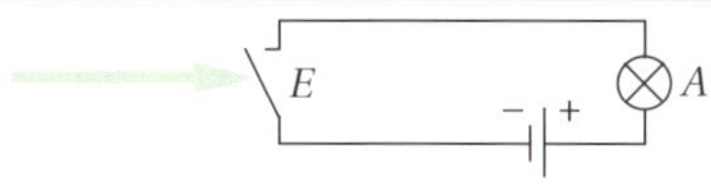	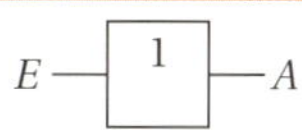	E | A 0 | 0 1 | 1
NOT (NICHT, Negator, Negation)	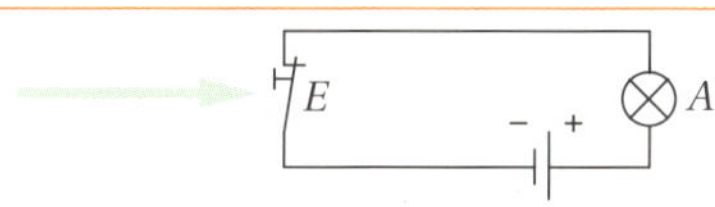	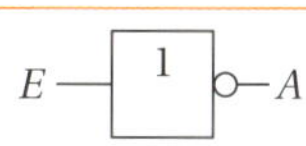	E | A 0 | 1 1 | 0
AND (UND, Konjunktion)	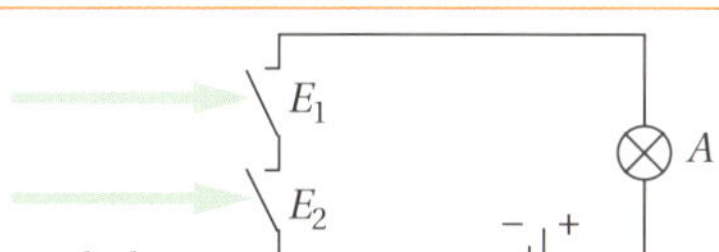 Reihenschaltung	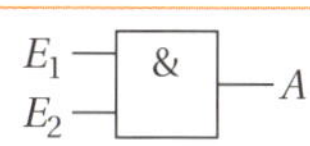	E1 | E2 | A 0 | 0 | 0 0 | 1 | 0 1 | 0 | 0 1 | 1 | 1
NAND (UND–NICHT)	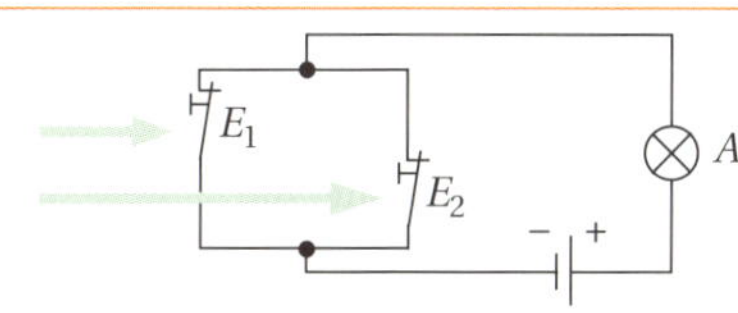	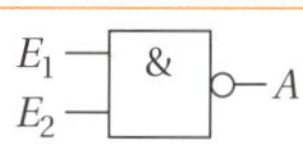	E1 | E2 | A 0 | 0 | 1 0 | 1 | 1 1 | 0 | 1 1 | 1 | 0
OR (ODER, Disjunktion)	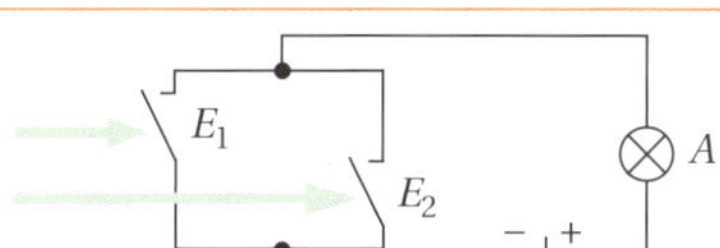 Parallelschaltung	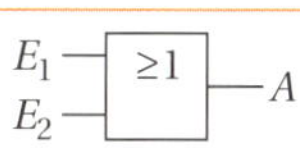	E1 | E2 | A 0 | 0 | 0 0 | 1 | 1 1 | 0 | 1 1 | 1 | 1
NOR (ODER–NICHT)	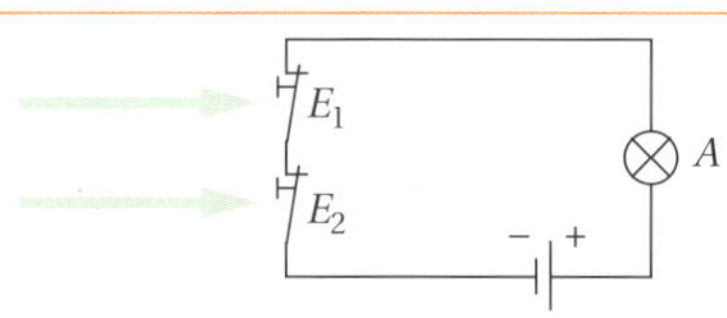	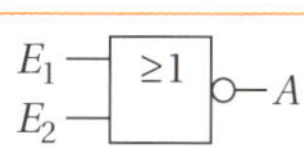	E1 | E2 | A 0 | 0 | 1 0 | 1 | 0 1 | 0 | 0 1 | 1 | 0
EXOR (Exklusiv-ODER, ENTWEDER–ODER, ausschließendes ODER, Alternative)	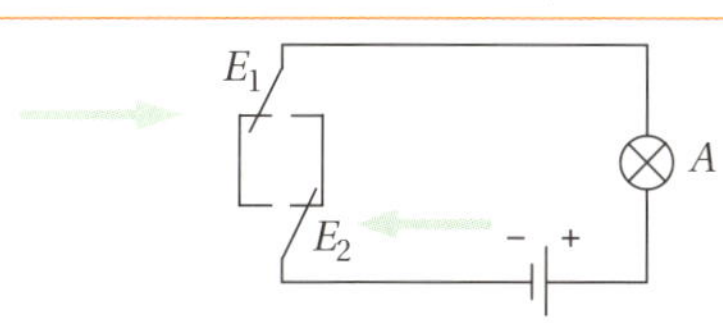	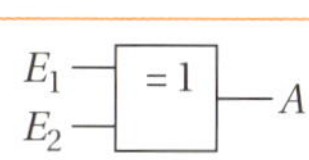	E1 | E2 | A 0 | 0 | 0 0 | 1 | 1 1 | 0 | 1 1 | 1 | 0

Die Struktur ({0, 1}, AND, OR, NOT) ist eine **boolesche Algebra**. In ihr gelten u. a. die Kommutativgesetze, Assoziativgesetze, Distributivgesetze und morganschen Gesetze für das Rechnen mit Mengen (↗ S. 10).

Datendarstellung

Dualsystem (Zweiersystem, dyadisches System, binäres System)

Grundziffern: 0, I **Stellenwert:** Potenzen von 2 **Kennzeichnung:** b

Darstellungsform: $b_m b_{m-1} \ldots b_0, b_{-1}\, b_{-2} \ldots b_{-n} = \sum_{i=-n}^{m} b_i \cdot 2^i \quad (m, n \in \mathbb{N};\ b_i \in \{0; 1\})$

Anwendung: I0I0I,II b $= 1 \cdot 2^4 + 0 \cdot 2^3 + 1 \cdot 2^2 + 0 \cdot 2^1 + 1 \cdot 2^0 + 1 \cdot 2^{-1} + 1 \cdot 2^{-2} = 16 + 0 + 4 + 0 + 1 + 0{,}5 + 0{,}25 = 21{,}75$

Addition	Grundaufgaben: 0 + 0 = 0 0 + I = I + 0 = I I + I = I0	I I I I b + I 0 0 I I b = I 0 0 0 I 0 b 15 + 19 = 34
Komplementdarstellung (für negative ganze Zahlen)	$-Z = \neg Z + 1$ Z positive Dualzahl $\neg$ bitweise Negation ($-Z$ wird als Differenz $2^n - Z$ dargestellt)	$Z = 55 =$ 0 0 I I 0 I I I b $n = 8$ $\neg Z =$ I I 0 0 I 0 0 0 b $-Z = \neg Z + 1 =$ I I 0 0 I 0 0 I b $= 201 = 2^8 - 55$
Subtraktion	entspricht der Addition des Komplements; der Übertrag der ersten Ziffer wird gestrichen	85 − 55 = 30 0 I 0 I 0 I 0 I b − 0 0 I I 0 I I I b = I 0 I 0 I 0 I b + I I 0 0 I 0 0 I b = 0 0 0 I I I I 0 b
Multiplikation	Grundaufgaben: $0 \cdot 0 = 0$ $0 \cdot$ I = I $\cdot 0 = 0$ I $\cdot$ I = I	I 0 I I 0 · I I I 0 I I 0 I 0 I I 0 I 0 0 0 0 I 0 $22 \cdot 3 = 66$

Einheiten der Datendarstellung

Bit kleinste Einheit der Datendarstellung; kann zwei mögliche Werte annehmen (0/I, O/L, falsch / wahr, nein / ja, Schalter geöffnet/Schalter geschlossen, Strom fließt nicht/Strom fließt; in der Technik auch L/H)

Byte Zusammenfassung von 8 Bit zu einem Zeichen; dadurch sind $2^8 = 256$ verschiedene Zeichen darstellbar. Jedes Byte kann in zwei Tetraden zerlegt werden, die jeweils durch eine Hexadezimalziffer codiert werden können.
Beispiel: 26 = 0 0 0 I | I 0 I 0 b = 1A
Maßeinheit der Speicherkapazität: 1 KByte = 2^{10} Byte = 1 024 Byte 1 MByte = 2^{20} Byte = 1 048 576 Byte
1 GByte = 2^{30} Byte = 1 073 741 824 Byte (Zeichen)

Word Bitfolge der Länge 16; kann 16-stellige Dualzahlen codieren, nämlich die Zahlen von 0 = 0000000000000000b bis 65535 = IIIIIIIIIIIIIIIIb oder die Zahlen von -2^{15} bis $2^{15}-1$.

Hexadezimalsystem

Grundziffern: 0, 1, 2, 3, 4, 5, 6, 7, 8, 9, A, B, C, D, E, F **Stellenwert:** Potenzen von 16 **Kennzeichnung:** h

Darstellungsform: $h_m h_{m-1} \ldots h_0, h_{-1}\, h_{-2} \ldots h_{-n} = \sum_{i=-n}^{m} h_i \cdot 16^i \quad (m, n \in \mathbb{N};\ h \in \{0; 1; \ldots; 9; A; B; \ldots; F\})$

Anwendung: 14E,2 h $= 1 \cdot 16^2 + 4 \cdot 16^1 + 14 \cdot 16^0 + 2 \cdot 16^{-1} = 256 + 64 + 14 + 0{,}125 = 334{,}125$

Vergleich: Dezimalzahlen (z), Dualzahlen (Bitmuster, b), Hexadezimalzahlen (h)

z	*b*	*h*	*z*	*b*	*h*	*z*	*b*	*h*	*z*	*b*	*h*
0	00000000	00	10	0000I0I0	0A	20	000I0I00	14	30	000IIII0	1E
1	0000000I	01	11	0000I0II	0B	21	000I0I0I	15	31	000IIIII	1F
2	000000I0	02	12	0000II00	0C	22	000I0II0	16	32	00I00000	20
3	000000II	03	13	0000II0I	0D	23	000I0III	17	55	00II0III	37
4	00000I00	04	14	0000III0	0E	24	000II000	18	85	0I0I0I0I	55
5	00000I0I	05	15	0000IIII	0F	25	000II00I	19	99	0II000II	63
6	00000II0	06	16	000I0000	10	26	000II0I0	1A	100	0II00I00	64
7	00000III	07	17	000I000I	11	27	000II0II	1B	127	0IIIIIII	7F
8	0000I000	08	18	000I00I0	12	28	000III00	1C	128	I0000000	80
9	0000I00I	09	19	000I00II	13	29	000III0I	1D	255	IIIIIIII	FF

ASCII-Zeichen (erweiterter Code)

ASCII American Standard Code for Information Interchange
dez dezimaler Wert
DOS Die Zeichen erhält man unter DOS folgendermaßen: ALT-Taste gedrückt halten und auf dem Ziffernblock der Tastatur den Dezimalwert eingeben, der dem gewünschten Zeichen entspricht (Code-Tabelle 850).
Win Die Zeichen erhält man unter Windows folgendermaßen: ALT-Taste gedrückt halten sowie auf dem Ziffernblock der Tastatur 0 und den Dezimalwert eingeben, der dem gewünschten Zeichen entspricht.

dez	DOS	Win	dez	DOS	Win	dez	DOS	Win	dez	DOS	Win	dez	DOS	Win	dez	DOS	Win	dez	DOS	Win	dez	DOS	Win
			60	<	<	90	Z	Z	120	x	x	150	û	–	180	┤	´	210	Ê	Ò	240	–	ð
			61	=	=	91	[	[	121	y	y	151	ù	—	181	Á	µ	211	Ë	Ó	241	±	ñ
32			62	>	>	92	\	\	122	z	z	152	ÿ	˜	182	Â	¶	212	È	Ô	242	‗	ò
33	!	!	63	?	?	93	]	]	123	{	{	153	Ö	™	183	À	·	213	ı	Õ	243	¾	ó
34	"	"	64	@	@	94	^	^	124	¦	|	154	Ü	š	184	©	¸	214	Í	Ö	244	¶	ô
35	#	#	65	A	A	95	_	_	125	}	}	155	ø	›	185	╣	¹	215	Î	×	245	§	õ
36	$	$	66	B	B	96	`	`	126	~	~	156	£	œ	186	║	°	216	Ï	Ø	246	÷	ö
37	%	%	67	C	C	97	a	a	127			157	Ø		187	╗	»	217	┘	Ù	247	¸	÷
38	&	&	68	D	D	98	b	b	128	Ç	€	158	×	ž	188	╝	¼	218	┌	Ú	248	°	ø
39	'	'	69	E	E	99	c	c	129	ü		159	ƒ	Ÿ	189	¢	½	219	█	Û	249	¨	ù
40	(	(	70	F	F	100	d	d	130	é	‚	160	á	◦	190	¥	¾	220	▄	Ü	250	·	ú
41	)	)	71	G	G	101	e	e	131	â	ƒ	161	í	¡	191	┐	¿	221	¦	Ý	251	¹	û
42	*	*	72	H	H	102	f	f	132	ä	„	162	ó	¢	192	└	À	222	Ì	Þ	252	³	ü
43	+	+	73	I	I	103	g	g	133	à	…	163	ú	£	193	┴	Á	223	▀	ß	253	²	ý
44	,	,	74	J	J	104	h	h	134	å	†	164	ñ	¤	194	┬	Â	224	Ó	à	254	■	þ
45	-	-	75	K	K	105	i	i	135	ç	‡	165	Ñ	¥	195	├	Ã	225	β	á	255		ÿ
46	.	.	76	L	L	106	j	j	136	ê	ˆ	166	ª	¦	196	─	Ä	226	Ô	â			
47	/	/	77	M	M	107	k	k	137	ë	‰	167	º	§	197	┼	Å	227	Ò	ã			
48	0	0	78	N	N	108	l	l	138	è	Š	168	¿	¨	198	ã	Æ	228	õ	ä			
49	1	1	79	O	O	109	m	m	139	ï	‹	169	®	©	199	Ã	Ç	229	Õ	å			
50	2	2	80	P	P	110	n	n	140	î	Œ	170	¬	ª	200	╚	È	230	µ	æ			
51	3	3	81	Q	Q	111	o	o	141	ì		171	½	«	201	╔	É	231	þ	ç			
52	4	4	82	R	R	112	p	p	142	Ä	Ž	172	¼	¬	202	╩	Ê	232	Þ	è			
53	5	5	83	S	S	113	q	q	143	Å		173	¡	-	203	╦	Ë	233	Ú	é			
54	6	6	84	T	T	114	r	r	144	É		174	«	®	204	╠	Ì	234	Û	ê			
55	7	7	85	U	U	115	s	s	145	æ	‘	175	»	¯	205	═	Í	235	Ù	ë			
56	8	8	86	V	V	116	t	t	146	Æ	’	176	░	°	206	╬	Î	236	ý	ì			
57	9	9	87	W	W	117	u	u	147	ô	“	177	▒	±	207	¤	Ï	237	Ý	í			
58	:	:	88	X	X	118	v	v	148	ö	”	178	▓	²	208	ð	Đ	238	¯	î			
59	;	;	89	Y	Y	119	w	w	149	ò	•	179	│	³	209	Đ	Ñ	239	´	ï			

Die ersten 32 Zeichen (0 bis 31) sind im Allgemeinen für die Steuerung reserviert. Das Zeichen mit dem dezimalen Wert 32 ist das Leerzeichen. Manche Zeichen unter Windows (z. B. €) erhält man nur, wenn Standard-TrueType-Schriften (Arial statt Helvetica, Times New Roman statt Times) eingestellt sind.

Steuerzeichen

dez	asc	Bedeutung der Abkürzung	Übersetzung, Bedeutung
0	nul	null character	leeres Zeichen, Nil, Null
1	soh	start of heading	Anfang des Kopfes
2	stx	start of text	Anfang des Textes
3	etx	end of text	Ende des Textes
4	eot	end of transmission	Ende der Übertragung
5	enq	enquiry	Stationsaufforderung
6	ack	acknowledge	positive Rückmeldung
7	bel	bell	Klingel
8	bs	backspace	Rückwärtsschritt
9	ht	horizontal tabulation	Horizontal-Tabulator
10	lf	line feed	Zeilenvorschub
11	vt	vertical tabulation	Vertikal-Tabulator
12	ff	form feed	Formularvorschub
13	cr	carriage return	Wagenrücklauf
14	so	shift-out	Dauerumschaltung
15	si	shift-in	Rückschaltung
16	dle	data link escape	Datenübertragungsumschaltung
17	dc1	device control 1	Gerätesteuerung 1
18	dc2	device control 2	Gerätesteuerung 2
19	dc3	device control 3	Gerätesteuerung 3
20	dc4	device control 4	Gerätesteuerung 4
21	nak	negative acknowledge	negative Rückmeldung
22	syn	synchronous idle	Synchronisierung
23	etb	end of transmission block	Ende des Datenübertragungsblocks
24	can	cancel	ungültig, Abbruch
25	em	end of medium	Ende der Aufzeichnung
26	sub	substitute character	Substitution (Austausch eines Zeichens)
27	esc	escape	Umschaltung
28	fs	file separator	Hauptgruppen-Trennung
29	gs	group separator	Gruppen-Trennung
30	rs	record separator	Untergruppen-Trennung
31	us	unit separator	Teilgruppen-Trennung
32	del	delete	Löschen

Datentypen

Datentyp	Bedeutung	einige konkrete Werte	mögliche Operationen, Relationen und Funktionen
integer	ganze Zahlen (im Allgemeinen aus $[-2^{15}; 2^{15}-1]$)	–101 0 5 –66 3000	+, –, * (Mult.), div (ganzzahlige Division), mod (Rest bei div), abs (Absolutbetrag), Vergleichsrelationen
real	rationale Näherungswerte für reelle Zahlen (Da der Computer nur endlich lange Zahlenwerte verarbeiten kann, sind die Zahlen ungleichmäßig verteilt.)	–26,53 0,03 5 102,5 –666,6 99 22,5E20 ($22{,}5 \cdot 10^{20}$) (Ein Computer rechnet auf sechs Stellen genau. ⇒ In [0; 1[liegen 1 Million Zahlen, in [999998; 999999[liegt nur eine Zahl, nämlich 999998.)	+, –, *, / (Division), Vergleichsrelationen ($<, >, \leq, \geq, =, \neq$), verschiedene mathematische Funktionen wie sqrt (Quadratwurzel), sin, ln, … (Die üblichen Rechengesetze (Assoziativgesetze, Distributivgesetz) gelten in der Menge der Computerzahlen nicht, was in Einzelfällen zu großen Rechenungenauigkeiten führen kann.)

Datentyp	Bedeutung	einige konkrete Werte	mögliche Operationen, Relationen und Funktionen
boolean (logical)	logische Werte	wahr (true) falsch (false)	NOT (nicht, $\neg$), AND (und, $\wedge$), OR (oder, $\vee$), IMPL (folgt, $\Rightarrow$)
char (character)	Zeichen (Ziffern, Buchstaben, Sonderzeichen, Grafiksymbole)	9 0 S c Y [Ø " Æ	ord (ordnet dem Zeichenwert die entsprechende ASCII-Zahl zu), chr (ordnet der Codezahl das entsprechende Zeichen zu)

Einfache Datenstrukturen

Datenstruktur	Konstruktion und Bedeutung		
	Anzahl der Komponenten	**Typ der Komponenten**	**Selektion von Komponenten**
	Typdefinition in PASCAL		
Feld (array, Reihung)	Zusammenfassung von Daten gleichen Typs (Feldelemente) – in einer Spalte (eindimensionales Feld) – in Zeilen und Spalten (zweidimensionales Feld) – höherdimensionale Felder werden analog definiert		
	fest (wird durch den Index festgelegt)	Komponenten gleichen Typs (Basistyp)	Direktzugriff über Index (indizierte Variable)

	– Namenslisten als eindimensionales Feld:
	`TYPE FeldTyp = ARRAY [1..max] OF name`
	– Parameter eines Gleichungssystems (Matrix) als zweidimensionales Feld:
	`TYPE MatrixTyp = ARRAY [1..n,1..n+1] OF real`		

Verbund (record, Datensatztyp)	Zusammenfassung von Daten unterschiedlichen Typs		
	fest (wird durch Definition der Komponenten festgelegt)	Komponenten können unterschiedlichen Typs sein	Direktzugriff über den Komponentennamen

	– Daten zu einer Person:
	`TYPE Person = RECORD`
	`name, vorname : string[20];`
	`alter : integer;`
	`geschlecht : char`
	`END`		

Datei (file)	sequenzielle Zusammenfassung von Daten gleichen Typs zur Speicherung auf (externen) Datenträgern		
	variabel	Komponenten gleichen Typs (Basistyp)	sequenzieller Zugriff auf die Daten
	– Listen von Personalien `TYPE DateiTyp = FILE OF Person` (Typ Person vgl. Beispiel Verbund)		

Für alle diese einfachen Datenstrukturen gilt:
- Konstruktionsmechanismen zur Bildung sind in allen höheren imperativen Programmiersprachen vorhanden (Typdefinitionen).
- Selektionsmöglichkeiten zur Zerlegung/Selektion von Komponenten
- Definition der Datenstruktur wird von der Programmiersprache unterstützt
- Operationen: Identitätsprüfung, Wertzuweisung

Abstrakte Datenstrukturen (ADT)

ADT	Struktur	Eigenschaften	Prozeduren (Auswahl)
Stapel (stack, Keller)	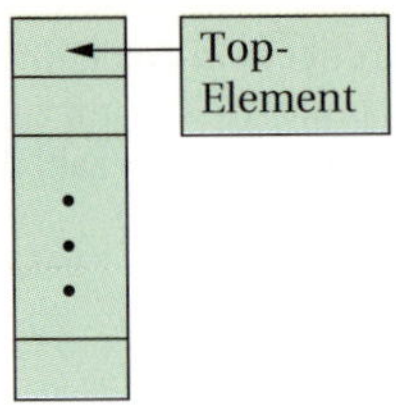	– Elemente gleichen Typs – es existiert ein ausgezeichnetes Element (aktuelles Element/ Top-Element) – Zugriff auf Struktur erfolgt nur über das Top-Element – Verarbeitungsprinzip: **LIFO** (**last in** – **first out**) Stapel werden oft als lineare Listen implementiert.	– `create(s)` erzeugt leeren Stapel `s` – `push(s,e)` fügt das Element `e` dem Stapel `s` zu; `e` ist neues Top-Element – `pop(s,e)` entnimmt das Top-Element vom Stapel `s` und weist den Wert der Variablen `e` zu – `empty(s)` testet, ob Stapel `s` leer ist (true – Stapel leer; false – sonst)
	Anwendungen: – Umkehrung einer Zahlenfolge – Auswertung von Zeichenketten (z.B. Anzahl der öffnenden und schließenden Klammern) – Stapel als Organisationsstruktur zur Parametervermittlung bei Prozeduren		
Schlange (queue)	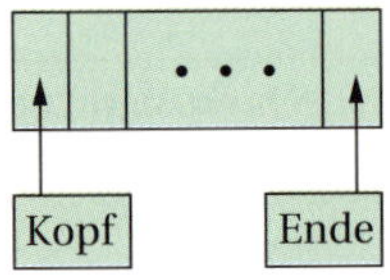	– Elemente gleichen Typs – es existieren zwei ausgezeichnete Elemente (Kopf und Ende) – Zugriff auf Struktur erfolgt über Ende (Anfügen eines Elementes) und über Kopf (Entnahme eines Elementes) – Verarbeitungsprinzip: **FIFO** (**first in** – **first out**) Die Implementierung einer Schlange ist sowohl als lineare Liste als auch als Feld möglich.	– `create(s)` erzeugt leere Schlange `s` – `insert(s,e)` fügt das Element `e` an die Schlange `s` an; `e` ist neues Ende – `remove(s,e)` entfernt das Kopf-Element der Schlange `s` und weist den Wert der Variablen `e` zu – `empty(s)` testet, ob Schlange `s` leer ist (true – Schlange leer; false – sonst)
	Anwendungen: – Warteschlange (Produzent erzeugt Daten, Konsument verwendet diese mit unterschiedlicher Geschwindigkeit) – Verwaltung von Druckaufträgen		
Baum (tree)	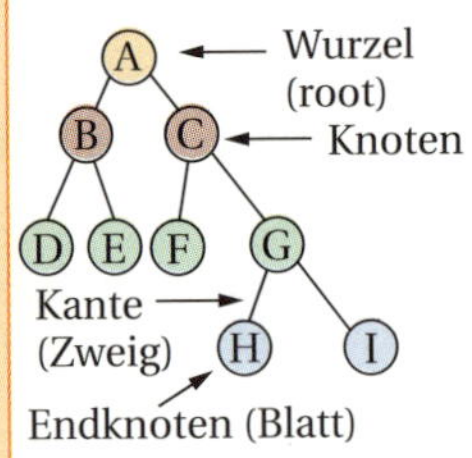	– Elemente sind Knoten gleichen Typs – es existiert ein ausgezeichnetes Element (Wurzel/root) – die Menge der Elemente ohne die Wurzel wird in zwei disjunkte Teilmengen zerlegt (linker und rechter Unterbaum), die wiederum Bäume sind – der Zugriff auf die Struktur erfolgt über die Wurzel des (Unter-)Baumes Schlangen werden als lineare Listen oder Felder implementiert.	– `setbaum(b,e)` erzeugt Wurzelknoten eines (neuen) Baumes `b` mit Wert `e` – `setrechts(b,e)` `setlinks(b,e)` erzeugt die Wurzel mit dem Wert `e` eines Unterbaumes rechts/ links an den Baum `b` (bei **binären Bäumen**) – `search(b,e)` überprüft, ob ein Wert `e` im Baum `b` enthalten ist
	Anwendungen: – lexikografischer Suchbaum – Darstellung/Auswertung arithmetischer Ausdrücke		

Für alle abstrakten Datenstrukturen (↗ S. 90) gilt:
- Konstruktion durch Implementation
- Zugriffsmechanismen dienen der Selektion (Auswahl)
- Definition der Datenstruktur und Operationen werden auch von höheren Programmiersprachen *nicht* unterstützt

Sprachen

Erweiterte Backus-Naur-Form und Syntaxgraphen

Backus-Naur-Form:	Beschreibungsform für die Syntax vieler Programmiersprachen (Metasprache, mit der andere Sprachen definiert werden können)
Erweiterte Backus-Naur-Form (EBNF):	komprimierte Notation für die Syntax von Programmiersprachen
Syntaxgraphen:	Möglichkeit der Programmiersprachdefinition

Metazeichen in EBNF	Metazeichen bei Syntaxgraphen	Bedeutung
		Terminalsymbole (Zeichen, z. B. ASCII)
< >		zusammengesetzte Symbole (syntaktischer Begriff bzw. Zeichen, die im Text vorkommen)
:: =		Definition (links steht das zu definierende Symbol, rechts die Bildungsregel)
|	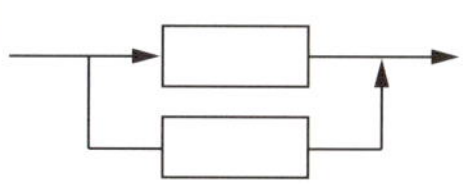	Auswahl
[ ]	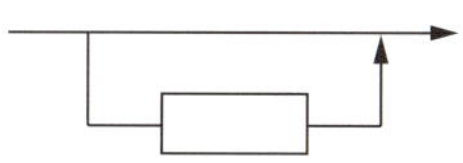	Kennzeichnung von Symbolen, die auch weggelassen werden können
{ }	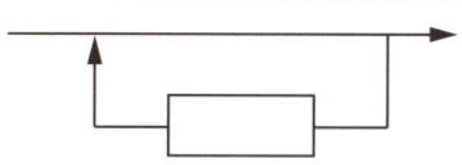	Symbole oder Symbolfolgen können beliebig oft wiederholt (oder auch weggelassen) werden.
' '		Kennzeichnung von Metazeichen, die Bestandteil der Syntax der beschriebenen Programmiersprache sind

Beispiele:

Definition des Symbols „Ziffer" in einer Programmiersprache

mit der EBNF:
< Ziffer > : : = 0 | 1 | 2 | 3 | 4 | 5 | 6 | 7 | 8 | 9

mit einem Syntaxgraphen:

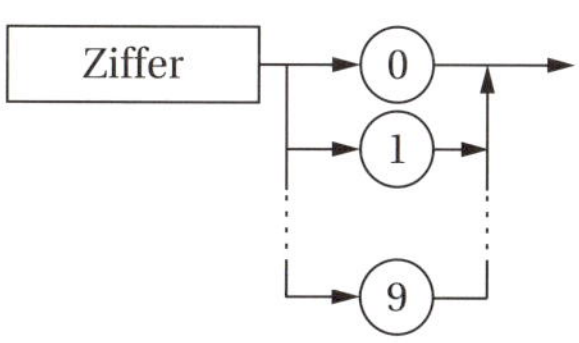

Definition des Symbols „Bezeichner" in einer Programmiersprache

mit der EBNF:
< Bezeichner > : : = < Buchstabe > {<Buchstabe > | < Ziffer >}

mit einem Syntaxgraphen:

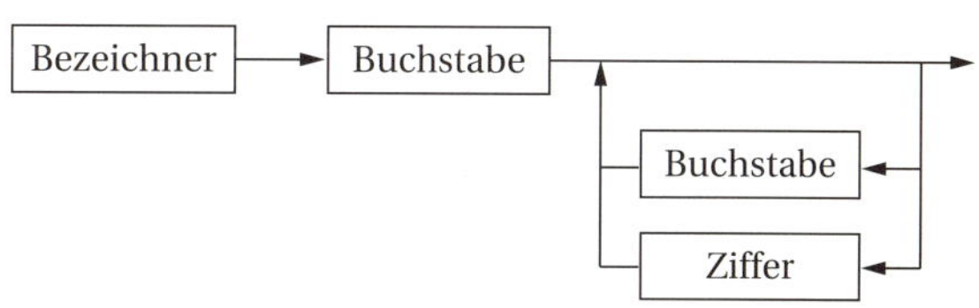

Einteilung der höheren Programmiersprachen

imperative (befehlsorientierte) Sprachen		**deklarative Sprachen**	
Ein Programm besteht aus einer Folge von Befehlen (Anweisungen) an den Computer. Das Programm beschreibt den Lösungsweg für ein Problem.		Ein Programm beschreibt die Eigenschaften eines Problems und ihre Beziehungen untereinander. Das Programm beschreibt zunächst nur das Wissen zur Lösung eines Problems.	
prozedurale	**objektorientierte**	**funktionale (applikative)**	**logische (prädikative)**
Die Lösung eines Problems wird durch die Zerlegung in selbstständig zu erarbeitende, beliebig oft im Programm nutzbare Unteralgorithmen (Prozeduren) unterstützt. Die Prozeduren werden von einem „Hauptprogramm“ aufgerufen, das meist am Ende der Programmniederschrift steht.	Ein Programm besteht aus Objekten. Ein Objekt besitzt Eigenschaften (Daten) und Methoden (Algorithmen). Die Kommunikation zwischen den Objekten erfolgt mittels Botschaften, die beim Empfänger die Ausführung einer Methode (ein Ereignis) auslösen. Gleichartige Objekte werden zu Klassen zusammengefasst, deren Eigenschaften vererbt werden können.	Ein Programm wird als Funktion aus der Menge der Eingabedaten auf die Menge der Ausgabedaten betrachtet. Diese Funktion setzt sich wiederum aus aufeinander bezogenen, einfacheren Funktionen zusammen. Es besteht die Möglichkeit, dass sich ein Programm selbst aufrufen kann.	Ein Programm ist die Niederschrift von Fakten („Prädikaten“, Definitionen) und Regeln, womit der Computer neue Fakten gewinnt und das Problem gelöst wird. Der Programmablauf ist damit letztlich als ein Beweis aufzufassen.
Vertreter: Turbo Pascal, C	Vertreter: Delphi, C++, Java	Vertreter: LISP, LOGO	Vertreter: PROLOG

Programmiermethoden (Programmiertechniken)

modulares Programmieren	Bei diese Vorgehensweise wird ein größeres Programm in voneinander unabhängig übersetzbare Teile (Moduln oder Units genannt) zerlegt, codiert und getestet.
strukturiertes Programmieren	Strukturiertes Programmieren beinhaltet modulares Programmieren. Auch die einzelnen Algorithmenstrukturen sind wie Blöcke aufgebaut und besitzen jeweils genau einen definierten Ein- und Ausgang (↗ S. 93). Programmverzweigungen durch Sprungbefehle werden so vermieden. Die Programmniederschrift wird dadurch sehr übersichtlich und dokumentiert sich selbst.
Top-down-Entwicklung	Das Gesamtproblem wird in Teilprobleme (Moduln) zerlegt und zeigt in dieser Form die Ablaufsteuerung. Die Moduln werden wiederum zerlegt usw. Bei jedem Entwurfsschritt wird festgelegt, was die Untermoduln leisten sollen, nicht jedoch, wie sie es leisten sollen. Die Details werden zum Schluss erarbeitet.
Bottom-up-Entwicklung	Im Unterschied zu Top down werden hier zuerst die Teilprobleme entwickelt, codiert und getestet, danach erst hieraus das Gesamtprogramm fertiggestellt.
objektorientierte Programmierung	Die reale Welt wird mithilfe von Objekten modelliert. Programmtechnisch werden als Objektvorlagen (oft vordefinierte) Datenstrukturen benutzt, die Daten und deren Verarbeitungsalgorithmen (Unterprogramme) enthalten können. Diese Vorlagen für Objekte heißen Klassen, die Verarbeitungsalgorithmen Methoden. Die Eigenschaften und Methoden von Objekten und Klassen können an andere Objekte vererbt werden. Dadurch können große Programmteile als „Blackbox“ betrachtet werden.
ereignisgesteuerte Programmierung	Programmiersprachen wie Visual Basic bieten Oberflächen für die Programmentwicklung an, in denen Bildschirmelemente (z. B. Schalter) mit Algorithmen (die weitgehend vorgefertigt sind) belegt werden können. Die ereignisgesteuerte Programmierung ist eine Sonderform der objektorientierten Programmierung.

Algorithmen

Algorithmenstrukturen

Name	**Darstellungsform**		
	verbal formalisiert	**grafisch (Struktogramm)**	**in einer Programmiersprache (PASCAL)**

Folge (Verbundanweisung)	Anweisung 1
	Anweisung 2
	…
	Anweisung *n*
		Anweisung 1
		Anweisung 2
		…
		Anweisung *n*
			BEGIN
			Anweisung 1;
			…
			END;

einseitige Auswahl	WENN Bedingung, DANN Anweisung	ja | *b* | nein *a* | ./.	IF Bedingung THEN Anweisung;
zweiseitige Auswahl (Alternative)	WENN Bedingung, DANN Anweisung 1 SONST Anweisung 2	ja | *b* | nein a_1 | a_2	IF Bedingung THEN Anweisung 1 ELSE Anweisung 2;
mehrseitige Auswahl (Fallunterscheidung)	FALLS Selektor = 1: Anweisung 1 … *n*: Anweisung *n* ENDE	Falls $s =$ 1 | 2 | … | *n* a_1 | a_2 | … | a_n	CASE Selektor OF 1: Anweisung 1; … *n*: Anweisung *n*; END;
Wiederholung mit vorangestelltem Test (mit Eingangsbedingung)	SOLANGE *b*, FÜHRE Anweisungen AUS	Solange *b* tue | *a*	WHILE Bedingung DO Anweisung oder Verbund;
Wiederholung mit nachgestelltem Test (mit Abbruchbedingung)	WIEDERHOLE Anweisungen BIS *b*	Wiederhole | *a* bis *b*	REPEAT Anweisungen UNTIL *b*;
gezählte Wiederholung (Zählschleife)	FÜR $i := $ anfw BIS endw (mit SCHRITTWEITE *s*) FÜHRE Anweisungen AUS	Für $i =$ anfw bis endw tue | *a*	FOR $i :=$ anfw TO endw DO Anweisung oder Verbund; (für TO auch DOWNTO)

Suchalgorithmen

n Anzahl der Listenelemente; $A(n)$ Anzahl der Vergleiche/Aufwand; $n \in \mathbb{N}$

	sequenzielle Suche (unsortierte Liste)	**binäre Suche (aufsteigend sortierte Liste)**	**gestreute Speicherung/ Hash-Verfahren**
Kurzbeschreibung	Die Liste wird sequenziell durchmustert. Die Suche ist beendet, wenn – das zu suchende Element gefunden wurde; – die Liste vollständig durchlaufen wurde, ohne das zu suchende Element zu finden.	Aus der Liste wird ein Element *E* ausgewählt und mit dem zu suchenden Element *S* verglichen. Falls $S = E$, ist die Suche beendet. Ist $S < E$ ($S > E$), wird das Verfahren auf die linke (rechte) Teilliste angewendet. Ist die sich so ergebende Teilliste leer, enthält die Liste das Element *S* nicht.	Aus dem Wert eines Elementes *E* wird mittels einer Speicherabbildungsfunktion/Hash-Funktion die Adresse in einem Direktzugriffsspeicher eindeutig bestimmt. Zur Behandlung von Kollisionen $f(E_i) = f(E_k)$ mit $E_i \neq E_k$ werden verschiedene Strategien genutzt.
Aufwand	$A(n) \sim \frac{n}{2}$	$A(n) \sim \log_2 n$	ideales Hash-Verfahren: $A(n) \to 1$

Sortieralgorithmen

n Anzahl der zu sortierenden Elemente; $A(n)$ Anzahl der Vergleiche/Aufwand; $n \in \mathbb{N}$

Sortieren durch Vertauschen (Bubblesort, Quicksort)

Kurzbeschreibung

Beim Sortieren durch Vertauschen werden jeweils zwei Elemente der Liste verglichen und anschließend vertauscht, wenn diese nicht in der richtigen Reihenfolge zueinander stehen.

Algorithmus (Bubblesort)

```
TYPE ftyp = ARRAY[1..n] OF integer;
VAR f:ftype;

FOR i:=1 TO (n-1) DO
  FOR k:=(i+1) TO n DO
     IF f[i]>f[k] THEN BEGIN
                          h:=f[i];
                          f[i]:=f[k];
                          f[k]:=h
                       END
```

Aufwand

Bubblesort:	$A(n) = \frac{1}{2} \cdot (n-1) \cdot n \Rightarrow A(n) \sim n^2$	
Quicksort:	$A(n) \sim n \cdot \log n$	(best case)
	$A(n) \sim n^2$	(worst case)

Sortieren durch Einfügen (Insertsort)

Grundidee

Sortieren durch Einfügen erfolgt in zwei Schritten:
1. Ermitteln der „richtige" Stelle für ein Element $f[i]$ in einem sortierten Teilfeld $f[1] \ldots f[i-1]$
2. Einfügen des Elementes $f[i]$

Ergebnis nach dem i-ten Durchlauf: sortiertes Feld $f[1] \ldots f[i]$.

Algorithmus

```
TYPE ftyp = ARRAY[1..n] OF integer;
VAR f:ftype;

FOR i:=2 TO n DO
  BEGIN
     help:=f[i];
     Stelle:=i-1;
     WHILE(help<f[Stelle]) AND (Stelle>0) DO
        BEGIN
           f[Stelle+1]:=f[Stelle];
           Stelle:=Stelle-1
        END;
     f[Stelle+1]:=help
  END
```

Aufwand

$$A(n) \approx \frac{1}{2} \cdot \frac{(n-1) \cdot n}{2} \Rightarrow A(n) \sim \frac{1}{2} A_{\text{Bubble}}(n)$$

Sortieren durch Mischen (Mergesort)

Grundidee

Unter Mischen versteht man (im Gegensatz zur Umgangssprache) das Herstellen einer sortierten Menge aus mehreren sortierten Teilmengen.

Mergesort einfach:
Die Datenmenge wird in zwei Teilfelder zerlegt. Diese Teilfelder werden mit einem (beliebigen) Sortierverfahren des Aufwandes $A^*(n)$ sortiert und anschließend gemischt.

Mergesort rekursiv:
Die Datenmenge wird fortwährend in Teilfelder zerlegt, bis diese jeweils nur noch aus einem Element bestehen. Anschließend werden diese Elemente gemischt.

Aufwand

Mergesort einfach:	$A(n) \approx \frac{1}{2} \cdot A^*(n) + \frac{3}{4} \cdot n$
Mergesort rekursiv:	$A(n) \approx \frac{n}{2} \cdot \log_2 n \Rightarrow A(n) \sim n \cdot \log n$

Angewandte Informatik

Universelle Datenaustauschformate

Formate	Endung	Eigenschaften
Text-formate	TXT	ASCII-Text; universellstes Textformat; es gibt Modifikationen wie „Nur Text", „Nur Text + Zeilenwechsel", „MS-DOS-Text" oder „MS-DOS-Text + Zeilenwechsel"
	RTF	**R**ich **T**ext **F**ormat („reiches Textformat"); bei diesem Textformat bleiben alle Informationen zu Formatierungen (z. B. Absatz- und Zeichenformate) erhalten
	HTM, HTML	**H**yper**T**ext **M**arkup **L**anguage; universelles Textformat im Internet; mittels Referenzen können JPEG-, PNG- und GIF-Grafiken eingefügt werden
Grafik-formate	JPG, JPEG	**J**oint **P**hotographic **E**xperts **G**roup; verlustbehaftet komprimiert; für Fotos geeignet; Datenaustauschformat im Internet; RGB-Format; 24 Bit Farbtiefe (16 777 216 Farben)
	GIF	**G**raphics **I**nterchange **F**ormat; verlustfrei komprimiert; für großflächige Grafiken und Animationen geeignet; Datenaustauschformat im Internet; RGB-Format; maximal 256 Farben; eine Farbe kann transparent definiert werden
	PNG	**P**ortable **N**etwork **G**raphics, Datenaustauschformat im Internet; RGB-Format; 48 Bit Farbtiefe (281 474 976 710 656 Farben); Transparenz möglich
	TIF, TIFF	**T**agged **I**mage **F**ile **F**ormat; Pixelgrafik; unkomprimiert; CMYK-Format
	CGM	**C**omputer **G**raphics **M**etafile; Vektorgrafik; international genormt
Text + Grafik	EPS	**E**ncapsulated **P**ost**S**cript; PostScript-Datei mit „eingerolltem" Pixelbild (z. B. TIFF); CMYK-Format
	PDF	**P**ortable **D**ocument **F**ormat; es können komplette Seiten mit Text und Bild gespeichert werden; ist ein Standard für Druckdateien; Datenaustauschformat im Internet

Objekte und Attribute in Anwendungsprogrammen

Programm	Objekt	Attribut	einige Attributwerte
Text-verarbeitung	Zeichen	– Schriftart	Times; Helvetica; Courier
		– Schriftgröße (-grad)	8 pt (Punkte); 9,5 pt; 12 pt; 26 pt
		– Schriftstil (-schnitt)	normal; fett; kursiv; unterstrichen; Kapitälchen
		– Schriftposition	normal; hochgestellt; tiefgestellt
		– Schriftfarbe	Schwarz; Rot; Weiß; Blau
		– Zeichenname	Name des dem Zeichen zugewiesenen Druckformats
	Absatz	– Ausrichtung	linksbündig; zentriert; rechtsbündig; Blocksatz
		– Einzüge	von rechts 3 cm; von links 2,25 cm
		– Erstzeileneinzug	negativer Erstzeileneinzug 1 cm (hängender Einzug)
		– Zeilenabstand	einzeilig; zweizeilig; 12 pt; 0,5 cm
		– Absatzabstand	vor dem Absatz 6 pt; nach dem Absatz 1 Zeile
		– Tabstoppeinstellungen	Position: 12 cm; Textausrichtung rechts
		– Absatzstandardschrift	Times New Roman 10 pt kursiv; Arial 12 pt fett
		– Umbruch	Umbruch mit nächstem Absatz; am Seitenanfang
		– Absatzname	Name des dem Absatz zugewiesenen Druckformats
	Dokument (Seite)	– Papierformat	DIN A4 Querformat; DIN A5; benutzerdefiniert
		– Seitenrand	Rand innen 3 cm; Rand unten 2,5 cm
		– Kopfzeile/Fußzeile	Abstand vom Seitenrand 1,5 cm; mit Paginierung
		– Spaltenanzahl	einspaltig; dreispaltig mit 1 cm Abstand
		– Fußnote	ohne; Position Seitenende

Programm	Objekt	Attribut	einige Attributwerte
Tabellen-kalkulation	Zeile	– Zeilenname – Zeilenhöhe	1; 2; 10; 16; 65536 20 pt; 0,5 cm; optimale Höhe; 0 cm (verborgene Zeile)
	Spalte	– Spaltenname – Spaltenbreite	A; B; Z; AA; IU; IV 3 cm; optimale Breite; 0 cm (ausblenden)
	Zelle	– Zellname – Formel als Zellinhalt – Zahlenformate für Zahlen als Zellinhalt – Zeichenformatierung – Ausrichtung des Zellinhalts in der Zelle – Rahmen und Hintergrundfarben – Zellschutz	A1; A3; IU16; IV65536; Mehrwertsteuer; Zinssatz mit relativen/absoluten Bezügen zu anderen Zellen Zahlen mit Dezimalkomma und Währungseinheit; negative Zahlen rot; Datumsformate Schriftart; -größe; -stil und -farbe horizontal: links, zentriert, rechts; vertikal: oben, mittig, unten Rahmen links und unten, 1 pt stark, gestrichelt; Linienfarbe Blau; Hintergrundfarbe Gelb gesperrt (nicht änderbar); nicht gesperrt (änderbar)
	Tabelle, Rechen-blatt	– Blattname – Ansicht – Schutz	Tabelle1; Tabelle3 ohne Gitternetzlinien; Formeln sichtbar geschützt (nicht änderbar)
	Diagramm	– Diagrammtyp – Diagrammtitel – Legende – Datenquelle – Rubrikenachse – Größenachse	Kreisdiagramm; Liniendiagramm; Säulendiagramm Umsatzentwicklung keine; oben; unten; rechts; links = Tabelle1!$B$7:$C$10 Skalierung; Beschriftung; Anzahl der Datenreihen Skalierung; Beschriftung; Gitternetzlinien
Datenbanken (Aufgeführt sind Objekte der Datenbasis, nicht Objekte des Datenbank-managementsystems)	Datei (Tabelle)	– Name – Anzahl der Datensätze – Ansicht	Artikel; Lager; Kunden keine (leere Datei); 5; 100 000 Entwurfsansicht; Datenblattansicht; Liste; Formular
	Datensatz	– Anzahl der Datenfelder – Nummer	3; 4; 7 Platz 3 (1 000, 1 005; …) in der Datei
	Datenfeld	– Feldname – Felddatentyp – Feldgröße – Sortierschlüssel (Index)	Artikel; Artikelnummer; im Lager; Preis Text; Zahl (Byte, Integer, Single, …); Boolean in Abhängigkeit vom Felddatentyp ohne; steigend; fallend
Zeichen-programme (Vektor-grafik) (Bei der Pixelgrafik existieren diese Objekte nur beim erstmaligen Erstellen, effektive Methoden wie Ausrichten oder Gruppieren von Objekten können dort nicht durchgeführt werden.)	Strecke (Linien-zug)	– Linienstärke – Stil des Linienendes – Linienfarbe – Linienart	Haarlinie; 0,5 pt; 1 pt; 3 pt Pfeil; runder Abschluss Schwarz; Gelb; Rot durchgängig; gestrichelt; Strich-Punkt-Linie
	Bézier-kurve	– Linienstärke – Linienfarbe – Lage der Ankerpunkte – Lage der Endpunkte – Griffpunkte der Tangenten	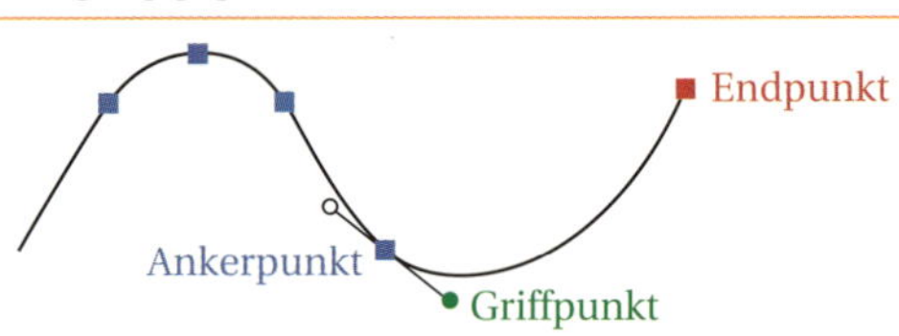
	Polygon (Sonder-form Rechteck)	– Randfarbe – Randstärke – Flächenfarbe – Farbverlauf – Füllmuster – Eckenzahl	Schwarz; Gelb; Rot Haarlinie; 0,5 pt; 1 pt; 3 pt Weiß; transparent (ohne Farbe); Schwarz; Grün ohne; linear; radial ohne; Karos regelmäßige n-Ecke sind möglich; Rechteck
	Ellipse	– Randfarbe, Randstärke, Flächenfarbe, Farbverlauf und Füllmuster wie Polygon – Breite/Höhe (Kreis durch Festhalten von <Shift> beim Aufziehen der Figur)	
	Schrift	– Schriftfarbe, -art, -größe, -stil wie Objekt Zeichen in der Textverarbeitung	

Datenmodellierung und Datenbanken

Entity-Relationship-Modell (ER-Modell)	
Entity/Entität	konkretes, eindeutig identifizierbares Datenobjekt (z. B. Objekt, Individuum, Ereignis)
Entitymenge/ Entityklasse	Entitäten mit gleichen Eigenschaften bilden Entitymengen. Symbol: 
Relationship	Beziehung zwischen Entitymengen und somit den konkreten Entitäten Symbol: 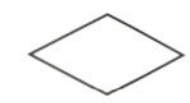
Attribut/ Attributwert	Eigenschaften einer Entitymenge bzw. eines Relationships Symbol:  Den konkreten zugeordn eten Wert einer Entität bzw. eines Relationships zu einem Attribut bezeichnet man als Attributwert. Schlüsselattribut: 
Entity-Relationship-Diagramm	grafische Form der Darstellung von Entity-Relationship-Modellen unter Verwendung verschiedener Elemente 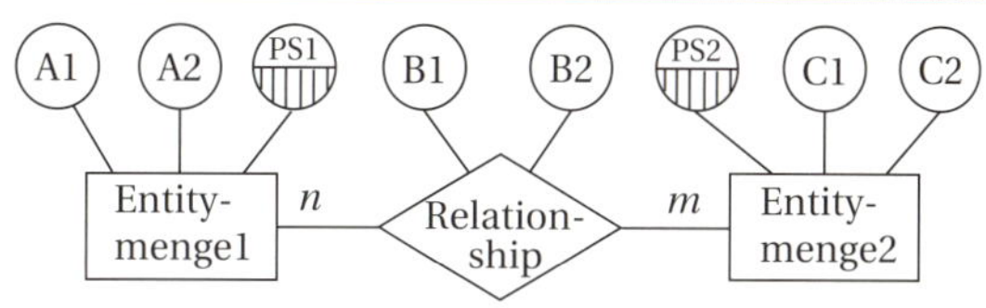
Kardinalitäten von Beziehungen	1 : 1 Jeder Entität der Entitymenge A wird genau eine Entität der Entitymenge B zugeordnet und umgekehrt. 1 : n Jeder Entität der Entitymenge A können mehrere Entitäten der Entitymenge B zugeordnet werden, umgekehrt kann jedoch jeder Entität der Menge B nur genau eine Entität der Menge A zugeordnet werden. n : m Jeder Entität der Entitymenge A können mehrere Entitäten der Entitymenge B zugeordnet werden und umgekehrt.
Relationales Modell	
Modell	Menge von Tabellen/Relationen (= Entitymenge), die jeweils eine Menge von Datensätzen (=Entitäten) mit gemeinsamen Eigenschaften (= Attribute) enthält. Diese Tabellen stehen über Schlüsselattribute in Beziehung (= Relationships). 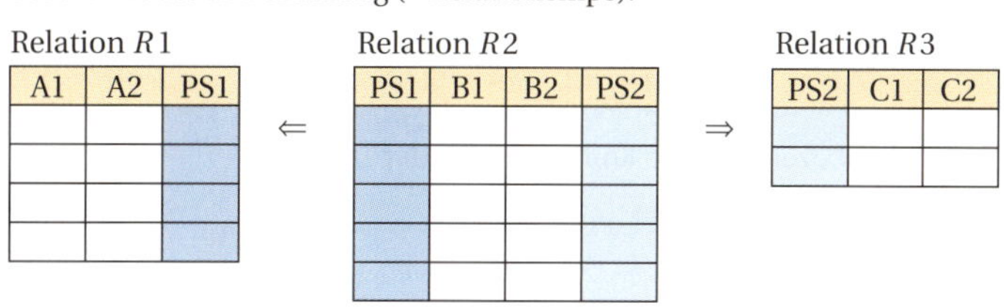
Tabelle/ Relation	zweidimensionale Anordnung von Elementen gleicher Struktur
Attribut/ Feld	Spalte einer Tabelle/Relation
Wertebereich/ Wertemenge	mögliche Werte eines Attributes aus einem vorgegebenen Grundbereich
Datensatz/ Tupel	Zeile einer Tabelle/Relation
Primär-schlüssel	(minimale) Menge von Attributen zur eindeutigen Identifikation eines Datensatzes einer Relation
Fremd-schlüssel	Attributmenge, die in einer anderen Relation Primärschlüssel ist

Auswertung der Datenbasis

Operation	Definition und Realisierung mittels SQL	Schema
Selektion	Auswahl derjenigen Tupel aus einer Relation R, die einer bestimmten Bedingung B genügen. (Zeilen streichen!) $S[B]R = \{r: r \in R \wedge B(r)\}$ $r \in R$ ist ein n-Tupel $r = (a_1, a_2, \ldots, a_n)$, also eine Zeile der Tabelle. SELECT * FROM R WHERE B	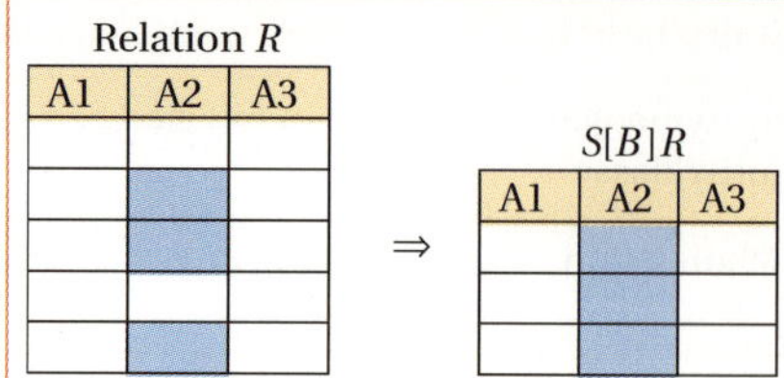
Projektion	Auswahl von Attributen (Attributliste L) aus einer Relation R. (Spalten streichen!) $P[L]R = \{r(L): r(L) \in R\}$ $r(L)$ bezeichnet die Teilmenge des Tupels r aus R, welches die Attribute der Liste L enthält SELECT Attribut_1, Attribut_2, …, Attribut_n FROM R	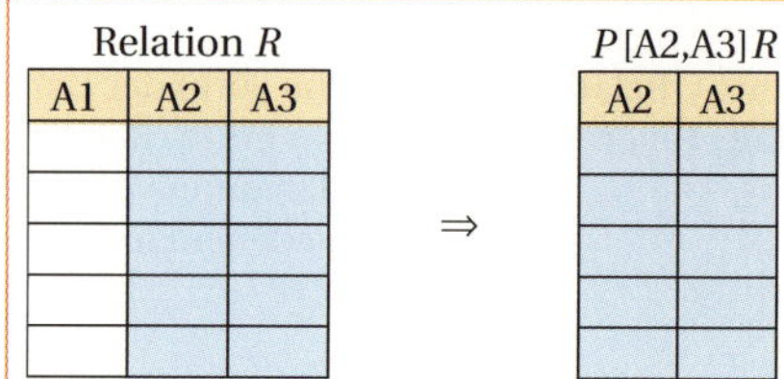
Selektion und Projektion	SELECT Attribut_1, Attribut_2, …, Attribut_n FROM R WHERE B	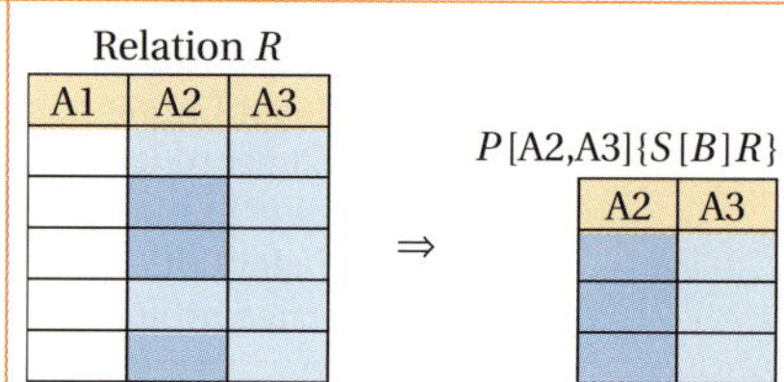
Equi Join (Verbund)	Der Equi Join verbindet zwei Relationen mit gleichen Wertemengen. Sei A ein Attribut einer Relation $R1$ und B ein Attribut der Relation $R2$, so ist das Ergebnis des Equi Join derart definiert: $R1[A\Theta B]R2 =$ $\{r_1 \oplus r_2 : r_1 \in R1 \wedge r_2 \in R2 \wedge A(r_1) = B(r_2)\}$ $\oplus$ bezeichnet die Konkatenation der Tupel r_1 und r_2. SELECT * FROM $R1, R2$ WHERE $R1.A = R2.B$	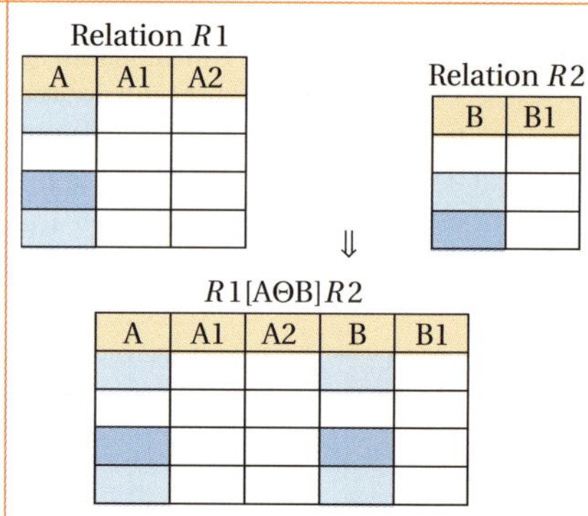
Equi Join/ Projektion/ Selektion	SELECT Attribut_1, Attribut_2, ..., Attribut_n FROM $R1, R2$ WHERE $R1.A = R2.B$ AND *Bedingung*	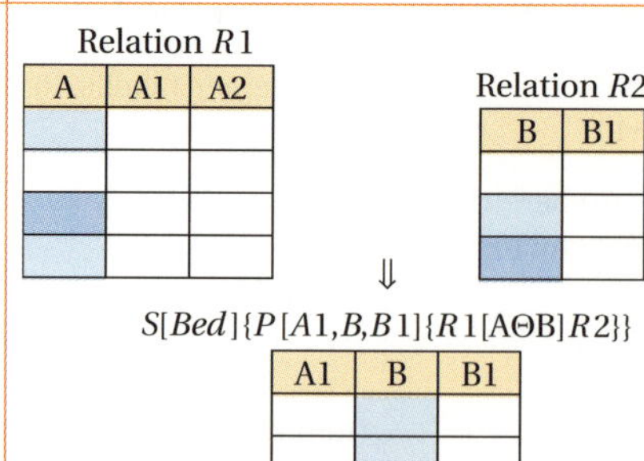

Anmerkung: Dargestellt sind ausgewählte Operationen zur Auswertung des Datenbestandes. Mithilfe der Relationenalgebra können weitere Operationen beschrieben werden.

Grundlegende HTML-Befehle

Eigenschaft	Anweisung (Tag = rot, Attribut = blau)	Beschreibung
Grundgerüst einer HTML-Datei (Seitengerüst)	<html>	Seitenanfangs-Tag
	<head>	Beginn des Seitenkopfes
	<!-- *evtl. Kommentarzeilen* -->	
	<title> *Text* </title>	Rahmen für den Seitentitel
	</head>	Ende des Seitenkopfes
	<body>	Beginn des Textkörpers
	Hauptinhalt der HTML-Seite	
	</body>	Ende des Textkörpers
	</html>	Seitenende-Tag
Meta-Angaben	<meta name="keywords" content="*Schlüsselwort, …*">	Angabe der Schlüsselwörter, mit denen die HTML-Seite durch Suchmaschinen gefunden werden kann
	<meta name="description" content="*Kurzbeschreibung*">	Angabe der von Suchmaschinen angezeigten Kurzbeschreibung der HTML-Seite
Seitenformatierung	<body background="*Dateibezeichnung*">	Einfügen eines Hintergrundbildes für eine Seite (GIF-, JPG- oder PNG-Datei)
	<body bgcolor="*#XXXXXX*">	Definieren einer Hintergrundfarbe für eine Seite (sechsstellige Dezimalzahl)
	<body text="*#XXXXXX*">	Definieren der Schriftfarbe für eine Seite
Textformatierung (Textauszeichnung)	<b> *Text* </b>	Textdarstellung fett
	<i> *Text* </i>	Textdarstellung kursiv
	<u> *Text* </u>	Textdarstellung unterstrichen
	<tt> *Text* </tt>	Textdarstellung in Proportionalschrift („Schreibmaschinentext“; von „**tel**e**t**ype“)
	_{*Text*}	Textdarstellung tiefgestellt (von „subscript“)
	^{*Text*}	Textdarstellung hochgestellt (von „superscript“)
	<h1> *Text* </h1>	Definieren des Textes als Überschrift (Größe 1–6)
	<font size="*Zahl*"> *Text* </font>	Definieren der Textgröße (Zahl zwischen 1 und 7)
	<font face="*Schriftart*"> *Text* </font>	Definieren der Schriftart (z. B. „Times“, „Arial“)
	<font color="*Farbe*"> *Text* </font>	Definieren der Schriftfarbe (z. B. „red“, „#FF0099“)
	<hr size="*Zahl*" width="*Zahl*">	Definieren einer horizontalen Linie in Dicke und Breite (Pixel)
	 	Einfügen eines Zeilenumbruchs
	<p> *Text* </p>	Definieren eines Absatzes
Grafiken	<img src="*Dateibezeichnung*">	Einfügen einer Grafik (GIF-, JPG- oder PNG-Datei); unter Pfadangabe, wenn die Grafikdatei nicht im selben Verzeichnis wie das HTML-Dokument liegt
Verknüpfungen	<a href="*Ziel*"> *Verknüpfungstext* </a>	Einfügen eines Hyperlinks (Verweis auf Textmarken innerhalb der HTML-Seite, auf andere HTML-Seiten oder auf einen URL)

Internetadresse

URL	Eine Internetadresse kann mithilfe der numerischen IP-Adresse (32-Bit-lange Zahlenfolge) oder als einprägsamere Textadresse angegeben werden. Die Textadresse enthält anstelle der IP-Nummer den so genannten Domain-Namen und wird als **URL** (**U**niform **R**esource **L**ocator) bezeichnet. Der URL beschreibt die eindeutige Adresse eines Rechners im Internet oder eines speziellen Dokumentes auf diesem Rechner. *Beispiel:* **http://www.chemie.uni-oldenburg.de/forschung.html** **http** = Übertragungsprotokoll (**H**yper**t**ext **T**ransfer **P**rotocol) **www.chemie.uni-oldenburg** = Bestandteil des Rechnernamens: dieser Name verweist auf den Fachbereich Chemie der Universität Oldenburg **de** = Bestandteil des Rechnernamens: Länderkennung für Deutschland (Top Level Domain) **forschung.html** = konkrete HTML-Seite (Übersicht über die wissenschaftlichen Einrichtungen), wenn nötig, mit genauer Pfadangabe
Übertragungsprotokolle	**http** = **H**yper**t**ext **T**ransfer **P**rotocol (Hypertext-Übertragungsprotokoll zur Übertragung von Websites) **ftp** = **F**ile **T**ransfer **P**rotocol (steht für den Internet-Dienst FTP) Anstelle des Übertragungsprotokolls kann auch ein Kürzel stehen, das auf den Inhalt des URL verweist: **news** steht für den Internet-Dienst Usenet (Newsgroups) **mailto** steht für den Internet-Dienst E-Mail
Domain-Namen	Hinter dem Doppelslash im URL („//“) steht der Rechnername, z.B.: **www.yahoo.de** **www** = Host-Anteil **yahoo.de** = Domain-Name **yahoo** = Second Level Domain **de** = Top Level Domain (TLD); die Domain, die am weitesten rechts in der Adresse steht
Top Level Domains	Top Level Domains (**TLD**) sind durch festgeschriebene Kürzel gekennzeichnet. Man unterscheidet: a) **Country Top Level Domains:** kennzeichnen das Land (zwei Buchstaben) und b) **Generic Top Level Domains:** kennzeichnen den Typus/die Sparte der Adresse (drei Buchstaben) **.at** Österreich **.ch** Schweiz **.de** Deutschland **.uk** Großbritannien **.us** USA **.com** „commercial“ (kommerzielle Unternehmen, Firmen) **.edu** „educational“ (Bildungseinrichtungen) **.gov** „government“ (amerikanische Regierungsbehörden) **.int** „international“ (internationale Bündnisse) **.mil** „military“ (amerikanische Militäreinrichtungen) **.net** „network“ (Netzwerk-Provider) **.org** „organisation“ (nichtkommerzielle Organisationen, Vereine)

Register

Ausgewählte Computeralgebra-Befehle

	TI-89Plus/TI-92Plus	ALGEBRA FX 2.0
Ausmultiplizieren	expand(*Term*)	expand(*Term*) **CAS-M**
Polynomdivision	expand(*Term*)	smplfy(*Term*) **CAS-M**
Faktorisieren	factor(*Term*)	factor(*Term*) rFctor(*Term*) **CAS-M**
Lösen einer Gleichung	solve(*Gl,Var*)	solve(*Gl,Var*) **CAS-M**
Lösen eines Gleichungssystems	solve(*Gl1*and*Gl2*and… and*Gl n*,{*Var1*,…,*Var n*})	solve({*Gl1,Gl2,...,Gl n*}, {*Var1,...,Var n*}) (auch über Matrix im EQUA-SIML-Modus)
Ersetzen einer Variablen	Term (|) Var=Wert	sbstit(*Term,Var=Wert*) **CAS-M**
größte ganze Zahl ≤ Term	floor(*Term*)	Int(*Term*) **RUN-MAT-M**
größter gemeinsamer Teiler	gcd(*Term1,Term2*)	gcd(*Term1,Term2*) **CAS-M**
kleinste ganze Zahl ≥ Term	ceil(*Term*)	
Wertetabelle	Table(*Term*)	**GRPH-TBL-M**
Nullstellen einer Funktion	zeros(*Term,Var*)	solve(Gl,Var) **CAS-M** Root **GRPH-TBL-M**
abschnittsweise definierte Funktion	when(*Bed,wahr,falsch*)	(zu programmieren)
Ableitung einer Funktion	(*d*) (*Term,Var*)	diff(*Term,Var*) **CAS-M**
höhere Ableitungen	(*d*) (*Term,Var,Grad*)	diff(*Term,Var,Grad*) **CAS-M**
unbestimmtes Integral	(∫) (*Term,Var*)	(∫) (*Term,Var*) **CAS-M**
bestimmtes Integral	(∫) (*Term,Var,a,b*)	(∫) (*Term,Var,a,b*) **CAS-M**
Grenzwert	limit(*Term,Var,Punkt[,Richtung]*)	lim(*Term,Var,Punkt[,Richtung]*) **CAS-M**
Eingeben einer Matrix/eines Vektors	$[a_{11}, \ldots, a_{1n}; a_{21}, \ldots, a_{2n}; \ldots; a_{m1}, \ldots, a_{mn}]$	$[[a_{11}, \ldots, a_{1n}][a_{21}, \ldots, a_{2n}]\ldots[a_{m1}, \ldots, a_{mn}$ oder **RUN-MAT-MAT-M**
Betrag eines Vektors	norm(*Vek*)	
Skalarprodukt	dotP(*Vekt1,Vekt2*)	(zu programmieren)
Vektorprodukt	crossP(*Vekt1,Vekt2*)	
Determinante einer Matrix	det(*Matr*)	Det *Matr* **RUN-MAT-M**
transponierte Matrix	$Matr^{T}$ **M**	Trn *Matr* **RUN-MAT-M**
inverse Matrix	$Matr^{-1}$	$Matr^{-1}$
Matrix in Diagonalform	rref(*Matr*)	
Zufallszahl Z mit $0 < Z \leq n$	rand(*n*)	Int(Ran#(*n*)) + 1 **RUN-MAT-M**
arithmetisches Mittel	mean($\{Z_1,\ldots,Z_n\}$)	**STAT-CALC-M**
Standardabweichung	stdDev($\{Z_1,\ldots,Z_n\}$)	
Binomialkoeffizient $\binom{n}{k}$	nCr(*n,k*)	*n* nCr *k* **RUN-MAT-M**

In Abhängigkeit vom CAS (Computeralgebrasystem) können die Befehle eingegeben oder über ein Menü aktiviert werden.
Namen des Befehls und in Kursivschrift die mit einzugebenden Parameter.